中国电建集团西北勘测设计研究院有限公司

技术专著系列

坝基冰水沉积物特性与工程应用

U0183523

周恒　赵志祥　狄圣杰　王有林　等　著

中国水利水电出版社
www.waterpub.com.cn
·北京·

内 容 提 要

本书在充分总结以往研究成果的基础上,采用地质理论分析、岩土工程试验测试、数值分析等方法和技术,分析了坝基冰水沉积物的主要工程地质问题,针对建坝方案设计与地基处理等工程应用进行了技术创新,取得了丰富的科研成果和良好的应用效果。所制定的地质分层方法及岩土质量工程地质分类分级方法和标准,为坝基岩土的有效利用提供了依据。采用强度指标测试新技术,确保了设计所需力学参数的真实性、安全性。所提出的软基闸坝工程渗流控制标准,为协调变形控制及止水设计提供了充分的科学依据。应用低频振动荷载对厂房软弱地基变形和应力影响的系统分析方法,为大坝设计及基础处理方案的选择和电站的安全运行奠定了基础。研究成果已成功应用于青藏高原多项大中型水利水电工程冰水沉积物勘察设计及建坝应用中,取得良好社会效益与经济效益,具有广阔的推广应用前景。

本书可供水利水电行业工程勘察、试验研究、工程设计人员研究借鉴,也可供高等院校相关专业本科生和研究生学习参考。

图书在版编目(CIP)数据

坝基冰水沉积物特性与工程应用 / 周恒等著. -- 北京 : 中国水利水电出版社, 2020.9
ISBN 978-7-5170-8837-0

Ⅰ. ①坝… Ⅱ. ①周… Ⅲ. ①坝基-沉积物-研究
Ⅳ. ①TV64

中国版本图书馆CIP数据核字(2020)第171375号

书 名	坝基冰水沉积物特性与工程应用 BAJI BING-SHUI CHENJIWU TEXING YU GONGCHENG YINGYONG	
作 者	周恒 赵志祥 狄圣杰 王有林 等 著	
出版发行	中国水利水电出版社 (北京市海淀区玉渊潭南路1号D座 100038) 网址:www.waterpub.com.cn E-mail:sales@waterpub.com.cn 电话:(010)68367658(营销中心)	
经 售	北京科水图书销售中心(零售) 电话:(010)88383994、63202643、68545874 全国各地新华书店和相关出版物销售网点	
排 版	中国水利水电出版社微机排版中心	
印 刷	北京印匠彩色印刷有限公司	
规 格	184mm×260mm 16开本 17.75印张 432千字	
版 次	2020年9月第1版 2020年9月第1次印刷	
印 数	0001—1000册	
定 价	**108.00元**	

凡购买我社图书,如有缺页、倒页、脱页的,本社营销中心负责调换

前　言

　　在我国青藏高原地区的一些大江大河的河谷地带广泛分布着一套形成于第四纪的冰水沉积物，其在河床中的深度可达数十米或五六百米。如西藏境内的多布、老虎嘴、雪卡、金桥、沃卡、波堆等水电站，青海省境内的哇沿、哇洪、香日德、温泉、那棱格勒、引大济湟水利工程均遇到冰水沉积物问题。西藏雅鲁藏布江米林坝址河床冰水沉积物深达 520m、帕隆藏布流域松宗坝址冰水沉积物深 420m、尼洋河多布水电站沉积物厚达 360m、尼洋河支流老虎嘴电站沉积物厚达 180m；青海那棱格勒水库冰水沉积物厚度在 150m 以上，哇沿水电站沉积物厚度在 95m 以上，这些超深、巨厚、混杂堆积的冰水沉积物在漫长的形成演化地质历史过程中，受沉积环境变化影响，大多具有结构松散、分布不连续、成因类型复杂、物理力学性质不均匀等特征。因此，冰水沉积物是一种地质条件差且复杂的地质体。随着国民经济的持续发展，青藏高原及其梯度过渡带地区各类大型水利水电工程的规划建设，冰水沉积物常常构成了大坝地基的地质背景条件，成为制约水电勘察设计与建设运行的一个重要因素，给水利水电工程建设带来了极大的难度。因此，对该类冰水沉积物的工程特性以及工程应用中面临的突出问题开展专门深入的研究尤为迫切。

　　自 20 世纪 80 年代以来，根据水利水电工程筑坝技术的需要，虽然国内外许多学者、工程技术人员对第四纪一般的河流砂砾石层的勘察技术方法、筑坝适宜性等方面进行了较为深入的研究，取得了众多成功的工程经验，然而对冰水沉积物这一特殊地质体的工程特性及筑坝应用等方面还缺乏深入、系统性的研究，给水利水电工程建设的规划选址、勘察设计及安全运行等带来了诸多不利影响。因此对坝基冰水沉积物特性及工程应用关键技术进行总结提升是非常有必要的。

　　本书主要内容是作者 20 多年理论与工程实践经验的系统总结，依托西藏、青海等地区十余个工程、多项专题研究成果，围绕目前深（巨）厚冰水沉积物上筑坝所面临的勘察技术与筑坝应用共性和相似的技术难题，通过开展一系列前瞻性、基础性及工程应用适宜性等科技攻关，取得了多项创新技术和研究成果，成功解决了冰水沉积物勘探、试验、测试、评价方法、工程处理措施等技术性难题。本书依托具体工程实践，对青藏高原冰水沉积物的形成演化过程及其与古气候环境的关系等进行了有益探索；对冰水沉积物的成因分类、分布韵律、岩土特性、岩组划分、物理力学特性、渗透性质、岩土体质量工程地质分级、力学参数的选取等诸多方面进行了分析研究；在坝基冰水沉积物中砂土地震液化判定及防治处理、冰水沉积物渗流场特征及防渗处理、坝基抗滑稳定性评价及加固等筑坝应用方面进行了深入分析和研究，提高了水利水电工程冰水沉积物筑坝技术水平，保证了诸多水利水电工程的施工和运行安全，社会和经济效益显著，具有良好的科研价值和推广应用意义。

本书共 12 章。第 1 章主要叙述了冰水沉积物的理论研究现状和筑坝应用现状。第 2 章主要归纳总结了我国冰水沉积物的分布、成因类型和堆积特征。第 3 章对冰水沉积物勘察要点、勘察技术难题及对策、地层序列建立方法、地层分层方法及要求等方面开展了研究。第 4 章系统总结了冰水沉积物地球物探勘探方法的选择、适宜性，并以依托工程为例，开展了综合物探测试方法的研究。第 5 章分析了冰水沉积物物理力学性质试验方法的适宜性和优缺点，并采用原位大型剪切试验、载荷试验、钻孔旁压试验和界面接触及软弱土强度等方法研究了冰水沉积物的强度特性。第 6 章主要依托实际工程，开展了注水试验、钻孔注水试验和同位素示踪法测试等渗透试验，并通过对比试验，分析了不同测试方法的适宜性。第 7 章主要论述了深厚冰水沉积物的参数取值要求和方法，以依托工程为例，研究了冰水沉积物的渗透规律、变形强度特性，尝试提出了适合于冰水沉积物的工程地质分级方法。第 8 章在分析砂层地震液化影响因素的基础上，对砂层液化的不同判别方法进行了论述。第 9 章论述了冰水沉积物渗流场、渗漏损失及模拟计算方法，分析了冰水沉积物的渗透破坏类型，对坝基渗漏数值模拟方法进行了研究，对不同冰水沉积物地层结构防渗墙的适宜性以及深度和范围进行比选，在此基础上总结得到了防渗体系设计原则、安全标准及安全评价方法。第 10 章依托实际工程，采用三维有效应力有限元法计算冰水沉积物坝基及坝坡在静动力条件下的抗滑稳定性。第 11 章论述了冰水沉积物坝基的变形破坏类型和稳定性评价方法，并以依托工程为例，开展了坝基抗滑稳定性、坝基应力变形特征等的研究。第 12 章论述了建在冰水沉积物上的厂房机组动荷载及脉动水压力对厂房与地基基础结构振动作用的分析方法，以及低频振动荷载对基础变形和应力影响的分析方法，并以依托工程为例，给出了合理的厂房地基处理措施。

　　本书是集体智慧的结晶，凝聚了中国电建集团西北勘测设计研究院有限公司水利水电建设一线行业专家和技术人员的汗水和心血。值此西北院建院七十周年之际，期望本书的出版能为水利水电工程建设者提供便利和帮助。另外，青海省水利水电勘测设计研究院、成都理工大学等单位众多的专家、学者和工程技术人员参加了本书内相关成果的研究工作，也付出了辛勤的劳动，贡献了聪敏才智，在此表示诚挚的谢意。在撰写过程中，中国科学院赖远明院士、国家勘察大师徐张建、陕西省勘察大师谭新平悉心指导了本书的编撰工作。本书除主要著者周恒、赵志祥、狄圣杰、王有林外，任苇、焦健、白云、何小亮、陈楠、刘潇敏、涂国祥、王文革、李积锋、李洪等同志也做了大量的现场调查、勘探试验、资料分析、成果整编等基础性工作，为本书积累了丰富的资料，并做出了卓越贡献。在此一并致谢。

　　由于作者的水平和时间有限，书中不妥或错误之处在所难免，恳请同行批评指正。

作者

2020 年 8 月于西安

目 录

1 绪 论 *

1.1 研究目的和意义

第四纪更新世是我国青藏高原山区地质历史上一个重要的时期，期间发生的多起地质事件至今仍对人类生产生活构成影响。该地区更新世的冰川形成、运动及其消融就是在这些众多地质事件中的一个典型事件。

已有研究成果表明，我国第四纪以来共经历了 5 次冰期，其时代初步定为：小冰期 Ⅲ（1871±20 A. D.），小冰期 Ⅱ（1777±20 A. D.），小冰期 Ⅰ（1528±20 A. D.）；新冰期 Ⅲ（1550±70a B. P.，1580±60a B. P.），新冰期 Ⅱ（2.8—2.5ka B. P.），新冰期 Ⅰ（3.1ka B. P.）；末次冰期 Ⅳ（11.5—10.4ka B. P.），末次冰期 Ⅲ（24—16ka B. P.），末次冰期 Ⅱ（56—40ka B. P.），末次冰期 Ⅰ（73—72ka B. P.）；倒数第二次冰期（相当于 MIS 6—10），Ⅲ 阶段（154—136ka B. P.），Ⅱ 阶段（277—266ka B. P.），Ⅰ 阶段（333—316ka B. P.）；倒数第三次冰期（相当于 MIS 12—16），Ⅱ 阶段（520—460ka B. P.），Ⅰ 阶段（710—593ka B. P.）。其中发生在更新世的主要是末次冰期、倒数第二次冰期和倒数第三次冰期。这些冰期时代，在我国西部山区发育了众多山岳冰川，冰川内部携带大量地表松散物质。

我国青藏高原距今最近的三次大规模抬升运动也是发生在第四纪更新世。据彭建兵等的研究成果，在更新世期间，青藏高原发生了三次大规模的隆升运动，分别是青藏运动、昆黄运动和共和运动，如图 1.1-1 所示，受此影响，主要河流的现代河谷特征也大多形成于这一时期。

冰水沉积物是冰川消融时冰下径流和冰川前缘水流的沉积物，大多数是原有冰碛物经过冰融水的再搬运、再堆积而成，因此冰水沉积物的分布与冰川的分布和活动密切相关。

我国冰水沉积物主要分布于西部地区，包括天山、昆仑山、念青唐古拉山、喜马拉雅山、喀喇昆仑山、冈底斯山、祁连山、横断山、唐古拉山等山脉，同时羌塘高原、帕米尔山地、阿尔泰山、准噶尔西部山地等区域也有分布，其中在青藏高原地区分布较为集中，主要分布于藏东南，即念青唐古拉山东南段、喜马拉雅山脉东段、横断山脉的贡嘎山等冰川的前缘、沟谷和现代河床中。另外，在我国东北的长白山一带也有冰水沉积物分布。

西北地区气候严酷、干燥、降水少，冰川物质补给少，消融作用弱。藏东南地区因受印度洋季风的影响，富有海洋性气候特征，气候湿润，降水丰富，雪线海拔低，补给物质

---

* 本章由赵志祥、王有林、白云执笔，狄圣杰校对。

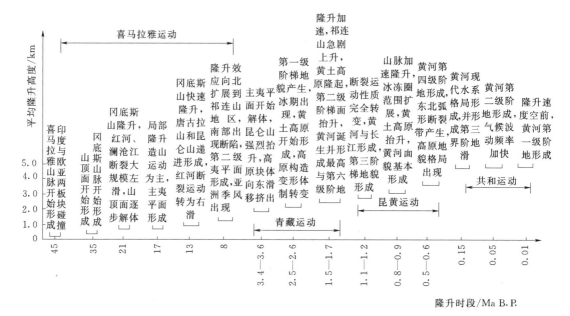

图 1.1-1 青藏高原隆升过程示意图（据彭建兵，2004）

丰富，冰川活跃，消融量大，冰水沉积物厚度大。

冰水沉积物常见于大型水利水电工程建设中。其在工程中表现为软弱的基质松散材料中存在大颗粒物质，表现出典型的多元介质特征，颗粒分布具有明显的不同尺度特征、不均匀特征和随机分布特征，是在重力堆积、水流堆积、风化残积、构造作用等综合冰川堆积作用下形成的，具有成因、结构及工程地质特征等复杂性，较目前传统岩土力学、岩石力学相对复杂，严重制约和影响了我国青藏高原地区水利水电的开发。

青藏高原冰水沉积物成因类型复杂。冰水沉积物主要在第四纪冰期与间冰期形成，具备的特征有规律可循，主要表现为颗粒粒径分布范围广、物质成分复杂，结构密实，少见架空现象。其独特的沉积特征及特殊的工程特性，给工程地质勘察带来了较大挑战。尤其是在勘察技术野外地质判定鉴别与分层、地层序列的建立尤为突出，相应的冰水沉积物地球物理勘探测试技术、物理力学试验方法、水文地质试验方法以及冰水沉积物中砂层的地震液化判定问题也相对复杂和独特，应采用创新手段和综合方法进行研究，以查明冰水沉积物的工程地质特性，详细且精确地给出其物理力学参数、水文地质参数。对青藏高原地区冰水沉积物进行工程地质特性研究，是合理分析其建坝适宜性和应用的基础。

另外，在冰水沉积物上建坝涉及其本身在附加压力作用下的应力变形分析，坝基变形稳定、抗滑稳定分析，以及坝基处理和防渗设计等方案的确定，应在掌握详细工程地质条件的基础上进行合理判定和分析，为水利水电工程建设提供可靠依据。

本书通过对青藏高原地区数个大型水利水电工程的冰水沉积物沉积特征、颗粒组成、结构特征的详细调查和分析，对冰水沉积物的形成演化过程及其与古气候环境的关系等进行了探索；在大量试验及工程分析的基础上对青藏高原典型冰水沉积物的渗流特性、强度特性、变形特性等进行了较为深入的分析和研究;提出了坝基冰水沉积物工程地质分级方法,并对筑坝适宜性进行了研究;最后根据坝基冰水沉积物中砂土地震液化判定及防治处理措施、冰水沉积物渗流场特征及防渗处理措施、坝基抗滑稳定性等工程地质问题进行了评价;依托多布、金桥、雪卡、巴塘、哇沿、波堆、引大济湟等十余个大型水电水利工程,开展青藏高原冰水沉积物工程地质特性及建坝应用研究。目前,诸多修建在冰水沉积物上的水利水电工程已安全运行数年,其勘察设计和建设经验可为青藏高原地区同类工程提供参考。

1.2 国内外研究现状

1.2.1 冰水沉积物成因及特性研究现状

1.2.1.1 第四纪冰川运动研究现状

一般来说,西方国家对于第四纪冰川的研究始于德国学者彭克(Penck)在 1885 年提出的阿尔卑斯山冰期理论,他和布吕克纳(Brückner)共同撰写的《冰期中的阿尔卑斯山》于 1909 年出版。国内对于第四纪冰期的研究始于 20 世纪 30 年代李四光先生的庐山冰期理论,其撰写的《冰期之庐山》出版于 1937 年。

近年来,国内外学者针对中国西部第四纪冰川问题开展了大量的研究,卓有成效。学者们普遍认为第四纪更新世以来,我国西部经历了多期冰川作用。但是对于我国西部第四纪以来的冰川规模、持续时间、期次仍存在诸多争论。

2002 年,施雅风总结其数十年研究成果,提出了我国第四纪冰期的划分方案。2004 年易朝路等在施雅风的基础上进一步提出了我国第四纪以来共经历了 5 次冰期。其时代初步定为:小冰期(1871±20 A.D.—1528±20 A.D.)、新冰期(1550±70ka B.P.—3.1ka B.P.)、末次冰期(10.4—73ka B.P.)、倒数第二冰期(136—333ka B.P.)、倒数第三冰期(460—710ka B.P.)。

对于第四纪冰期划分一直以来都是争论的热点。2000 年郑本兴在《云南玉龙雪山第四纪冰期与冰川演化模式》中通过大量对比研究的基础上,总结了国内外学者对玉龙雪山第四纪冰期的划分成果,进而提出了整个第四纪冰期划分标准及冰川类型。

1.2.1.2 冰水沉积物形成时期及演化过程研究现状

郑本兴是国内较早对冰水沉积物开展深入研究的学者之一,2001 年在对磨西台地成因进行研究时指出,磨西台地的主体为倒数第二次冰期的冰川沉积物,其中也包括有冰水砂砾层透镜体和冰湖相等沉积。磨西台地出露地表的巨大砾石,直径在 10~20m 之间,多数为冰川表面的消融碛,也可能有冰水泥石流夹带的大岩块。磨西台地两侧断续分布有4 级冰水阶地及尾部均为末次冰期后期至全新世的冰水沉积。

2007 年,赵希涛通过对金沙江河谷冰水沉积物的研究,认为金沙江河谷地带分布的冰水沉积物主要来源中更新世中晚期的干海子冰期和丽江冰期冰川消融的产物,并且指出在干海子—丽江间冰期和丽江—大理间冰期期间,金沙江石鼓镇段曾出现冰川快速消融,大量冰水搬运的物质快速运动至金沙江河谷地带,导致金沙江被堵,形成著名的金沙江石鼓古湖。

赵希涛、郑绵平等于 2007 年通过研究金沙江云南迪庆小中甸古湖的形成演化,揭示在金沙江迪庆段分布一套形成于距今约147.2±13.9—67.57±5.30ka B. P. 中更新世中晚期的湖相沉积物，该沉积物年龄大致与下游石鼓段冰水沉积物相当，据此推断第四纪中更新世中晚期金沙江与石鼓段曾有被冰水沉积物堵塞的可能。

2008年，张明、胡瑞林在研究金沙江梨园水电站的下咱日沉积物成因和演化过程时指出：下咱日沉积物应是中更新世的金江冰期和晚更新世的丽江冰期两次冰期的作用结果，结合到该堆积前缘的湖相沉积物，进一步推测金沙江在中更新世时期曾经被大量冰川、冰水沉积物所堵塞，形成古堰塞湖。

2008年，张永双、赵希涛在云南省西北部德钦县古水一带深切的澜沧江河谷中发现了一套第四纪湖相沉积物，以纹层状黏土、粉砂质黏土和粉砂的互层组合为特征，构成了第三级和第四级阶地的基座。剖面顶部、中部和中下部黏土的U系法年龄测定结果分别为（52.3±3.4）ka、（64.2±5.6）ka 和（81.9±6.5）ka，认为古水古湖形成于晚更新世早中期的末次间冰期晚期和末次冰期的早冰阶与间冰阶早期，很可能是大型冰川（如下游的明永冰川等）或巨量的冰水沉积物堰塞了澜沧江河谷而造成的结果。

2008年，涂国祥、黄润秋在《澜沧江某冰水堆积体演化过程及工程地质问题探讨》一文中指出，澜沧江上游古水水电站坝前堆积体，固体颗粒大多遭受过水流作用，其固体颗粒大多具有一定程度的定向排列和成层特点；但由于水流作用强度较低，搬运距离较短，其颗粒磨圆一般较差，大多呈次棱角～亚磨圆状，冰水堆积体与阶地存在复杂的接触关系，先是冰水堆积体上覆于三级、五级阶地之上，在冰水堆积体前缘又出现三级阶地反覆盖于冰水堆积体之上的现象，因此推测该冰水堆积体形成时代应与澜沧江三级阶地形成时期相当，其形成过程中曾导致澜沧江堵塞。

成都理工大学王运生、黄润秋在研究我国一些大江大河河谷深厚覆盖层的成因时指出："在中国西部末次冰期，存在一次强烈的侵蚀事件""近年来中国西部主要江河的水电梯级开发过程中，大量的河床钻孔资料揭示，西部与末次冰川有联系的江河具有深厚覆盖层现象，河床覆盖层厚一般为40～70m，最厚处超过500m。年龄测定资料揭示，谷底沉积物年龄一般都在20～25ka；也就是说，现在西部一些河床的基覆界面在距今25ka前就已形成，这一年龄刚好相当于末次间冰段结束。作者认为，由于距今40～25ka西部地壳快速抬升，气候变暖，末次间冰段冰川快速消融，江河水量迅速增加所具有的巨大侵蚀力是造成中国西部晚更新世晚期强烈侵蚀事件的主要原因。这次事件发生于三级阶地形成之后的末次间冰段，当时河流强烈侵蚀至现今谷底的基覆面，在末次冰盛期堆积回填，并在后期重新下切形成二级、一级及正常的河床相堆积。"

综合国内外研究成果，一般认为第四纪更新世中晚期我国曾出现气温明显升高、冰川快速消融的地质现象，冰川融水携带大量松散物质堆积于河谷地带，曾导致主要河流出现多处堰塞。

1.2.1.3 冰水沉积物结构特征研究现状

张永双在研究玉龙雪山山麓冰水沉积物时指出，中国冰川沉积物的宏观特征现场调查结果表明，母岩和胶结物成分的不同可以造成冰川沉积物的性质有很大的差异。根据胶结物类型和胶结作用程度，可以把冰川沉积物分为钙质胶结和泥砾质胶结两种。在玉龙雪山西麓发育的冰川沉积物中，玉龙冰期冰碛物胶结程度最高，干海子冰期冰碛物胶结程度较高，丽江冰期、大理冰期冰碛物的胶结程度较差，但丽江冰期和大理冰期的冰水沉积物具有较好的胶结特征。为了便于区分和工程应用，张永双建议将胶结程度高的玉龙冰期冰碛物称为冰碛砾岩，将丽江冰期和大理冰期的冰水沉积物称为冰水砾岩。

钟建华在研究柴达木盆地冰水沉积物时也提到，柴西冰水沉积岩性及其岩性组合有下列几个特点：①低能的冰水沉积—冰水纹泥和块状泥往往与高能的砾石组合在一块，而且有时呈直接接触关系，表明沉积环境直接由高能过渡到低能；②柴西冰水沉积厚度不等，厚者可达 7.89m，表明不同部位存在着沉积沉降分异；③砾石均松散，未固结，表明未经受明显的成岩作用。

谢春庆通过对川西冰水沉积物结构特征的研究也发现：第四纪更新统以来的冰水沉积物大多具有较好的泥质胶结，当沉积物内含钙质成分的颗粒较多时，甚至具有一定程度的钙质胶结，由于其形成时间较久远，该冰水沉积物大多呈中密～密实状，天然密度一般在 20kN/m³ 以上。

2009 年，张永双在总结其多年对冰川、冰水沉积物研究成果的基础上，提出冰川、冰水沉积物在沉积特征、物质组成上具有以下特点：①颗粒组成的不均一性和多元性；②组构单元的双元性；③结构的无序性和胶结性。常表现为巨粒土、粗粒土和细粒土的混杂堆积，其颗粒组成具有显著的不均一性。冰碛物中大漂石（块石）大者直径可达 10m，而其中细粒填隙物的黏土颗粒直径可小于 1μm，两者之比高达数百万倍。典型冰川沉积物的不均匀系数平均值达 496.3，冰水沉积物的不均匀系数通常低于平均值，冰碛物的不均匀系数非常之高，有效粒径之小，是其他第四纪沉积物无法比的。

张明、胡瑞林在研究金沙江梨园水电站的下咱日沉积物时发现，该冰水沉积物与河流相砂卵石以及湖相沉积物存在复杂的接触关系：第一部分为灰岩漂石、碎块石及少量粉土，排列杂乱，块石的粒径主要为 10～100cm，棱角状，磨圆度很差，粒径悬殊。第一部分被第二部分分为上下两层，被分隔的下层中逐渐出现少量的卵砾石，卵砾石磨圆度差别较大，有的磨圆较好，有的棱角分明，磨圆度很差，粒径一般为 1～5cm。第二部分由粒径为 2～10cm 的卵砾石层、粒径为 1～2cm 的砾石夹黏土层互层组成，层理清晰。第三部分为河流冲积层，厚约 7m，上面 3m 为粗砂及粉质黏土层，为漫滩相沉积，下面 4m 为卵砾石层，卵砾石的粒径主要为 1～2cm，主要为长石、石英。第四部分成分与第一部分相同，灰岩漂石、碎块石夹杂粉质黏土，排列杂乱，为第一部分崩塌到上台地堆积而成，由于雨水的作用，表面形成一定程度的胶结，在表面形成约 30～50cm 的硬壳。

涂国祥、邓辉等在对河谷冰水沉积物长期研究过程中发现，冰水沉积物颗粒粒径分布范围广、物质成分复杂，组成冰水沉积物的颗粒大小相差悬殊，其中主要以巨颗粒和 60～2mm 的粗颗粒为主，土体不均匀系数高，组成沉积物的物质成分复杂，且大多属远源物质；结构密实，少见架空现象，一般呈中密～密实状，大多还具有一定程度的泥质或弱钙质胶结；其结构上仍保留有一定程度的水流作用痕迹（如成层性），但由于水流作用时间相对较短，搬运距离较短，因而其颗粒大多磨圆较差，呈次棱角～亚磨圆状，沉积物中往往含有呈透镜体状展布的黏土条带，并且也揭示了冰水沉积物大多与河流覆盖层以及古土壤之间存在复杂的接触和相互掩埋关系。

1.2.1.4 冰水沉积物工程地质及力学特性研究现状

国内针对冰水沉积物工程特性的研究始于 20 世纪 90 年代,目前仅有的一些零星探索、研究工作也仅局限于某些特定的条件。

1989 年,屈智炯等较早对瀑布沟电站的冰川、冰水沉积物的力学性质进行了探索,认为其应力-应变特性属于非线性弹塑性,在 $50 \sim 3500 kN/m^2$ 压力范围内其破坏包线近似于直线。在低压下,呈直线变化且体积剪胀;在高压下,呈应变硬化且体积剪胀,成都科技大学建议的简化 K-G 模型比其他模型更为适用于该类沉积物。

1997—1998 年,范适生针对冶勒水电站冰川、冰水成因半胶结型河床覆盖层的物理力学性质进行较为深入的探索,认为冶勒盆地半胶结砾石层颗粒组成级配较好,骨架孔隙填料充填密实,结构具明显的钙质胶结特征,结构强度较高。在前期固结压力作用下,土层密度值较大,孔隙比较小,孔隙连通性差,具有承载能力高、压缩性低、渗透性弱、抗渗性好、抗剪强度高、抗液化能力强的特性,作为堆石坝基础较为理想。

2004 年,金仁祥对某电站坝基下伏的冰水堆积层的渗流稳定性进行了研究,提出了冰水沉积物的渗透变形类型、临界水力梯度。2007 年,于洪翔等通过对旁多水电站冰水沉积物的研究认为:其结构表现为分选差,磨圆差,砾卵石有强风化现象,黏性土透镜体、冰漂砾及泥砾发育,局部存在粉土质砂透镜体、第四系冲积物捕虏体,连续性差,含泥量明显高于现代河床冲积物,随深度增加,孔隙变小,密度增大。渗透性具有整体上随深度增加而变小,从平面上和剖面上有不均一性,在空间各个方向上渗透性具有明显差异的特征。允许水力坡降具有明显的不均一性,破坏形式为管涌型。

2009 年,袁广祥、尚彦军、林达明对帕隆藏布流域的冰碛物、冰水沉积物进行研究,认为其具有粒度分布范围广、粗粒含量多等与其他沉积物不同的粒度特征。冰碛物粒度分布范围广的特征导致随着研究尺度的不同,其结构特征也不相同,具有明显的尺度效应。冰碛土的力学强度一般强于其他沉积物,但受不同粒径颗粒的含量及分布、形成时代的影响,其力学特征也有所差异。

涂国祥、邓辉等对大渡河中游汉源河谷地带,澜沧江古水水电站坝前的冰水沉积物渗流特性、强度特性进行了较为深入的研究,认为:冰水沉积物的透水能力较差,渗透系数一般在 $10^{-3} \sim 10^{-5} cm/s$ 之间,表现出一定程度的层流~紊流过渡状态的特点,其抗剪强度较高,在剪切破坏过程中存在较明显的应变强化和剪胀现象,其强度包络线在低应力水平下呈直线状,在高应力水平下呈非线性下凹形。

1.2.2 冰水沉积物筑坝应用研究现状

众所周知,冰水沉积物和冰水堆积体严格意义上是有区别的。本书所述及的冰水沉积物是河流的冰水沉积物的正常沉积;而冰水堆积体可定义为是冰川、冰碛物等堆积成因,多分布在现今岸坡上。

据资料检索,目前涉及冰水沉积物的系统研究尚少,主要集中在冰水堆积体方面。工程实践主要涉及以下三个领域:①影响工程设施安全的冰水堆积体稳定性评价,如王文远、李开德等依托澜沧江古水水电站坝前堆积体完成了中国水电工程顾问集团公司科技项目"冰水堆积体工程地质特性研究";②将冰水堆积体作为路基填料、堆石坝填料的适宜性问题,主要以澜沧江古水水电站根达坎冰水堆积体和争岗冰水堆积体为例,通过试验分析，探索其作为堆石坝心墙防渗土料的可行性；以梨园水电站为例，探索其作为堆石料的可行性；③冰水堆积体作为路基适宜性问题，成都理工大学涂国祥在其毕业论文中进行了岗子上隧道进口冰水堆积体稳定性评价及治理措施研究，以及青杠咀沿库高速公路冰水堆积体路基岸坡稳定性评价及防护措施研究。

21世纪以前，人类工程活动涉及冰水沉积物的较少，尚未形成专门针对冰水沉积物工程问题的系统研究方法和理论；21世纪以来，随着人类工程活动进一步向西部深山峡谷地带延伸，由冰水沉积物造成的工程问题日益突出，受到人们越来越多的关注，但是其研究方法多沿用针对其他岩土体的方法体系。

1.2.2.1 冰水沉积物建坝实例

深厚冰水沉积物是指厚度大于40m的第四系河床松散沉（堆）积物，这些冰水沉积物具有结构松散、分布不连续、成因类型复杂、物理力学性质不均匀性等特点，因此是一种地质条件差且复杂的地质体。

我国的冰水沉积物多分布于环青藏高原的高山峡谷河流及其第一梯度与第二梯度的过渡带上，而这些地区又是我国水能资源最为丰富的地区。已建成或在建的多布、金桥、沃卡、老虎嘴、哇沿、温泉、雪卡以及正在开工建设的巴塘、那棱格勒、引大济湟、哇洪、香日德等水利水电工程均遇到厚达数十米甚至数百米的河床冰水沉积物。如青海那棱格勒的冰水沉积物厚度均在150m以上，西藏雅鲁藏布江米林水电站沉积物厚达520m、西藏帕隆藏布松宗坝址区沉积物厚达420m，西藏尼洋河多布水电站沉积物厚达360m，西藏巴河老虎嘴左岸防渗体沉积物厚达180m。

表1.2-1为依托工程或据相关工程统计所得的典型河流地带发育的冰水沉积物分布情况。

表1.2-1 典型河流地带冰水沉积物分布情况

河 流	工程名称	所属省份	最大深度/m	形成时期	备注
察汗乌苏河	哇沿水库	青海	84.4	Q_3	正在建设
哇洪河	哇洪水库	青海	49	Q_3	
香日德河（托索河）	盘道水库	青海		$Q_2 \sim Q_3$	
	香日德水库	青海	110	$Q_2 \sim Q_3$	
格尔木河支流雪水河	温泉水库	青海		$Q_2 \sim Q_3$	
那棱格勒河	那棱格勒河水库	青海	140.88	$Q_1 \sim Q_4$	
雅鲁藏布江	里龙水电站	西藏	260.5	$Q_2 \sim Q_3$	规划阶段
	本宗水电站	西藏	115.5	$Q_2 \sim Q_3$	规划阶段
	米林水电站	西藏	520	$Q_2 \sim Q_3$	规划阶段
大通河	黑泉水库	青海	35	Q_3	已运行
	引大济湟	青海	体积大于2000万 m^3	Q_3	正在建设
沃卡河	沃卡水电站	西藏	体积大于2000万 m^3	$Q_2 \sim Q_3$	已发电
	白堆水电站	西藏	体积大于3500万 m^3	$Q_2 \sim Q_3$	已发电
尼洋河	多布水电站	西藏	360	$Q_2 \sim Q_3$	已发电

河 流	工程名称	所属省份	最大深度/m	形成时期	备注
巴河	老虎嘴水电站	西藏	180	Q₂~Q₃	已发电
	雪卡水电站	西藏	180	Q₂~Q₃	已发电
易贡藏布	金桥水电站	西藏	180	Q₂~Q₃	已发电
	忠玉水电站	西藏	79	Q₂~Q₃	预可研
	夏曲水电站	西藏	100	Q₂~Q₃	预可研
帕隆藏布	松宗坝址	西藏	440	Q₂~Q₃	规划
大渡河	冶勒水电站	四川	>420	Q₂~Q₃	已发电
	金川水电站	四川	63	Q₂~Q₃	正在建设
金沙江	巴塘水电站	西藏与四川	55.5	Q₂~Q₃	正在建设

由于冰水沉积物结构松散、工程地质性状差等多方面因素，在沉积物上修建大坝特别是高坝时易产生坝基承载变形、渗漏与渗透变形、沉降与差异沉降、固结、抗滑稳定、砂土液化、软土震陷等许多工程地质问题。冰水沉积物不仅严重影响和制约了水电工程坝址的选择、流域水电资源的规划与开发利用，同时也给水工设计如坝型选择、枢纽布置、防渗措施等方案的选择带来巨大的困难。因此，在冰水沉积物上筑坝的技术一直是水利水电行业研究的重点技术问题。

目前，我国已建、在建工程中，心墙或趾板直接置于冰水沉积物上的土石坝最大坝高已超过110m。九甸峡面板堆石坝最大坝高达133m，已建成的察汗乌苏、九甸峡冰水沉积物利用深度均超过了40m。西藏多布水电站冰水沉积物地基上的闸坝及厂房高55.8m，建基面埋深53~60m，厂房基础持力层为含块石砂卵砾石层，以下1~6m为中~细砂层，属于国内外领先水平；多年与运行和监测成果资料表明，其变形和沉降等各项指标均满足设计要求。国外在冰水沉积物上建造面板堆石坝比较有代表性的是智利的Santa Juana坝和Puclaro坝，前者坝高106m，冰水沉积物最大厚度30m，后者坝高83m，冰水沉积物最大厚度113m。被誉为"西藏三峡"的旁多水利枢纽工程大坝为碾压式沥青混凝土心墙砂砾石坝，坝顶高程为4100m，最大坝高72.3m，坝基冰水沉积物最大厚度150m。冶勒水电站大坝为沥青混凝土心墙堆石坝，坝高124.5m，坝基冰水沉积物最大厚度大于420m。

冰水沉积物上的闸坝受闸门挡水高度限制，一般小于35m。多布水电站混凝土闸坝高达55.8m，为目前国内外冰水沉积物上的最高闸坝。随着水利水电工程建设和筑坝技术的进一步发展，今后将对冰水沉积物勘察技术提出更高的要求。

青海省境内的黑泉水库属于高坝大库，坝体断面大，坝基范围大；坝基冰水沉积物覆盖层厚度大，成因复杂，为了查明其工程特性，前期做了大量勘探试验工作，取得了一定的成果。根据蓄水前坝体沉降观测，坝体最大沉降值为412mm，相应的沉降率为0.448%，与设计三维计算结果（最大沉降653.3mm）相差较大；根据已有观测值推算工程竣工和蓄水后最大沉降值为500mm，小于大坝最终沉降量为最大坝高1%的预计量。该工程的建设，为高山峡谷，高寒、高海拔地区冰水沉积物上修建面板砂砾石坝积累了经验。

1.2.2.2 冰水沉积物建坝工程地质问题研究现状

经资料检索和查询，国内外对冰水沉积物研究方面的科技论文较多，但专门的书籍甚少。

由石金良等编著的《砂砾石地基工程地质》（1991年），深入总结了砂砾石地基工程实践，以砂砾石的成因类型、地质特征、分布规律为主导，对砂砾石坝基的勘探、试验、坝基工程地质评价、坝基处理与观测等进行了较为全面的总结归纳，填补了我国河床松散砂砾石坝基工程地质研究方面的空白。

2009年，由中国水利水电出版社出版的论文集《利用覆盖层建坝的实践与发展》，共收录科技论文46篇，涉及坝工设计、岩土工程以及施工技术等内容的跨学科论文集；从专业角度看，该书涉及水工建筑物布置、结构分析、渗流控制、施工方法等诸多方面的内容，书中以冰水沉积物为筑坝基础的工程实例，如黑泉水库、察汗乌苏水电站等，对覆盖层筑坝技术具有较强的指导和借鉴意义。

2011年12月，"十二五"国家重点出版规划项目图书《水力发电工程地质手册》中相关专业技术人员对水利水电工程深厚覆盖层筑坝的勘察技术与评价方法进行了全面叙述，对水利水电工程河床沉积物同类工程的勘察设计起到了积极的指导和推动作用。

2016年6月，赵志祥、左三胜在专著《深厚覆盖层勘察关键技术》中，充分收集了国内外冰水沉积物地质勘察、钻探、试验、水文地质测试等理论研究现状和工程应用实例，依托深厚覆盖层建坝工作需要，分析了覆盖层沉积物的成因类型和分布特征，总结了适宜于深厚覆盖层的勘探方法、物理力学特性试验、渗透特性测试、勘察要点等关键技术，对典型工程深厚覆盖层主要工程地质问题、工程处理措施、筑坝适宜性及应用进行了详细叙述。

综上可知，不同学者针对冰水沉积物的某一方面或某一个问题开展了相对深入的研究，取得了可喜的研究成果。现国内外对河床深厚覆盖层筑坝的设计方案、工程处理措施等内容研究较多，但对诸如冰川型、冰水型、冰碛型沉积物的勘察技术、评价方法等方面的研究成果甚少，工程实例较多而理论的总结与提升较少，科技论文成果也缺乏系统性和基本理论支撑，尚未有人对冰水沉积物水利水电工程筑坝应用方面开展系统、全面的研究。针对上述问题，本书重点研究深厚冰水沉积物的勘察技术与建坝应用，以期得到基础理论的提升。

1.3 本书主要研究成果

结合青藏高原地区第四系更新统冰水沉积物的成因类型及相关资料，以及水利水电工程中存在的主要问题，依托数个相关工程资料，在前人研究成果的基础上，本书主要研究成果有以下方面内容。

1.3.1 青藏高原冰水沉积物沉积特征及其演化过程

（1）冰水沉积物是冰川消融期间冰川融水搬运沉积物的产物，因此影响冰水沉积物沉积特征的因素主要有：冰川携带物质组成、气候环境、古地形地貌以及后期的侵蚀、改造作用。从这个角度讲，冰水沉积物是后期侵蚀、改造作用的残留体，因此现场调查中对于冰水沉积物的标志型沉积层和地貌往往见不到。

（2）冰水沉积物的形成大多经历了较长的历史时期，在此期间受气候变化影响，其沉积环境往往出现多次明显变化，因此冰水沉积物宏观上往往表现出分层性，但具体到各个层存在较大差别，如以巨颗粒为主的碎块石土层往往不具备成层性，其分选、磨圆也往往较差，而以粗颗粒为主的角砾层往往具有较为明显的成层韵律特点。此外，在沉积物内常常还分布有薄层透镜体状细颗粒沉积层。

（3）青藏高原地区冰水沉积物多由巨粒和粗粒组成，两者总量约占冰水沉积物总重量的85%以上，细颗粒物质在冰水沉积物中的含量相当有限，一般不超过15%。构成冰水沉积物主体的碎块石土、角砾土在结构上一般表现出明显的结构二元性，即以粗颗粒、巨颗粒为骨架，细颗粒物质填充其间，构成骨架的粗颗粒、巨颗粒嵌合紧密，少见架空现象，往往具有一定程度的泥质胶结，当含钙质成分较多时往往还具有较好的钙质胶结特点。

（4）冰水沉积物大多形成于晚更新世末次间冰期和中更新世倒数第二次冰期间冰阶期间。其中形成于晚更新世的冰水沉积物多存在侵占河道、掩埋河流相覆盖层的行为，说明末次间冰期区域出现一次气温显著升高的时期，导致冰川快速消融，冰川融水携带大量冰川沉积物，以洪积或冰川泥石流的形式快速运动至河谷地带，大量沉积物导致河道被堵塞，阶地被掩埋，甚至出现堰塞湖。

1.3.2 冰水沉积物工程特性

（1）青藏高原冰水沉积物形成时代久远，大多经历了长时期的压密、固结，因此，除沉积物表层外，冰水沉积物大多具有结构密实、高密度、孔隙率小、弱胶结的特点；其变形模量、压缩模量较其他松散覆盖层高得多，属典型的高承载力、低压缩性土。

（2）青藏高原冰水沉积物大多具有相对较弱的渗透能力，粗颗粒、巨颗粒含量较高的碎块石土层和角砾土层，渗透系数一般为 $10^{-3} \sim 10^{-4}$ cm/s，属中～弱透水介质；细颗粒含量较高的黏土质角砾、粉质壤土等渗透系数一般为 $10^{-4} \sim 10^{-7}$ cm/s，属微透水介质；大多具有较好的抗渗能力，其临界水力坡降一般在1.08以上，而破坏坡降一般在3以上。

（3）从现有的试验成果来看，当水力坡降较小（一般小于2）时，地下水在冰水沉积物中渗流速度与水力坡降表现近似线性关系，基本满足达西定律；当水力坡降较大时，渗流速度与水力坡降表现出较为明显的非线性关系，结合试验过程中雷诺数的变化，基本可以认为此时地下水的流态处于层流～紊流过渡状态，此时渗流本构关系可描述为 $v=kJ^{0.7}$。

（4）由于青藏高原河谷冰水沉积物所具有的特殊颗粒组成和结构特征，传统的粗颗粒土渗透系数估算公式已不再适合用来估算冰水沉积物的渗透系数，而本书提出的渗透系数估算公式 $k=0.5e^2(C_c'/C_u')$ 计算结果与试验结果较为一致。

（5）冰水沉积物大多具有较好的抗剪强度，天然状态下，黏聚力一般可达 $150 \sim 400$ kPa，摩擦角一般在 $35° \sim 39°$ 以上；饱水条件下黏聚力一般也保持在 $60 \sim 100$ kPa，内摩擦角一般为 $30° \sim 37°$；冰水沉积物抗剪强度参数中，c 值对水的敏感性要比 φ 值强烈得多，一般饱水条件下会导致黏聚力降低一半左右，而 φ 值的变化几乎不超过 $1° \sim 3°$。

（6）不同的应力条件对冰水沉积物的强度特性存在明显的影响，最显著的表现是随着围压的增大，冰水沉积物的强度包络线逐渐从服从莫尔-库仑定律的直线形状向下产生明显弯曲，因此在试验结果处理时常常会出现随着围压增大，黏聚力明显增大，而内摩擦角明显降低的现象；但从试验过程来看，出现这种转变的临界应力一般大于1MPa，而对于一般沉积物而言，其应力环境很难超过1MPa，因此在一般工程条件下，可以认为冰水沉积物的力学性质符合莫尔-库仑强度理论。

1.3.3 复杂巨厚冰水沉积物地质分层及分类

（1）通过分析冰水沉积物物质组成和特征，规范了野外→野外与室内→室内三个阶段标准流程，以及岩（土）层相对顺序的建立→地层地质时代序列→地层地质年龄序列等三个层次的地层划分程序，提出了深厚冰水沉积物地层分层的原则，以及大层、亚层的划分方法以及描述方法等准则。

（2）建立了从物质来源、沉积特点、结构特征等几个方面入手的冰水沉积物野外辨别方法。即首先从物质来源、运移通道上判断是否存在冰水堆积的可能，然后根据其是否存在宏观成层性、水流作用形成的沉积韵律特点，构成沉积物主体的粗颗粒、巨颗粒物质结构上是否表现出二元性、嵌合性以及胶结特点等，综合判断是否属冰水成因沉积物。

（3）提出了冰水沉积物岩土质量工程地质分级方案和标准。根据地质因素、堆积时代、颗粒粒径、密实程度等及其对工程特性等，提出了冰水沉积物岩土质量分类中的一级、二级等分类方案，给出了一级粒组统称和二级粒组名称，规范了不同类别岩土质量工程地质特性和工程地质问题，为筑坝应用奠定了基础。这一分类与当前岩土工程勘察中碎石土分类和巨粒土分类相比，突出了小于0.075mm细粒土指标，把漂（块）石含量小于50%的深厚冰水沉积物进一步细化，将巨粒或碎石混合土纳入了统一的分级体系，充分体现了科学性和实用性。

1.3.4 冰水沉积物建坝适宜性及工程处理

（1）首次系统提出了超深厚冰水沉积物地层软基闸坝渗流控制标准、不同防渗体系适宜性"三原则"成果。初步建立了完整的软基渗流控制标准，即在"坡降控制、渗量合理"的设计原则下，提出了"防渗墙折减系数分析法""允许渗透坡降法"的渗流安全控制标准，以多布水电站为例，提出防渗墙折减系数按0.4为控制标准，取得了良好的工程效果。

通过分析水平铺盖、封闭式防渗墙、悬挂式防渗墙、防渗墙＋短铺盖不同防渗方案典型案例，首次系统提出了"复杂巨厚冰水沉积物地层上修建超过30m高闸坝，原则上应优先采用垂直防渗的形式""采用垂直防渗墙的工程，可优先采用短连接板＋防渗墙防渗的形式""对于冰水沉积物深度超过80m的闸坝，或良好的防渗依托层条件时，可优先采用悬挂式防渗墙"等不同防渗体系适宜性三原则。

在以上原则的指导下，多布水电站充分利用防渗依托层，选用悬挂式防渗墙＋短铺盖的防渗形式，经渗流分析及敏感性分析，以及工程实践考验验证了其有效性和实用性，并在此基础上提出了一整套止水组合防渗关键技术发明创新成果。

（2）提出了"合理布置、重点加强、分形分析、综合比较、及时响应"的监测设计及分析理念并得到成功应用。在此理念指导下，选择多布水电站典型断面，重点沿断面上下游布置渗压计。同时，在坝址区两岸择点建造绕坝渗流观测孔。绕坝渗流观测孔采用平尺水位计观测，后期在孔内安装渗压计，可实现自动化监测。渗流监测成果绘制时间变化曲线见监测分析专题，对于接近警戒值的曲线，应及时响应，实践表明，监测成果达到了渗流控制标准的良好预期，证明上述理念及渗流研究成果的合理性、科学性。

（3）坝基砂土液化工程处理。依托西藏多布水电站，通过三维有效应力有限元法，对砂砾石坝开展了静动力分析，对大坝三种设计方案进行了计算、比选，经过计算分析，冰水沉积物坝基砂土液化工程处理可设置反压平台方案以及设置反压平台附加振冲碎石桩方案，在静、动力条件下的应力变形性状总体差别不大，只是在下游反压平台及振冲桩处理区域附近有所变化。设计地震工况下，工程处理方案上游坝坡抗震稳定安全系数满足规范要求。

从抗地震液化角度来看，下游设置反压平台即可满足要求，虽然反压平台外侧仍有液化度较高的区域，但该区域距离坝脚较远，不会影响大坝的整体稳定性。考虑到冰水沉积物地质条件复杂，作为一种安全储备，可采用设置反压平台附加碎石桩的方案。

液化处理方案竣工期和蓄水期坝体最大沉降分别为 31.8cm、32.4cm，发生在坝基面上，大坝沉降率约为 0.22%，该量值在经验变形范围内。竣工期和蓄水期坝体和坝基覆盖层内应力水平未达到塑性极限，不会发生塑性破坏。

敏感性分析情况下坝体的动力反应加速度、动位移、永久变形、防渗墙和防渗土工膜的应力（应变）与设计地震情况变化不大，坝体、坝基稳定，下游坝的稳定安全系数满足规范要求，存在的问题只是混凝土防渗墙局部拉应力超过混凝土的允许值，通过加强配筋解决了该问题。在设计地震和敏感性分析情况下，大坝的设计总体满足抗震安全性要求。

坝体下游设置反压平台附加振冲碎石桩方案，在静、动力条件下的应力变形性状较好，防渗墙和防渗土工膜的应力与应变满足要求，设计地震工况下砂层不会发生液化，坝体、坝基稳定。

2 青藏高原冰水沉积物成因类型及特征[*]

2.1 冰水沉积物形成时代

冰水沉积物是冰川运动的产物，因而其形成时代与该地区冰川运动时间（即冰期）具有较好的对应关系。冰期是指具有强烈冰川作用的地史时期，又称冰川期。冰期有广义和狭义之分，广义的冰期又称大冰期，狭义的冰期是指比大冰期低一层次的冰期。大冰期是指地球上气候寒冷，极地冰盖增厚、广布，中、低纬度地区有时也有强烈冰川作用的地质时期。大冰期中气候较寒冷的时期称冰期，较温暖的时期称间冰期。大冰期、冰期和间冰期都是依据气候划分的地质时间单位。大冰期的持续时间相当地质年代单位的世或大于世，两个大冰期之间的时间间隔可以是几个纪。有人根据统计资料认为，大冰期的出现有1.5亿年的周期。冰期、间冰期的持续时间相当于地质年代单位的期。

在地质史的几十亿年中，全球至少出现过3次大冰期，公认的有前寒武纪晚期大冰期、石炭纪-二叠纪大冰期和第四纪大冰期。冰川活动过的地区，所遗留下来的冰碛物是冰川研究的主要对象。第四纪冰期冰碛层保存最完整，分布最广，研究也最详尽。在第四纪内，依冰川覆盖面积的变化，可划分为几个冰期和间冰期，冰盖地区约分别占陆地表面积的30%和10%。但各大陆冰期的冰川发育程度有很大差别，如欧洲大陆冰盖曾达北纬48°，而亚洲只到北纬60°。由于气候变化随地区的差异和研究方法的不同，各地冰期的划分有所不同。

1909年，德国的彭克和布吕克纳研究阿尔卑斯山区第四纪冰川沉积，划分和命名了4个冰期和3个间冰期。国内自1937年李四光提出鄱阳、大姑、庐山与大理4个冰期以来，学术界一直围绕我国第四纪是否存在冰期，存在几次冰期，每次冰期持续的时间多长等问题争论不休。

近年来我国学者对第四纪冰期的研究取得了丰硕成果，比较有代表性的是著名冰川学家施雅风于2002年集数十年研究成果，提出了我国第四纪冰川的划分意见，见表2.1-1。

对于我国第四纪冰川的研究，郑本兴取得了较有代表性的成果，2000年他总结国内学者对玉龙雪山冰期划分研究成果，提出了表2.1-2的玉龙雪山冰期对照表，进而提出了横断山区第四纪冰期的划分对照表（表2.1-3）。

综合各方研究成果，可以对第四纪冰期及间冰期做出以下认识：

（1）目前比较确定的是第四纪更新世出现过至少3次冰期，2次间冰期，但在各次冰期青藏高原以冰川运动为主，并未形成统一冰盖。

＊ 本章涂国祥、刘潇敏、王有林执笔，赵志祥校对。

表 2.1-1　　　　　　　　中国冰期与海洋同位素阶段（MIS）比较表*

年代/ka B.P.	MIS	中国冰期	喜马拉雅与青藏高原	天山与阿尔泰山
11	1	1. 冰后期	小冰期与新冰期冰进（4ka B.P. 以来），绒布德寺阶段，大暖期冰退，新仙女木、早全新世冰进	小冰期与新冰期冰进（4ka B.P. 以来），土格别里进而齐阶段，大暖期冰退，新仙女木、早全新世冰进
11—28	2	2. 末次冰期晚冰阶，末次冰盛期（LGM）	珠穆朗玛冰期Ⅱ（绒布寺阶段）：贡嘎冰期Ⅱ（^{14}C：19.7ka B.P.）大理冰期Ⅱ（ESR：16ka B.P.）	破城子冰期（?）上望峰冰期（AMS^{14}C：17—23ka B.P.）哈纳斯冰期（?）
32—58	3	3a. 间冰阶（暖）	大湖期（30—40ka B.P. 左右）藏东南 14C：36ka B.P.	大湖期（30—40ka B.P.）
32—58	3	3b. 末次冰期中冰阶（冷）	冰川前进、阿尔金山计方桥冰碛^{3}He：41—44ka B.P.	乌鲁木齐河谷哈依萨鼓丘冰碛 ESR：46ka B.P.
32—58	3	3c. 间冰阶（暖）		
58—60	4	4. 末次冰期早冰阶	珠穆朗玛绒布谷地高测碛风化凹坑：60—72ka B.P.	乌鲁木齐河谷下望峰期部分冰碛 ESR：58 72ka B.P.
75—125	5a、5b、5c、5d、5e	5. 末次间冰期	高湖岸、纳木错70～90m；湖岸铀系测年78—91ka B.P.；甜水海铀系测年74—145ka B.P.	天山柴窝堡第三湖相系 120—75ka B.P.
130	6	6. 倒数第二冰期，开始时间可能是 8 阶段或 10 阶段	珠穆朗玛冰期Ⅰ（基龙寺阶段），藏东南古乡冰期，西昆仑布拉克巴，什冰川、冰碛砂 TL：206ka B.P. 左右	天山台兰河谷契克达坂冰期（?）
300	8	古乡冰期	念青唐古拉山东段古乡冰期冰碛提示当时冰川长 100km，CRN^{10}Be 年龄显示这次冰川作用发生在 6 阶段。青藏高原及其周边的多个研究点发现这次冰川作用遗迹	无冰川发育
420	9—11	间冰期	祁连山摆浪河中梁赣冰碛 ESR：463ka B.P. 左右	乌鲁木齐河谷高望峰冰碛 ESR：460—477ka B.P.
420	12	12. 中梁赣冰期		
480	13、14、15	大间冰期	若尔盖钻孔针阔叶林植被藏南红色风化度	柴窝堡钻孔 550—400ka B.P. 湖相沉积
600	16、17、18、19、20	昆仑冰期（最大冰期）	青海昆仑山垭口冰碛 ESR：710ka B.P.，磁性地层＜780ka B.P.，古里雅冰芯底部^{36}Cl：760ka B.P.	台兰河谷柯克台不爽冰期（?）
800		间冰期		
		希夏邦马冰期	希夏邦马冰期（时间待定）	阿合布隆冰期（时间待定）

*　本书作者略有修改。

　　（2）末次冰期始于 50—70ka B.P. 结束于 11ka B.P.，倒数第二次冰期始于 300ka B.P.，结束于 130ka B.P.，倒数第三次冰期始于 730ka B.P.，结束于 500ka B.P.。各冰期及间冰期期间气候存在波动，出现多次的冰阶和间冰阶。

表 2.1-2 玉龙山地区更新世冰期对比表

年龄 /ka B.P.	时代	郑本兴	赵希涛 (1999)	任美锷 (1957)	云南区测队 (1977)	谢汉予 (1998)	Ives et al. (1993)	明庆忠 (1996)
10	晚更新世	大理冰期 大理/丽江	大理冰期 大理/丽江	大理冰期 大理/丽江	大理冰期 亩间桥组	干河坝-玉木 干河坝/白水	玉龙冰期 玉龙/丽江	干河坝冰期 干河坝/黑白水
130								
300	中更新世	丽江冰期 丽江/云杉坪 云杉坪冰期 老混杂堆积	丽江冰期 丽江/干海子 干海子冰期 干海子/玉龙 玉龙冰期	丽江冰期	丽江冰期 大具组	白水（里斯） 白水/干海子 金（沙）江冰期	丽江冰期	黑白水冰期 黑白水/干海子 干海子冰期
500								
730								
2400	早更新世	蛇山组	蛇山组		蛇山组			象山冰期

表 2.1-3 横断山区第四纪冰期与冰川类型对比

时代/ka B.P.		冰期与间冰期	点苍山	玉龙山	梅里雪山	贡嘎山	稻城海子山	雀儿山
全新世	0.5	现代	无冰川	小冰川	山谷冰川	山谷冰川	无冰川	小冰川
	5	小冰期	无冰川	小冰川	现代终碛序列	3道现代终碛		
	10	新冰期		终侧碛	3~4道侧碛	3道侧碛	山顶夷平面 上无冰川	小冰川
晚更新世		高温期				冰川强烈退缩		
	70	末次冰期	大理Ⅱ (16ka B.P.)	大理 24ka B.P. (山谷冰川)	明永 (山谷冰川)	贡嘎Ⅱ (15—20ka B.P.)	末次冰期	竹庆 (山谷冰川)
	130		大理Ⅰ (57.6ka B.P.)			贡嘎Ⅰ （>25ka B.P.）		
中更新世		末次间冰期			褐红色古土壤			
	300	倒数第二次冰期	丽江 小冰川 140.3ka B.P.	丽江 (山谷冰川) 316—259ka B.P.	澜沧江 (山谷冰川)	南门关 (大型山谷冰川)	龙古 (冰帽)	绒坝盆 (山谷冰川)
	500	大间冰期			红色古土壤			
	730	倒数第三次冰期	无冰川	云杉坪 0.6Ma B.P.	莲花寺	雅家埂	稻城	稻城
早更新世		冰前期						

第四纪以来我国大陆主要经历了 4 次大的冰期，冰期与间冰期时河流表现出了明显的侵蚀与堆积特征，见表 2.1-4 和表 2.1-5。

表 2.1-4 第四纪 4 大冰期与河流堆积特征表

冰期	形成时代 /ka B.P.	特 征
贡兹	300	历次低海面与冰期时间对应，在 4 次大的冰期期间，全球海平面明显下降（最低海平面出现在玉木冰期），最大下降幅度超过 100m，在此期间河流主要为侵蚀切割。历次高海面与间冰期时间对应，河流主要以堆积为主
民德	200	
里斯	100	
玉木（武木）	25	

表 2.1-5   末次冰期（玉木）以来我国河流演化阶段划分

阶段	时代	河 流 特 征
末次冰期	25—15ka B.P.	河谷深切成谷
冰后期早期海侵	15—7.5ka B.P.	河谷堆积开始
最大海侵	7.5—6ka B.P.	河谷大量堆积形成深厚冰水沉积物
海面相对稳定期	6ka B.P. 至今	现代河床发展演化

在间冰期时期，青藏高原山岳冰川携带的大量松散物质被冰川融水搬运至河谷地带，形成了大量冰水沉积物，这些冰水沉积物往往规模巨大，受第四纪气候环境、冰川运动及构造运动复杂性的影响，这些冰水沉积物大多具有复杂的物质组成和多变的沉积特征，且与河流相覆盖层（尤其是高阶地物质）等第四纪全新统沉积物存在非常复杂的接触关系。

2.2 冰水沉积物成因类型

冰水沉积物形成于第四纪，成因较为复杂，但可以简单认为是冰川融水具有一定的侵蚀搬运作用，将冰碛物再搬运堆积形成。

冰水沉积物系冰川融水搬运堆积的沉积物。冰川的沉积作用有两种：一种是冰体融化，碎屑物直接堆积，称为冰碛土（物）；另一种是冰川表面、底部和两侧的冰水将碎屑物质（冰碛物）进行再搬运而再堆积，即融化后的冰水将冰碛物冲刷、淘洗，按颗粒的大小堆积成层而形成冰水沉积物。冰水沉积物是冰期的冰蚀作用和冰积作用、冰水侵蚀作用和堆积作用以及间冰期的冲蚀、冲积作用的共同结果，包括冰川和冰融水所形成的地形和沉积物。经历第四纪地质历史上冰期和间冰期的交替，形成原因复杂，因其中包含底碛和受上部较厚第四系冲积物盖重的影响，较为致密。冰水沉积物的成因决定了其一方面具有河流沉积物的特点，如有一定的分选性、成层性和磨圆度，其中砾石磨圆度较好；但同时又保存着条痕石等部分冰川作用痕迹，故又有学者称之为层状冰碛。

2.2.1 冰水沉积物形成环境及沉积地貌

2.2.1.1 冰水沉积物形成环境

冰水沉积按形成环境和分布可分为冰川接触沉积、冰前沉积。

冰川接触沉积又称为冰内沉积、冰界沉积，指紧邻地区，冰水与冰川共存、紧密接触，冰水沉积物与冰碛物相互混杂、交叉重叠后形成的，由此形成的沉积物称为冰川接触沉积物（或冰内冰水沉积物）。

冰前沉积又称为冰外沉积，是冰水从冰川流过后在冰川周围的冰水沉积，由此形成的沉积物称为冰前沉积物（或冰外冰水沉积物）。冰前沉积包括冰水河流沉积和冰湖沉积。冰水河流沉积常形成由砂、砾石构成的扇形体，称为冰水沉积扇，若干冰水扇联合而成波状起伏的倾斜平原，称冰水冲积平原（又叫外冲平原）。

2.2.1.2 冰水沉积地貌

冰水沉积物主要是冰川与融冰之水共同沉积的结果，冰川所携带的物质受到融化后的冰水冲刷及淘洗，会依照颗粒的大小，堆积成层，形成冰水沉积物，而在冰川边缘由冰水沉积物所组成的各种地貌，称为冰水堆积地貌。

（1）冰水沉积、冰水扇、外冲平原。在冰川末端的冰融水所携带的大量砂砾，堆积在冰川前面的山谷或平原中，就形成冰水沉积；若是在大陆冰川的末端，这类的沉积物可绵延数千米，在终碛堤的外围堆积成扇形地，就叫冰水扇；数个冰水扇相连，就形成广大的冰水冲积平原，又名外冲平原。在这些地形上，沉积物呈缓坡倾向下游，颗粒度亦向下游变小。

（2）冰水湖、季候泥。冰水湖是由冰融水形成的，当冰川后退过程中，冰积物会阻挡冰川的通路，会积水成湖。冰水湖存在明显的季节性变化，夏季的冰融水较多，大量物质进入湖泊，较粗的颗粒会快速沉积，而细的颗粒则悬浮在水中，颜色较淡；而冬季的冰融水较少，一些长期悬浮的细颗粒黏土才开始沉积，颜色较深。然而，在湖泊中就形成了一粗一细很容易辨认的两层沉积物，称为季候泥。

（3）冰砾埠。冰砾埠是有层理并由细粉砂组成的、形状一般为圆形或不规则的小丘。冰砾埠是由于冰面上的小湖、小河或停滞冰川的穴隙中的沉积物，在冰川消融后沉落到底床堆积而成，其与鼓丘的区别是，冰砾埠的形状极不规则，且为层状。在大陆冰川和山谷冰川都发育有冰砾埠。

（4）冰砾埠阶地。在冰川两侧，由于岩壁和侧碛吸热较多，且冰川两侧的冰面要比中间低，所以冰融水就汇集在此，形成冰侧河流，并带来冰水物质。冰水消融后，这些物质就堆积在冰川谷两侧，形成冰砾埠阶地。冰砾埠阶地只发育在山谷冰川中。

（5）锅穴（冰穴）。冰水平原上的一种圆形洼地，称为锅穴。冰川耗损时，一部分剩余的冰被孤立后埋入冰水沉积物中，当冰融化后就会引起塌陷，形成锅穴。

（6）蛇形丘。蛇形丘是一种狭长而曲折的岗地，蜿蜒伸展如蛇形。蛇形丘两坡对称，丘脊狭窄。大的蛇形丘长达数十千米，有的还爬上高坡。其主体是冰下河道中的沉积物，当冰川融化后，沉积物便显露出来，成为蛇形丘。蛇形丘组成物质几乎全部是大致成层的砂砾，偶夹冰碛透镜体。蛇形丘主要分布在大陆冰川地区。

上述地貌特征是对于一个"标准"冰水沉积物所具有的特征，而对于形成于第四纪更新世时期的冰水沉积物，由于其遭受过较长时间的侵蚀、剥蚀等改造作用，现今的地貌往往面目全非，由于受到水流的侵蚀作用，这种情况在一些河谷地带常常更为突出。

2.2.2 冰川运动与冰水沉积物沉积过程特征

冰川运动整个过程可分为两个阶段：一个阶段是从冰川形成到在重力以及冰川压力作用下向低高程运动的阶段，这一阶段主要以侵蚀、搬运作用为主；另一个阶段是冰川消融阶段，这一阶段主要以冰川融水的搬运、堆积作用为主。

在第一阶段冰川运动过程中，冰川有很强的侵蚀力，大部分为机械的侵蚀作用，其侵蚀方式可分为以下几种。

（1）拔蚀作用。当冰床底部或冰斗后背的基岩，沿节理反复冻融而松动，若这些松动的岩石和冰川冻结在一起，则当冰川运动时就把岩块拔起带走，这称为拔蚀作用。经拔蚀作用后的冰川河谷坡度曲线是崎岖不平的，形成了梯形的坡度剖面曲线。

（2）磨蚀作用。当冰川运动时，冻结在冰川或冰层底部的岩石碎片，因受上面冰川的压力，对冰川底床进行削磨和刻蚀，称为磨蚀作用。磨蚀作用可在基岩上形成带有擦痕的磨光面，而擦痕或刻槽是冰川作用的一种良好证据，其方向可以用来指示冰川行进的方向。

（3）冰楔作用。岩石裂缝内所含的冰融水在反复冻融作用时体积时涨时缩，造成岩层破碎，破碎的岩块从两侧山坡坠落到冰川中并向前移动。

（4）其他。当融冰之水进入河流，其常夹有大体积的冰块，会产生强大撞击力，破坏下游的两岸岩石。

冰川运动过程中在地表形成了众多冰川特有的侵蚀地貌形态，如冰斗、刃脊、角峰、冰哑、削断山嘴、U 形谷、石洼地、峡湾、悬谷、羊背石、冰川磨光面、冰川擦痕等。

冰川消融后，所搬运、携带的物质一部分原地堆积下来，形成冰碛物；一部分被冰川融水进一步向低高程搬运，最后沉积下来形成冰水沉积物。冰碛物和冰水沉积物的根本区别在于是否受冰川融水的较长期搬运、冲刷作用：冰碛物一般不具备成层性，粗颗粒一般没有明显磨圆；冰水沉积物一般具有一定的成层性，粗颗粒物质具有一定程度的磨圆。但是由于两者的物质成分均主要来源于冰川，因此也存在很多共同点：两者的物质组成都较复杂，颗粒大小混杂，粒径组成范围宽广，一般从黏粒到巨粒均有分布，粗颗粒和巨颗粒常常存在冰川运动过程中的压裂、刻划痕迹。

2.2.3 影响冰水沉积物形成的主要因素

冰水沉积物是在冰川消融过程中，冰川内部携带的物质被冰川融水搬运、冲刷、淘洗，最后沉积而成的物质，它是冰川与冰川融水共同作用的产物，因此，决定冰水沉积物沉积特征的主要因素分别是冰川携带物质的特点以及冰川消融过程中冰川融水的运动特点。进一步分析，决定冰川融水量大小的主要是气候因素，而影响冰川融水运动特点的因素不仅仅是冰川消融速度，还有水流运动过程中的地形地貌。综合上述分析，影响冰水沉积物沉积特征的主要因素有以下几个：

（1）冰川携带物的组成。冰川携带物是冰水沉积物最主要的物质来源，因此从根本上决定了冰水沉积物的物质组成。

（2）气候因素。冰川消融过程中气温的高低及其变化决定了冰川融水的水量大小、流速、搬运能力等运动特征。

（3）冰川融水运动过程中的地形地貌。冰水沉积物形成过程中的局部微地貌特征对冰川融水的局部流速、流向等有明显影响作用，因此它将影响到冰水沉积物局部的沉积环境。

（4）后期侵蚀、剥蚀作用。本书所讨论的对象主要针对第四纪更新世形成的冰水沉积物，这些沉积物形成后距今已有数万年至数十万年。在此期间，各种风化营力的作用也会对沉积物的沉积特征造成不同程度的影响。

2.3 冰水沉积物物质组成及结构特征

2.3.1 冰水沉积物沉积特征

进一步对主要冰水沉积物沉积特征进行描述和分析，可以对冰水沉积物沉积特征得出以下基本认识：

（1）成层性。从物质组成来看，冰水沉积物宏观上都具有较为明显的成层特点，如从剖面上大多可分为碎块石土层、粗颗粒角砾层及细颗粒透镜体层；但是具体到各层又存在较大差异，如碎块石土层往往不具备成层性，其分选、磨圆也往往较差，而粗颗粒角砾层往往具有较为明显的成层特点，具有相对较好的分选和磨圆特点。

（2）冰水沉积物主要由巨颗粒的碎石、块石以及粗颗粒的砾石构成，细颗粒含量较少，主要充填于粗颗粒、巨颗粒物质之间，局部细颗粒富集，主要以透镜体分布于沉积物之中。

（3）由于沉积物经过较长时间的沉积、固结，沉积物大多结构密实，巨颗粒及粗颗粒物质之间嵌合紧密，少见明显架空现象。

（4）从沉积物各层物质构成来看，其沉积环境存在较为明显的差别，如由粗颗粒构成角砾土，往往具有较好的成层性、分选性以及一定程度的磨圆，它应是在较稳定水流较长时间作用下搬运、冲刷、沉积的产物；碎块石土往往呈大小混杂状，细颗粒含量较高，没有明显的分选，磨圆也相对较差，它应是水流在较短时间内，快速搬运、堆积的产物（如冰川洪水、泥石流）；而黏土质透镜体应是在相对静水环境下沉积的产物。冰水沉积物形成过程中的气候环境存在较大变化，导致冰川融水在沉积物形成过程中的水动力条件存在较大差异。

2.3.2　冰水沉积物物质组成和特征

2.3.2.1　冰水沉积物的颗粒组成特征

综合青藏高原冰水沉积物颗粒组成及分类的试验和分析成果，可得出以下基本认识：

（1）总体上来看，沉积物上部由冰水快速搬运形成的碎块石类多属巨粒土，而沉积物底部属流速、流量搬运形成的角砾土多数粗粒土类。

（2）组成冰水沉积物的颗粒分布范围相当广，从粒径大于2m的巨石到粒径小于0.005mm的黏粒，在冰水沉积物中都能找到，因此其大多具有较大的不均匀系数；同时，由于其曲率系数多不理想，总体上虽然冰水沉积物的颗粒分布范围广，表现出明显的不均匀性，多属级配不良的土体。

（3）对于巨粒土而言，从颗分曲线来看，粒径大于20mm段大多较陡，粒径小于20mm段大多呈低缓状，有效粒径大多偏小，一般在0.15～2.6mm之间，平均粒径较大，一般在20～160mm之间。

（4）对于粗粒土而言，粒径大于2mm段大多较陡，粒径小于2mm段大多呈低缓状，有效粒径很小，一般在0.02～0.5mm之间，平均粒径一般在5～38mm之间。

2.3.2.2　冰水沉积物的物质组成与特征

通过对诸多河流冰水沉积物特性的分析和总结，其主要物质组成与特征分述如下：

（1）颗粒组成的不均一性和多元性。冰水沉积物属非重力分异沉积，因而常表现为巨粒土、粗粒土和细粒土的混杂堆积，其颗粒组成具有显著的不均一性。

高度不均一性还决定了颗粒组成的多元性。从颗粒尺寸来看，冰水沉积物实际上包括了直径大于200mm的漂石（块石）、60～200mm的卵石（碎石）、2～60mm的砾石、

0.075～2mm 的砂粒、0.005～0.075mm 的粉粒和小于 0.005mm 的黏粒等 7 种粒级，这是与其他沉积物所不同的。颗粒组成的多元性决定冰水沉积物的工程特性取决于多种粒组的叠加效应，尤其是小于 0.075mm 的粉粒和黏粒的作用，而非仅取决于含量大于 50% 的粒组性质。

（2）结构单元的双源性。尽管冰川沉积物在颗粒组成上具有多元性和不均一性，但在粗碎屑沉积物的组构单元上仅分为骨架和杂基两个单元，骨架包括粗粒组（碎石、角砾）、巨粒组（漂石、块石、巨石）的所有碎屑颗粒，杂基为砂、粉粒、黏粒等填隙物质。对于弱胶结～无胶结的冰水沉积物，可按照细观组构分为骨架结构（骨架支撑）、悬浮结构（杂基支撑）和过渡结构。不同的细观组构在空间上可以组合成不同的宏观地质结构。冰水沉积物的工程性质除与骨架颗粒的颗粒级配有关外，还与杂基的多少和成分密切相关。

（3）结构的无序性和胶结性。冰水沉积物中粗大的漂石、块石常有一定的磨蚀（次圆、次棱角状）和分选现象，且粗粒的砂、砾和细粒的粉泥含量常因物源区岩石类型及运动堆积条件的不同而有较大变化。

根据对冰水沉积物沉积特征和颗粒组成的分析，沉积物内细颗粒物质含量较低，除局部富集外，大多分散填充于粗颗粒、巨颗粒物质之间，因而在长期的固结作用下，常常与粗颗粒、巨颗粒物质一起构成了沉积物特殊的紧密结构特征，并且充填于粗颗粒、巨颗粒之间的细颗粒具有黏结作用，在长期固结压力作用下巨颗粒、粗颗粒之间常常形成较好的胶结连接，当细颗粒中含有较多钙质成分时甚至会形成强度非常高的钙质连接。

据研究调查及其他学者研究成果，冰水沉积物粗颗粒、巨颗粒之间的胶结作用具有普遍性。据对几个典型冰水沉积物的调查，巨颗粒、粗颗粒物质之间大多表现出较好的相互"咬合""嵌合"特点，几乎未见明显的架空现象。这种"咬合"或"嵌合"作用的存在，使得沉积物颗粒之间表现出较强的连接作用。开挖于青海引大济湟冰水沉积物中深约 220m 的勘探平洞，未采用任何支护措施，洞顶、洞壁仍能保持较好的稳定性。

2.3.3 典型河段冰水沉积物分布及结构特征

2.3.3.1 藏东南冰水沉积物分布特征

受地形地质背景、水文条件等影响，在我国不同地区冰水沉积物的结构也不尽一致。总体上我国冰水沉积物按成因、成分结构、分布地区等因素可归纳区划为如下区域：

（1）雅鲁藏布流域。河流冰水沉积物主要分布于宽谷河段，分别为达居—大竹卡宽谷河段（简称日喀则宽谷河段），河段长约 272km；约居—增嘎宽谷河段（简称泽当宽谷河段），河段长约 200km；尼娜—派（乡）（雪卡）的宽窄相间河谷段（简称米林宽谷河段），全段达 331km。与雅鲁藏布江宽谷河段相对应，其主要支流下游河段或河口亦形成宽谷河段，如尼洋河、拉萨河、雅若河、湘曲等，冰水沉积物分布呈现分段分布的特点，分布河段长达数百千米。

（2）藏东地区及青藏高原东部的康滇高原地带。主要为峡谷型河流，流水湍急，除局部分布宽谷河段外（如金沙江石鼓一带河段）河谷较窄，穿流于高山峡谷，是我国水力资源最为富集的地区。冰水沉积物分布具区段性特点，岩性、岩相多样，结构复杂，如金沙江乌东德坝址达 99.8m、上虎跳峡龙蟠坝址（宽谷）厚近 200m、红岩坝址（宽谷）达 250m、雅江普遍达 40m 左右、大渡河可达 70～150m、岷江 60～80m。

2.3.3.2 沉积特征

近年来随着水利水电工程的建设发展，越来越多的钻孔资料揭示河流冰水沉积物的存在，尤其是青藏高原东部的长江上游金沙江及其重要支流雅砻江、大渡河、岷江等勘察研究资料较为丰富，许多国内学者对其成因进行了研究。目前西藏地区大江大河随着水电工程勘探资料的增加，也揭露了大量的冰水沉积物特征结构。综合已有的资料，大致有以下几种典型结构特征。

（1）杂乱型堆积。以雅鲁藏布江派区一带的冰水沉积物为代表，钻探揭示派区一带雅鲁藏布江河床覆盖层厚 172.6m，层状分布特征不明显，以块石（漂石）砾石土为主，夹砂砾石层透镜体，块石（漂石）砾石以棱角状、次棱角状为主，少量次圆状。钻孔部位为冰水积台地（雅鲁藏布江二级阶地），台地位于南迦巴瓦峰现代冰川沟谷出口附近，台地后部堆积厚 200～400m 的弱胶结冰碛物。可见雅鲁藏布江派区一带的河床覆盖层是以冰水沉积物为主，来杂河流冲积物，在然乌湖湖口堰塞体、帕隆藏布及其支流波堆藏布河谷冰水积层均为此类，即河床覆盖层是以崩塌、滑坡、泥石流、冰碛物等淤塞河道形成。该类沉积物的特点是物质成分的界线往往不明显，颗粒组成偏粗大，块石、碎石、砾石磨圆度较差，常有砂、块石、碎石与填土类相互充填等。该类沉积物也是目前国内水电工程界在西部水电站工程建设中常遇到的主要工程地质问题之一，如哇沿水库、黑泉水库、瀑布沟水电站、双江口水电站、冶勒水电站等。

（2）层状多成因。以雅鲁藏布江宽谷河段及该河段内主要支流拉萨河、尼洋河、沃卡河、湘曲、雅河等宽谷支流或支沟为代表。雅鲁藏布江支流拉萨河旁多坝址的冰水沉积物厚度达 150m 左右，上部为现代河流冲积砂砾卵石层，厚度 20～50m，下部为厚度约 100m 的冰水堆积层，棱角状碎石土层。在贡嘎机场一带的支沟沟口钻探揭示沉积物厚度大于 100m，上部 20m 为现代河流冲洪积物，中部为含砾粉质黏土层（静水沉积），厚度 5～20m，下部为碎石土与砂卵石互层，碎石、砾磨圆度较差。这是青藏高原东部河流冰水沉积物层序结构的典型特征，岩相组构大致具有"三分"特点。自下至上依次为：

1）第 I 层，位于河床底部，往往存在着埋藏的晚更新世晚期阶地相关沉积物或冰缘冰水沉积物，由漂（块）卵（碎）砾石组成，以粗粒为主，局部含砂层透镜体，一般厚10～40m，与晚更新世晚期冰缘泥石流加积有关。

2）第 II 层，位于河床中部，成因类型复杂，除冲积外尚有近源泥石流洪积、堰塞湖积等。该层组构多变，除卵砾石外，或有块碎石，夹多层砂层透镜体或粉质黏土、黏质粉土等细粒土，沉积时代为晚更新世末至全新世初期，可与一级阶地堆积对应；厚度变化大，一般为数米至数十米不等。

3）第 III 层，位于河床表部，成因类型多以现代冲积为主；全新世以来沉积，以粗粒漂卵砾石为主，局部夹砂层透镜体，堆积时间短，粗粒土中时有架空现象；厚度一般数米至二十余米，可与河流现代漫滩堆积对应。典型例子有西藏尼洋河多布水电站、易贡藏布金桥水电站工程等。

（3）层状冲积、湖积堆积。在青藏高原东部的金沙江石鼓镇、巨甸一带揭示该类型堆积。

2.4 典型工程冰水沉积物时代及河谷发育史

以四川九龙某典型工程为例，开展冰水沉积物沉积时代及河谷发育研究。

2.4.1 河流发育史

工程所在地区经历了多期构造抬升，形成夷平面，整体上有三级夷平面，分别对应4000m、3000m、2200m。在与夷平面相近的高程上有小平台形成，不同夷平面之间受河流快速下切作用的影响，形成陡峭的深切河谷。据前人研究资料（图2.4-1），本区自白垩纪以来一直处于夷平过程，到早第三纪形成了统一的Ⅰ级夷平面（现今对应高程4000～4500m）；中新世末期，本区整体抬升，Ⅰ级夷平面被破坏，分解成次一级的阶梯状Ⅱ级夷平面（现今对应高程3000～3300m）；上新世末期，本区继续抬升，形成了Ⅲ级夷平面（现今对应高程2200～2400m）。第四纪后期以来，地壳急剧抬升，河流下切形成高陡河谷岸坡。

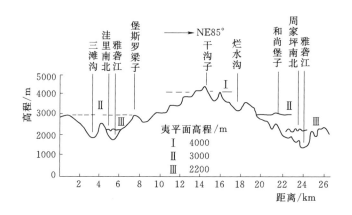

图2.4-1 工程地区的夷平面特征

据工程区河谷岸坡下部特征分析，河流下切速度明显大于侧蚀和风化剥蚀速度，河谷以上岸坡岩体抗风化剥蚀能力较强，主要以卸荷变形破裂和周期性崩滑破坏来适应河流快速下切。由于青藏高原差异性隆升和河流快速下切的侵蚀切割，两岸残留的河谷阶地不发育，两级阶地拔河高度分别为10m和25m，前者为基座阶地，后者为侵蚀阶地。由重力地质灾害形成的地貌主要是崩塌、滑坡和泥石流。

本区河道较为狭窄，历史上曾多发生过滑坡和泥石流堵江事件，沿河两岸均可见堵江后静水环境下形成的纹泥层（拔河高度约10m，厚度1～1.5m），纹泥分布连续性较好。在河床钻孔中，也发现了相对较新沉积的纹泥层，埋藏于现代河床以下约20m，纹泥厚度超过20cm。

2.4.2 冰水沉积物沉积时代

为了确定坝址冰水沉积物细粒土形成的地质年代，研究过程中采集代表性样品委托中国科学院岩溶地质研究所对沉积物细粒土（粉质黏土）进行了地质年代测试。常用的第四系物质和地（断）层年龄测定方法见表2.4-1和表2.4-2。

表 2.4-1 常用的第四系物质和地（断）层年龄测定方法

方　　法	测定对象（矿物、岩石）	可测年限/10^4a	年龄分析和应用
放射性碳（^{14}C）	含碳淤泥、方解石、骨骼、碳化木、贝壳等	0～6	断层活动年龄区间
释光（热释光 OSL、光释光 TL）	石英、方解石、碳酸钙沉淀物、烘烤层、陶瓷	0.1～300	断层活动年龄区间、断层最晚一次强烈活动近似年龄
铀系法（U 系）	方解石、火山岩、碳酸钙沉淀物	1～60	断层活动年龄区间
电子自旋共振（ESR）	碳酸钙类、贝壳、石英、长石、磷灰石、火山灰、石膏	0.1～150	断层活动年龄区间、断层最晚一次强烈活动近似年龄
石英表面显微结构	石英颗粒	中更新世～全新世	断层最晚一次强烈活动近似年龄

表 2.4-2 各种地（断）层年龄测定方法适用条件

方法名称	技术本身误差/%	适 用 条 件	应 用 和 解 释	可 信 度
^{14}C	1.5～2.5	沉积物、沉淀结晶物、断层充填物	断层活动年龄区间，适合松散土（^{14}C）和有 $CaCO_3$ 地带（^{14}C、U 系）	可信度高，接近真实年龄
U 系	±5			可信度高
TL	10～20	沉积或沉淀结晶物、断层带物质	断层活动年龄区间，断层显著（最新）活动地质年龄	可信，与其他方法结合
ESR	25～30			可信，与其他方法校核

2.4.2.1 测年原理

提高样品测定年龄的精度和可靠性一直是同位素年代学研究的重要课题。目前有20余种方法被应用和有可能用来测定第四系地层的年龄或年代，其理论严格完整、技术成熟，而且适用于^{14}C法测年的样品品种多且容易找到。

^{14}C是宇宙射线和大气中氮素相互作用的产物，它与大气中氮核发生核反应产生^{14}C，新生^{14}C被氧化成 CO_2 参加自然界碳循环扩散到整个生物界以及一切与大气相交换的含碳物质中去。一旦含碳物质停止与外界发生交换（如生物死亡），将与大气及水中的 CO_2 停止交换，这些物质中^{14}C含量得不到新的补充，则含碳物质原始的^{14}C将按放射性衰变定律而减少，按衰变规律计算出样品停止交换的年代，即样品形成后距今的年代。因此，通过^{14}C测年方法可以计算出该物质的年龄。^{14}C测年方法由于其假设前提经受过严格的检验，测年精确度极高，在全新世误差仅为±50年。因此，在建立晚更新世以来的气候年表、各种地层年表、史前考古年表以及研究晚更新世以来的地壳运动、地貌及植被变化等方面起了重要作用。

^{14}C测年技术的进展主要表现为3个方面：①^{14}C常规测定技术向高精度发展比较成

熟,目前已普及;②加速器质谱技术的建立和普及,使测定要求的样品碳量减少到毫克级,甚至微克级,由于所需样品量极少,测定时间短而工效高,大大拓宽了应用范围;③高精度^{14}C树轮年龄校正曲线的建立,不但可将样品的^{14}C年龄转换到日历年龄,而且对有时序的系列样品的^{14}C年龄数据通过曲线拟合方法转换到日历年龄时年龄误差大为缩小。

2.4.2.2 分析方法

^{14}C分析方法的步骤如下:

第一步,燃烧CO_2:C(有机样品)$+O_2 \xrightarrow{\text{燃烧}} CO_2$。

第二步,合成碳化锂LiC_2:$2CO_2 + 10Li \xrightarrow{900℃} 4Li_2O + Li_2C_2$。

第三步,水解制C_2H_2:$Li_2C_2 + H_2O \xrightarrow{\quad} C_2H_2 + LiOH$。

第四步,合成苯C_6H_6:$C_2H_2 \xrightarrow{\text{催化剂}} C_6H_6$。

2.4.2.3 年代测定

中国科学院岩溶地质研究所^{14}C年代测定采用日本Aloka LSC-LB1低本底液闪仪。标准采用中国糖碳,^{14}C的半衰期取5730年,年龄资料(BP)以1950年为起点,测年资料未做δ^{13}C校正,不确定度为$\pm 1\%$。

测试结果表明,在一般工作环境下,液闪仪的本底低于0.5cpm,最大可测^{14}C年龄估计值为48ka;由于猝灭因素引起的年龄偏差不超过100a,新液闪仪经过10个月的运行后,所测定的^{14}C年龄具有可对比性。

为了详细了解现代河床及右岸古河道的形成时间,分别在沉积物B区2号平洞、右岸出隆沟下游、出隆沟滑坡前缘、坝址区ZK330、ZK329等钻孔进行了取样,采用C^{14}同位素测年方法进行了测年试验。根据测年结果可知,古河道范围内的沉积物形成时间大约在2.1万~2.5万年前;发育在较高高程的堰塞沉积物形成时间大约为1.4万~1.6万年前,钻孔揭示的河床多层堰塞沉积物形成时间大约在1.2万~1.3万年前,说明黏土层的形成时代约为Q_3末期。这说明工程河段曾遭受过多次堵河事件,所发育的不同高程的堰塞沉积物是多次不同地点堰塞的结果。

2.4.3 古河道位置及形态探测

结合详细的现场调查及勘探成果表明,在坝址下游右岸公路内侧,沉积物上游区基岩山脊之后发育有一定规模的古河道。

2.4.3.1 古河道的进口位置

资料表明,古河道进口位于坝址下游右岸公路内侧沉积物上游区基岩梁子上游之间,该部位地貌上表现为负地形,前缘低、后缘高,前缘河水面高程大致在2760m左右,进口顺公路宽50~60m;进口两侧岸坡分别为较完整的上三叠统侏倭组(T_3zh)的砂岩夹泥钙质、砂质板岩。

2.4.3.2 古河道出口位置

古河道出口位于吊桥下游2号平洞附近,该部位同样为一槽状负地形,上游侧为基岩梁子、下游侧为较破碎的岩体,出口宽约60m,出口地带的物质组成主要由碎石土组成。

2.4.3.3 古河道发育的方向及形态特征

古河道走向为 NW~SE 向,总体方位为 NW310°,勘探揭示的古河道长约 400m,谷底宽 20~30m,谷底最低高程为 2720.58m。

根据与古河道大角度相交的 Z8、Z9 物探剖面揭示(图 2.4-2 和图 2.4-3),Z8 剖面古河道总体呈 V 形,谷底高程为 2720.58m(图 2.4-4 和表 2.4-3);Z9 剖面在距剖面起点约 40m 开始经过钻孔 ZK326 到 140m,基岩顶板由高程 2830m 左右逐渐降低至 2765.87m。与梅铺沉积物前缘基岩山脊近平行布置的 H9 物探剖面,获得的古河床基岩顶板的最低高程为 2717.75m。

根据钻探成果,沿古河道延伸方向在接近河谷中心部位的勘探表明,古河道河床底板高程基本在 2720m 左右。

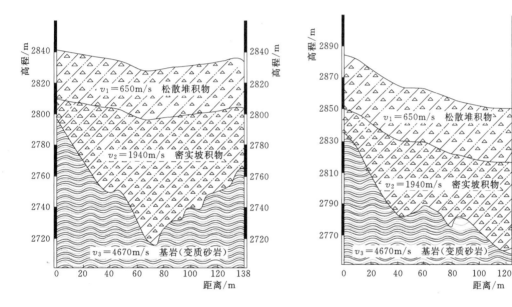

图 2.4-2 古河道 Z8 地震勘探剖面成果图　　图 2.4-3 古河道 Z9 地震勘探剖面成果图

表 2.4-3　　　　　　　　　古河道沉积物厚度及基岩顶板高程

钻孔编号	位置	孔口高程/m	沉积物厚度/m	基岩顶板高程/m
ZK350	公路外侧	2775.834	54.6	2721.234
ZK342	公路平台前缘	2815.640	95.9	2719.740
ZK346	古河道中段	2849.949	97.0	2752.943
ZK348	下游出口部位	2795.100	55.0	2740.100

2.4.3.4 现代河床的基本形态

为了了解现代河床的基本形态,利用坝址区勘探揭示的现代河床的基本特征进行分析,现代河床地质剖面如图 2.4-5 所示。

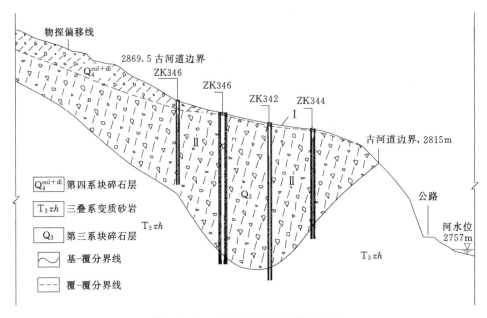

图 2.4-4　古河道典型地质横剖面图

　　勘探表明，坝址现代河床基岩顶板高程多为 2712.47～2745.47m，平均为 2726.36m。结合坝址基岩顶板高程等值线图（图 2.4-6）的分析表明：河床基岩顶板高程多为 2720～2740m。进一步分析认为，河床基岩顶板的总体展布特征为：①基岩顶板总体是上游高、下游低；②沉积物厚横向变化较大，纵向变化较小；河床中心附近基岩顶板最低，两侧相对较高；③基岩顶板形态均呈 U 形，局部有不规则的串珠状"凹"槽分布；纵向上有一定起伏的"鞍"状地形。

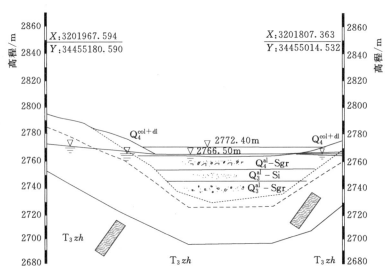

图 2.4-5（一）　心墙坝上、下围堰轴线工程地质剖面图

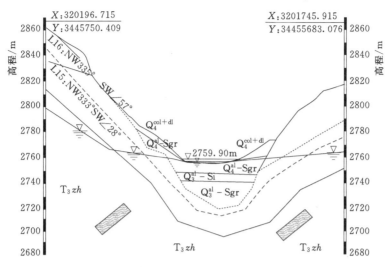

图 2.4-5（二）　心墙坝上、下围堰轴线工程地质剖面图

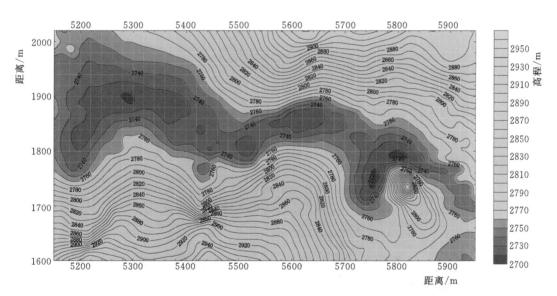

图 2.4-6　古河床部位基岩顶板高程等值线图

2.4.3.5　坝址区现代河床与古河床基岩顶板特征对比分析

根据古河道以及现代河床的勘探成果绘制的古河床、现代河床总体形态趋势拟合图如图 2.4-7 和图 2.4-8 所示。

图 2.4-7 表明，在上游公路内侧基岩山脊之后，有一较深的槽状地形，基岩顶板最低高程约为 2720m，其高程与现代河床基岩顶板高程是一致的（图 2.4-8），且上游侧河床总体较宽，下游较窄。坝址区上游的 ZK329、ZK331 钻孔揭露的现代河床基岩顶板高程一般为 2730~2735m，与精度绘制的基岩顶板高程等值线与古河道的规律是一致的。

27

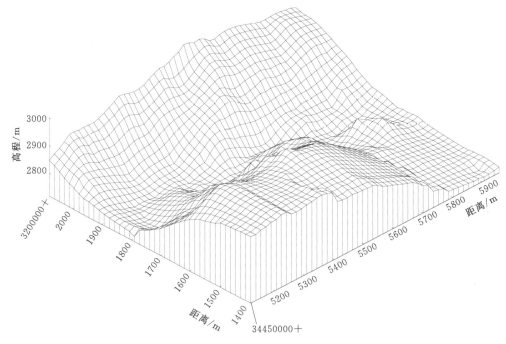

图 2.4-7 古河床总体形态趋势拟合图

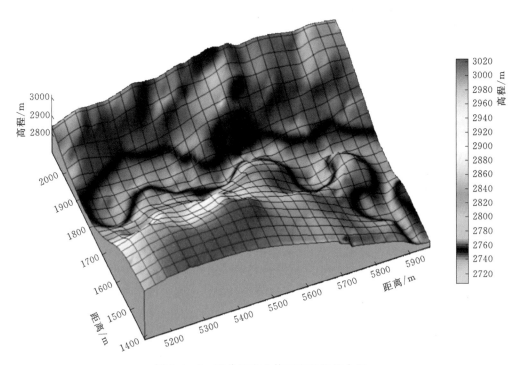

图 2.4-8 现代河床总体形态趋势拟合图

3 冰水沉积物工程地质勘察 *

3.1 冰水沉积物勘察要点

一般来说冰水沉积物的颗粒组成可归纳为以下四类：①颗粒粗大、磨圆度较好的漂石、卵砾石类；②块石、碎石类；③颗粒细小的中粗～粉细砂类（层）；④黏土、粉质黏土、粉土类。各种颗粒的组成界限往往不明显，漂石、卵砾石类常夹有砂层；块石、碎石与细粒土相互填充。

前已述及，我国冰水沉积物具有成因类型复杂、结构松散、层次不连续、厚度变化较大、物理力学性质不均匀等特点，在正常的河流沉积厚度基础上，由于地壳抬升、冰川运动、滑坡堵江、泥石流等内外动力的地质作用，具有冰水沉积、堰塞沉积、泥石流堆积等典型的加积特征，粗细颗粒混杂、结构复杂、架空明显。

本书在大量调查分析的基础上认为，冰水沉积物在野外钻探或坑槽探判别过程中可以从以下几个方面入手。

（1）物质来源。冰水沉积物的物质一般至少经历了冰川和冰水两次搬运，物源区距离堆积区大多较远。在沉积物后缘应有海拔较高的山脉存在，且沉积物与山脉之间大多存在冰川运动时留下的宽阔U形槽谷。本书作者调查了表1.2-1列举的多个冰水沉积物，发现其后缘保留的冰川运动U形谷仍清晰可辨。

（2）物质组成。冰水沉积物物质组成大多较杂，颗粒以巨颗粒、粗颗粒为主，细颗粒含量较少，颗粒以次磨圆～次棱角为主，颗粒之间嵌合紧密，架空现象少，在一些块石表面可见冰川运动时留下的擦痕和凹槽。

（3）沉积特征。根据作者现有调查和资料统计，虽然冰川沉积物是冰川融水搬运堆积的产物，但在不同的水动力条件下，其沉积特征存在较大差别，如在稳定的、水流不太大、流速不太快的条件下，冰水沉积的物质大多以粗颗粒为主，颗粒大多具有一定磨圆和分选，且表现出明显的韵律特征；而当冰川融水水量较大时，常常形成冰川洪积物或冰川泥石流沉积物，由于这种作用多属短期行为，因此其沉积物大多无分选、无磨圆、无成层性，颗粒大小混杂；此外冰川融水流动过程中其动力条件还与地形地貌有关，因此在一些地形平缓部位常常形成透镜体状细颗粒富集，具有较好的成层性。上述差异常常给野外调查工作带来误导或迷惑，因此野外调查期间应做到细致全面。

（4）密实和具有胶结的结构特征。冰水沉积物多属更新世产物，其形成时代久远，在长期的固结压力作用下，沉积物巨颗粒、粗颗粒之间大多"咬合""嵌合"紧密，高度分散并充填于粗颗粒之间的细颗粒的黏结性，常常使沉积物具有一定程度的胶结特性；当含

---

* 本章由赵志祥、王有林、李积锋执笔，何小亮校对。

钙物质丰富时，还会表现出良好的钙质胶结特点。

3.2　冰水沉积物勘察技术

河床冰水沉积物具有成因类型复杂、颗粒组成差异性大、层次不连续、厚度变化较大、物理力学性质不均匀等特点，其中颗粒组成中巨粒、漂粒含量大，多以粗颗粒为主。上述特性决定了冰水沉积物与常规覆盖层相比，在地质钻探、取样、岩土测试、水文地质试验、物探和地质评价等方面存在着诸多技术难点，采用何种勘察技术手段查明深厚冰水沉积物的工程地质特性成为勘察工作的关键问题。

3.2.1　钻探

3.2.1.1　深厚冰水沉积物钻探技术难点

冰水沉积物大多深厚，探槽、竖井等勘探手段仅能揭露表层沉积物的特性，目前对冰水沉积物的勘探仍以钻探为主。冰水沉积物成因复杂，物质组成均一性差，颗粒粒径、结构较松散，因此孔壁稳定性差，钻进成孔难度大，取芯困难，深厚冰水沉积物钻探需重点解决以下技术难题：

（1）孔壁稳定性差，成孔和护壁难度大。冰水沉积物结构松散、无胶结或胶结性差，呈大小不等的颗粒状，具有良好的透水性，稳定性极差。地层一旦被钻开，很容易破坏原来的相对稳定或平衡状态，使孔壁失去约束而不稳定。主要表现在钻进时易发生塌孔、掉块，冲洗液漏失严重，易发生卡钻、埋钻等孔内事故。

（2）取芯质量低，取样难度大。传统的冲洗液如清水、泥浆，都对岩芯有冲刷、浸润作用，岩芯中松软破碎的细颗粒成分会被冲掉，因此取芯质量普遍较低，样品严重失真、采取率低，地质描述难以进行清晰的判断和鉴定。使用普通的单管钻具，钻井液直接与钻具中的岩芯接触，加之钻井液本身具有一定的压力，对岩芯的冲刷作用是非常明显的。普通单管钻具里的岩芯跟随钻具做高速回转运动而产生的振动及离心作用，对岩芯的伤害较大，难以取得相对完整的岩芯。

（3）采用冲洗液护壁对孔内试验影响大。孔内水文地质试验和岩土物理力学试验，一般要求使用清水钻进。但为了保证孔壁稳定，取得完整岩芯，需采用泥浆、植物胶、无固相冲洗液等护壁材料，与孔内试验的要求相矛盾。

3.2.1.2　冰水沉积物钻探技术

（1）钻具选择与钻进技术。

1）SD系列金刚石单动双管钻进技术。钻头使用热压或电镀金刚石钻头，钻具采用SDB半合管钻具，配合SM植物胶泥浆钻进。其技术特点是：①钻具直径加大到110mm，与小口径相比，更有利于提高岩芯采取率，提高颗粒级配地质信息的准确性；②设计了两级单动装置保证金刚石钻具的单动性能，以保证岩芯进入内管基本静止，减少岩芯的相对磨损；③采用半合管，减少了人为扰动，可以取出原状芯样，清楚地看到冰水沉积物地质信息的原貌；④增设了沉砂装置和岩粉沉淀管；⑤选用黏度高、减振性能好、携带岩粉能力强的SM植物胶冲洗液，可完整地取出原始结构状态松散地层。

2）绳索取芯钻探技术。绳索取芯钻探技术的钻具是一种不提钻取芯的钻进装置，即在钻进过程中，当内岩芯管装满岩芯或岩芯堵塞时，不需要把孔内全部钻杆提升到地表，而是借助专用的打捞工具和钢丝绳把内岩芯管从钻杆内捞取上来，只有当钻头被磨损、需要检查或更换时才提升全部钻杆。其特点是钻速高、金刚石钻头寿命长、时间利用率高、工人劳动强度低。针对不同的地层，该钻具既可用清水，又可用优质泥浆，还可采用泡沫等作为冲洗介质。

绳索取芯钻探技术大大减少了升降钻具的工序，从而减轻了工人的劳动强度，减少了辅助时间，减少了因提钻具、下钻具造成钻头非正常损坏的概率，进而增加了台班进尺。

由于钻具级配合理，钻杆和岩芯管的壁比较厚、材质好、强度高，再加上孔壁间隙较小，钻杆不易弯曲，提高了钻具的稳定性，有利于防斜和减震；并可采用较大的钻压和较快的转速进行钻进，充分发挥了金刚石钻头的效能，提高了钻速和钻头寿命。

由于安装有扶正环，提高了内管的稳定性和与钻头的同轴度，使岩芯较顺利地进入内管，减少了岩芯堵塞和磨损，提高了岩芯采取率和回次进尺。在复杂地层中钻进适应性较强，提钻次数少，减少了孔壁裸露的时间和机会，相对地增加了孔壁的稳定性。另外，钻杆还可起到套管的作用，有利于快速穿过复杂地层。

（2）冲洗液应用。冲洗液是钻探技术重要的一环，无论国内外都十分重视它的品种和性能。

1）无固相冲洗液金刚石钻进取样技术。在冰水沉积地层钻探中，为防止孔壁坍塌，冲洗液要求有一定的护壁性能，但考虑到减少对渗透试验的影响，以采取无固相冲洗液为好。这方面主要的材料有聚丙烯酰胺和SM、MY-1A胶联液等。这种特制的冲洗液具有较好的润滑减振作用，为金刚石钻头在砂卵砾石层中高转速钻进创造了条件，使呈柱状的砂卵砾石岩芯能较快地进入到钻具内管中，且在岩芯表面被特制的冲洗液包裹着，使岩芯在较短时间内不致溃散，从而获得近似原状的原位岩芯。

2）泥浆护壁技术。泥浆以其价格低、使用简单、护壁堵漏性能良好而在冰水沉积物地层钻进中广泛使用。水利水电工程已创造了400m裸孔钻进的新纪录，证明了泥浆护壁可以大大提高效率和取芯质量。

泥浆作为钻探的一种冲洗液，除起护壁作用外，还具有携带、悬浮与排除岩粉、冷却钻头、润滑钻具、堵漏等功能。泥浆性能好坏直接影响钻进效率和生产安全，造浆原料为黏土和水。黏土应选择可塑性好、含砂量少的黏土，如高岭土、膨润土、红土、胶泥等。造浆用水不得用具有腐蚀性或受污染的水，pH值不应太小，否则应进行处理。由于黏土的性质和水的性质不同，造成泥浆中的黏土颗粒（粒径小于0.002mm）呈现悬浮或聚沉的不同状态：呈悬浮状态标志泥浆性能好，而聚沉则说明泥浆性能变坏。

对于泥浆会影响抽水试验成果的问题，已有学者进行了专门的研究，认为只要掌握泥浆性能并采取适当的破泥皮、换浆液和洗孔措施后，其影响可以减小到允许的范围内。

3）新型复合胶无黏土冲洗液。近年来，中国电建集团成都勘测设计研究院有限公司通过原料筛选和优化配方研究，对该新型复合胶无黏土冲洗液性能进行了研发，成功获得了一种用人工种植植物胶和合成高分子聚合物复合交联的新型复合胶产品，该产品材料用量少，成本低。这一新型复合胶无黏土冲洗液性能与SM植物胶相仿，有效解决了冲洗液的提钻和降钻失水问题，在冲洗液的黏弹性和成膜作用对岩芯的保护方面与 SM 植物胶相当，润滑减阻性能好，有利于金刚石钻头高转速钻进。

4）SM 冲洗液。SM 植物胶是一种天然高聚物，在固态时分子链呈卷曲状态，遇水后水分子进入植物胶分子内，分子链上的 OH 基可与水分子进行氢键吸附产生由溶胀到溶解的过程，增加了分子间的接触和内摩擦阻力，显示出较强的黏性。高分子链可吸附多个黏粒形成结构网，使黏粒的絮凝稳定性提高。同时黏液的黏性使滤饼的渗透性降低和泥饼胶结性好，故能降低泥浆的漏失量。

SM 无固相冲洗液是黏弹性较强的黏弹性液体。在冰水沉积物钻探中表现出一般泥浆和清水（含乳化液）所没有的特殊功能，其中较突出的是护胶作用、减振作用和减摩阻效应。

SM 胶是多功能的泥浆处理剂，与膨润土配合可配制低固相泥浆。其护壁效果比单独的 SM 或单纯的膨润土低固相泥浆效果好，成本比 SM 无固相冲洗液低，适用于松散、架空的漏失冰水沉积地层。

3.2.2 钻孔取样和原位测试

目前国内松散堆积层原状取样器（如双管内环刀式、$\phi108mm$ 原状样取砂器）均强度较低，而河床冰水沉积物以粗粒土为主，故取样时极易损坏，基本无法取出能够满足室内试验要求的原状及原级配样品。取样方法对冰水沉积物的物理力学及水文地质特性试验结果影响大，扰动较大的样品试验结果与实际情况往往存在较大的出入。冰水沉积物的工程特性制约着水利水电工程建设，因此需研究适宜的取样方法，并辅以孔内原位测试，查明冰水沉积物的物理力学及渗透特性，为工程地质分析、工程设计和施工提供可靠的技术支撑。

3.2.2.1 取样技术

（1）双管内筒式锤击取样器。长江勘测规划设计研究有限责任公司在乌东德水电站勘测中研制出强度高、适宜在砂卵石及密实地层中取样的原状取样器——$\phi130mm$、$\phi110mm$ 单管式锤击取样器和 $\phi130mm$、$\phi110mm$ 双管内筒式锤击取样器。经试用可取出含粒径 70mm 以下碎（卵）石的原状及原级配样品，基本能够满足室内试验的要求。

（2）超前靴取砂器。超前靴取砂器是目前国内最先进的采取原状砂（土）样的钻具。其结构特点是：①钻具具有良好的单动性；②内管超前且可以根据不同地层自动调节超前量；③内管内放置纳样管，纳样管的砂（土）样可用于开展试验。运用该超前靴取砂器，黄河勘测规划设计研究院有限公司已成功地在小浪底、西霞院、南水北调中线穿黄、黄河大堤等多项工程勘察中发挥了良好的作用，为工程设计提供了准确的试验资料。

（3）不良夹层钻探取样技术。近年来冰水沉积物不良夹层钻探与取样技术有了较大的进步，基本上实现了机械化钻进，为研究深厚冰水沉积物、软基地层结构及物理力学性质提供了条件。较有效的取样机具是黄河勘测规划设计研究院有限公司研制成功的真空原状取砂器、薄壁取土器和淤泥取样器等，其技术特点是：①在 XY-2 型钻机上创造性地设置了静卡盘，保证了钻具单动性；②三层管为镀铬半合管；③液压取芯，样品质量高；④钻进参数合理。

3.2.2.2　原位测试技术

土体原位测试一般是指在水利水电工程勘察现场，在不扰动或基本不扰动土层的情况下对土层进行测试，以获得所测土层的物理力学性质指标及划分土层的一种岩土测试技术。冰水沉积物常见的原位测试手段包括标准贯入、动力触探（动探）、载荷试验、旁压试验、静力触探、现场剪切等。

（1）气动标管设备。在小浪底工程国际咨询中，根据美国专家的要求，黄河勘测规划设计研究院有限公司自行设计研制出一套完整的气动标贯设备。其工作原理是依靠压缩气体推动活塞运动，实现标贯锤工作，依靠控制阀可以调节活塞运动速度。其主要技术特点是能自动控制标贯器的落距以及标贯器的冲击频率，有利于标贯参数与国际标贯参数接轨。

（2）冰水沉积物动力特性测试和试验技术。

1）开展复杂应力路径下冰水沉积物土体动态特性的试验研究。

2）开展地震液化和液化后强度减低及剪切大变形等特性的试验研究。

3）进一步深入开展现场及室内岩土体动力特性试验和测试设备的试制研究。

4）进一步开展振动荷载条件下岩土体动力特性的试验研究。

3.2.2.3　钻孔水文地质测试技术

（1）钻孔水文地质综合测试技术。在钻孔内进行深厚沉积物抽、压水渗透试验、地下水观测等水文地质试验，是水利水电工程钻探中的一项十分重要的工作。成都勘测设计研究院有限公司成功研制了 ZS-1000 型钻孔水文地质综合测试仪，可以进行抽水、微水试验和地下水观测等试验，而且能定时自动监测记录、数据处理打印和储存数据等。

（2）自振法测定岩土渗透系数。该试验方法具有设备轻便、操作简单、省工省时、不受冰水沉积物深度限制等优点，当常规抽水试验受限制时，可试用自振法试验，确定冰水沉积物渗透性参数。

（3）渗透系数同位素测试。同位素测井技术的具体方法包括单孔稀释法、单孔和多孔测井技术法。我国于 20 世纪 80 年代从国外引进此技术，并研制了多种测试仪器。同位素稀释示踪法能快速、经济、准确、高效地测定地下水流速、流向等参数，有助于进一步分析地下水渗流场的动态过程，解决一些复杂的水文地质技术难题。

3.2.3　地球物理勘探技术

工程物探探测冰水沉积物地层主要是利用介质的弹性波差异、电性及电磁性差异，得到冰水沉积物的密度、力学特性、地下水位埋深等特征的一种方法。冰水沉积物岩土组成复杂，成因类型多，颗粒组成不均一，因其成分、结构、湿度和温度等因素的不同，具有不同的波速、电磁特征。不同的物探方法需要具备不同的物性条件、地形条件和工作场地，因此不同物探方法的应用存在局限性、条件性和多解性。在应用物探技术进行冰水沉积物探测时，需要充分发挥综合物探的作用，以便通过多种物探成果综合分析，克服单一方法的局限性，并消除推断解释中的多解性。另外，在物探成果的解释过程中要充分利用地质和钻探资料，以提高物探成果的精度和效果。

3.2.3.1　双源大地电磁测深系统技术

对于埋深 100m 以上的冰水沉积物，可研究采用 EH4 双源大地电磁测深系统技术手段。该设备是美国 Geometrics 公司和 EM4 公司联合研制的新一代电磁测深系统。在满足地球物理条件的前提下，可有效探测几十米至数百米范围内冰水沉积物的地电信息。

3.2.3.2 地质雷达探测技术

地质雷达（频率 1~100MHz）是目前分辨率最高的物探方法，对冰水沉积物 20m 范围内的地层结构进行分层探测，具有较高的辨识能力；但受仪器限制，对于超深厚冰水沉积物，应进一步研究不同仪器设备的适宜性，研制新的探测、解译技术和方法。

3.2.3.3 高分辨率地球物理勘探技术

小波长物探解析技术与方法、勘探深度与分辨率的配比是冰水沉积物物探技术的发展方向。高分辨率大地电磁成像技术、多次波压制技术、小波分析技术、工程三维地震成像和面波勘探新技术是冰水沉积物物探技术的研究内容。

3.2.4 地质分析研究技术

3.2.4.1 岩组划分

对冰水沉积物岩组的划分应具有工程地质意义，岩组的定名不应单一化，应采用综合定名，以保证结果可靠、便于工程应用。

3.2.4.2 岩芯编录

在冰水沉积物岩芯地质编录方面，可研究使用钻孔岩芯扫描仪或采用三维激光扫描技术，实现数据编录、三维表达、无纸办公等。不但实现冰水沉积物岩芯现场高清扫描、数字化永久保存，且能完成颗粒分布检测（筛分曲线），可建立数字化岩芯资料存储，全球可在线读取岩芯图像等。

3.2.4.3 GIS 技术综合应用

建立基于 GIS（地理信息系统）平台的地形、地质、水利工程布置图形和属性空间数据库。GIS 技术作为地质空间信息采集、存储、管理、分析的平台，是冰水沉积物数据管理的发展方向。

3.2.4.4 三维地质模型建立

大力推广计算机应用，研究开发三维地质建模技术，满足三维协同设计的需要。中国电建集团西北勘测设计研究院有限公司开发了西北院工程地质信息管理系统 V1.0，可快速实现三维地质建模、地质信息三维可视化以及二维平切图和剖面图的自动剖切。目前，利用冰水沉积地层工程地质属性建模、分析、查询和设计应用，以及三维数值分析和渗流模拟等，是研究的重要方向。

3.3 冰水沉积物地层序列建立方法

对冰水沉积物的研究，应首先开展地层序列建立和岩（土）层单位划分等内容的研究。水利水电工程冰水沉积物地层序列的建立，应从上下游、左右岸进行研究，需经过野外→野外与室内→室内三个阶段，并分别完成岩（土）层相对顺序的建立→地层地质时代序列→地层地质年龄序列三个层次的地层划分研究过程。

3.3.1 地层相对序列

（1）接触关系确定法。对于空间分布连续的冰水沉积物，可根据它们之间的接触关系，如侵蚀关系、覆盖关系、掩埋关系、过渡关系等，来确定冰水沉积物的新老（或形成先后）顺序。

（2）地质学确定方法。对于冰水沉积物分布不连续的可根据以下方法确定其新老（先后）顺序：

1）地貌学法。根据地貌形成和发展的阶段性来确定组成各地貌单元沉积物的形成前后，如在构造上升地区，位置越高时代越老。

2）比较岩石（土）学法。地表不同时期沉积物的物质组成、组合特点、颜色和风化程度是有差别的，可根据沉积物的组合特点确定相对新老关系，一般时代越老的沉积物，其风化程度越高。

3）特殊沉积物夹层对比。冰水沉积物无论构造运动还是气候环境变化都十分强烈，由构造、气候等自然事件形成的特殊沉积层可作为冰水沉积物对比的基础，其对比常用的特殊沉积夹层有淤泥层、黏土层、冰川沉积层、粉细砂层等。

3.3.2 地层地质时代序列

以地层的地质时代为依据建立地层序列可采用以下两种方法：

（1）生物地层学法。根据冰水沉积物中所含的碳质淤泥层或动植物群化石组合建立地层的地质时代。

（2）地质学方法。根据冰水沉积物中的成因类型、分布位置和高程以及沉积物的沉积韵律、粒径大小、砾石形态、沉积物颜色、密实度等特征，确定地层的地质时代。

3.3.3 地层地质年代序列

按冰水沉积物的地质年龄建立地层序列。在对冰水沉积物地层顺序研究和地层地质时代研究的基础上，通过样品的年代学测定，根据其年龄值建立地层序列。

常见的冰水沉积物地质年龄测定方法见表3.3-1，可根据工程具体情况选用。

表 3.3-1 冰水沉积物地质年龄测定方法

测定分类	测 定 方 法	成 果 应 用
相对年代法	气候法、沉积法、古生物法、地貌学法、地球物理法、古地磁学法、海水含盐度法	结果受人为因素等影响含有较大的差异，用于对地质年代的估计
绝对年代法	^{14}C法、热释光法、电子自旋共振（ESR）、裂变径迹法、U系子体法	较常见的利用放射性同位素测定方法，用于较准确地测定地质年代

3.3.4 冰水沉积物单位类型

冰水沉积物地层单位可分为以下几种类型。

（1）岩（土）层单位：根据冰水沉积物的岩土学特征划分。

（2）生物地层单位：根据炭质淤泥层或动植物群组合特征划分。

（3）地貌地层单位：根据地貌形成和发展的阶段特征划分。

（4）年代地层单位：根据地层的测年数据划分。

（5）土壤地层单位：根据冰水沉积物中埋藏的土壤层结构、发育程度划分。

（6）气候地层单位：根据沉积物气候标志的冰期、间冰期和冰阶、间冰阶旋回划分。

（7）成因地层单位：根据沉积物的成因类型划分。

3.4 冰水沉积物地层分层与岩组划分

3.4.1 分层要求

（1）冰水沉积物分层时，应按"两级单元"模式进行，即首先将不同地质时代和不同地质成因的岩土划分为一级单元，即"大层"；再按一级单元的岩性、状态、空间分布特征等因素细分为二级单元，即"亚层"。

（2）在勘察资料整理过程中，冰水沉积物层位按下述方法表示：

1）用带圈的数值表示大层代号，如①、②、③、…

2）在大层代号右下角用下标数值代表亚层，如$②_3$、$③_1$等分别代表第②大层第 3 亚层、第③大层第 1 亚层。

（3）冰水沉积物分层应在检查、整理各类原始记录的基础上，结合工程地质测绘与调查资料、室内试验和原位测试成果进行。

（4）冰水沉积物分层应与工程需要密切配合，分层模型除能够体现冰水沉积物地层的物理力学特征、成因和物质组成外，还能够清晰地反映对水工建筑物的不利层位和可供选择的主要持力层位。

（5）工程区冰水沉积物分层模型建立后，应在对比全部剖面图、各层位层顶埋深（层顶标高、出露厚度）等值线图的基础上，检查分层的合理性，并检查各层位试验、测试指标及其统计结果的合理性，对分层模型进行修正和完善。

3.4.2 分层方法

（1）大层应首先反映不同的地层沉积时代，同一地质时代的地层可以划分为一个或多个大层，但不能将不同地质年代的地层划分在同一大层内。

（2）当地质时代相同，大层的划分应反映不同的地层沉积环境，原则上不应将沉积环境差异较大而明显的层位划分在同一大层内。

（3）对于冰水沉积物堆积较厚的地区，往往地层的沉积有较明显的地质旋回特征，主要表现在地层土粒由粗变细或由细变粗的周期性变化，对于一个地质旋回可划分为一个大层，也可以将厚度较小的多个岩性相似的旋回划分在同一大层。

（4）为使地层的分层能够与拟建水工建筑物密切配合，在划分大层时，对于厚度大、性质良好的层位，可单独划分出一个大层，起到突出持力层的作用；对于厚度大、性质特殊（如不良砂层、黏土层、淤泥层等）、对拟建工程影响巨大的不利层位也应单独划分为一个大层，使层位划分有针对性。

（5）大层的划分应自上而下，按①、②、③、…的顺序依次下推，大层的层位序号必须准确反映地层的沉积时代和覆盖关系。大层层位代号越大，地层沉积时代越古老，大层代号大的层位不能出现在代号小的层位之上。

（6）对于冰水沉积物表层的滑坡堆积层、泥石流堆积、植被土等表层土划分在第①大层中。

（7）对于冰水沉积物表层松散地层，一般同一大层的连续厚度不宜超过 10～15m。

3.4.3 岩组划分方法

3.4.3.1 岩组划分的原则

冰水沉积物填图单位应尽可能采用岩组地层单位。但由于第四纪气候波动频繁、环境多变，冰水沉积物岩性复杂、成因多样、厚度变化大，因此岩组划分需考虑的因素有：①地层年代；②厚度；③成因类型；④粒度特征；⑤结构特征；⑥工程特性。

冰水沉积物地层及岩土分组的划分研究更加强调多重地层对比和组合地层划分，实际中应根据冰水沉积物的地质特征选择上述几种因素进行多重划分，但年代地层划分也是必需的。

3.4.3.2 地层序列的建立

根据地层相对序列和地层年代序列，对冰水沉积物的岩组进行划分。

3.4.3.3 岩（土）层类型划分

根据冰水沉积物岩（土）层单位、年代地层单位、气候单位、成因地层单位等对冰水沉积物进行岩组划分。

3.4.3.4 岩组划分的方法

冰水沉积物岩组划分的方法应在确定岩组划分原则的基础上，按以下方法进行划分：

（1）根据冰水沉积物自身的特点确定各层序变化，以相同或相近的工程地质特性对冰水沉积物进行归类、分组，找出主要因素，有利于更好地评价冰水沉积物的主要工程地质问题。

（2）对冰水沉积物厚度的确认应以钻孔勘探方法的结果为主，参考物探成果确定冰水沉积物厚度。有钻孔勘探资料的部位或附近位置应根据钻孔勘探资料确定冰水沉积物厚度，在缺乏钻孔资料的情况下应根据冰水沉积物厚度变化特征，将钻孔与物探资料结合起来对其厚度进行研究取值。

（3）根据冰水沉积物工程特性的地质分析划分岩组。主要根据冰水沉积物土层的年代、岩性、颜色、颗粒组成、颗粒形态、密实（胶结）程度等物质组成结构的变化差异进行工程岩组划分、定名。

（4）冰水沉积物的类型及其物理、力学形状千差万别，其工程性质十分复杂，但在同一年代和相似沉积条件下，又有其相近的性状和规律性，应保证同一岩组具有相同或相近的工程地质特性，根据"相同、相近"原则归并划分岩组。

（5）岩组划分应充分考虑冰水沉积物物质组成（颗粒组成特征）、成因类型、层位变化、地质年代和工程特征等方面的因素，其中主要以冰水沉积物物质组成（颗粒组成特征）和层位变化为主。

（6）从工程应用角度考虑，对工程特性较差的软土、砂土等特殊岩土应根据其连续性选择单独或以透镜体的形式划分。

（7）冰水沉积物岩组展布特征，应在深入研究各岩组厚度及埋藏深度特征分析研究的基础上，沿河流向纵、横向各绘制冰水沉积物剖面图，分析各岩组纵向、横向展布特征，获得冰水沉积物岩组的空间展布特征。

（8）对冰水沉积物岩组的定名不应单一化，应采用综合定名。冰水沉积物岩组的划分应具有工程地质意义，且一般以4～7个岩组为宜。

3.5 典型工程超深冰水沉积物地质勘察

西藏尼洋河某水电站工程冰水沉积物厚度最大达 360m，其上部为第四系全新统砂卵砾石（$Q_4^{al} - Sgr_2$），厚 2.5～7.5m，其间局部夹有粉细砂层透镜体，往下为含砾中粗砂层（$Q_3^{al} - IV_1$），连续分布，厚 5～12m，下部各岩组主要由冰水沉积物组成，结构复杂，多呈松散状态，力学性质差，水文地质条件变化大。

3.5.1 冰水沉积物工程特性研究

结合冰水沉积物已有勘探试验资料和研究成果、理论、相关规范及工程实践，对该工程区冰水沉积物工程地质特性进行综合分析评价，为枢纽设计提供可靠的地质依据。

冰水沉积物工程特性研究从区域构造、河谷形成、演变过程等方面分析其成因，通过收集地质背景资料、原位测试和室内试验数据，分析冰水沉积物的基本特征；依据冰水沉积物的勘探、试验及已有的科研成果，运用多种评价方法，对冰水沉积物沉降变形和渗透稳定进行评价，提出相应的处理措施建议，并对所采取措施进行模拟验证。该工程冰水沉积物的勘察要点如下：

（1）根据勘探资料，查明了冰水沉积物的成因类型，并将 360m 厚的冲积、冰水沉积物按厚度、结构特征等划分为 14 层。

（2）对冰水沉积物物理力学性质、水文地质条件、动力学特征进行了研究，确定冰水沉积物的分布范围，并将其划分为 5 个不同的岩组，提出各岩组物理力学参数建议值。

（3）运用常规和数值模拟方法，对冰水沉积物可能存在的工程地质问题如承载力、沉降变形、砂土液化、渗透变形及渗漏损失量等进行评价，结果表明沉降量过大和渗透变形是该工程冰水沉积物的主要工程地质问题。

（4）运用 ANSYS 软件 APDL 语言模块编写相应程序，在沉降变形分析中实现了邓肯-张模型的建立和模拟；在渗流分析中确定出坝体内部的浸润线和下游坡面的逸出点，实现了坝体和冰水沉积物的渗流场模拟。

（5）针对渗透变形，初步拟定了水平铺盖和帷幕灌浆两种渗控措施，并通过模拟验证两种处理效果，提出了适宜的工程处理措施建议。

（6）对冰水沉积物筑坝建基面的持力层选择和可利用性、筑坝适宜性进行了评价。

3.5.2 同位素法渗透系数测试

为了研究冰水沉积物的水力学特征，确定每个岩组的渗透系数、渗透变形破坏类型、临界坡降、允许坡降等，分析计算地下水渗透流量，研究工程区的渗流特征，采用人工放射性同位素"I^{131} 医用口服液"作示踪剂，采用单孔稀释法的示踪测井测试法进行了 4 个钻孔河床深厚冰水沉积物渗透系数试验。

3.5.3 砂层液化特性试验研究

在对该工程冰水沉积物砂层液化特性已有试验资料分析总结的基础上，对河床第 6 层、第 8 层砂层试样进行了室内动力特性试验，结合其物理性质、相对密度及现场标准贯入试验等测试结果，按规范要求对第 6 层和第 8 层砂层进行了地震液化的初判、复判和综合评价。

（1）工程场地 50 年超越概率 10％时地表冰水沉积物加速度为 0.206g，相对应的地震基本烈度为Ⅷ度。第6层（$Q_3^{al}-Ⅳ_1$）、第8层（$Q_3^{al}-Ⅱ$）砂层初步判断局部存在液化的可能性，需进行复判。

（2）试验分现场和室内试验。主要开展了原位密度、含水率、相对密度及标贯试验，并完成了动力三轴实验室内试验。

（3）根据试验结果，将南京水利科学研究院沈珠江动力模型参数给出的各砂层的具体数值作为地震动力反应分析的基本依据，给出的冰水沉积物砂层的残余变形模型参数具体数值，可供地震永久变形分析采用，给出的冰水沉积物砂层料抗液化应力比和孔隙水压力比随破坏振次的变化曲线可供地震液化判别使用。

（4）第6层、第8层砂层液化采用了初判和复判综合方法进行判别。通过砂层地质年代法初判，第6层、第8层均不会发生液化，但根据其颗粒级配组成及后期均处于饱和状态下运行，第6层和第8层存在发生液化的可能性，因此按规范推荐的方法进行了进一步的复判。通过标贯试验和相对密度试验方法复判表明，第6层在地表动峰值加速度为0.206g（Ⅷ度）时，河床部位砂层发生液化的可能性较大；Seed剪应力比复判表明，第6层在地表动峰值加速度为0.206g时，河床部位砂层在25m的埋深范围内均可能发生液化，第8层在地表动峰值加速度为0.206g时不发生砂层液化。

（5）对砂土液化的综合判定，是基于冰水沉积物液化的初判和复判结论进行的。由于初判和复判主要偏向于研究材料自身的物理和力学性质，将其作为液化判别的主要依据，而冰水沉积物砂层实际的应力状态及上部建筑物等因素对于冰水沉积物砂层是否发生液化影响非常大。有限元数值分析是目前工程界对冰水沉积物液化判别的主要方法之一，因此采用了动力三轴试验结果，通过数值分析模拟坝体建成时实际运行状态，综合评判冰水沉积物砂层液化。根据室内三轴动力试验，对砂层液化进行了另一种方法的复判。结果表明，第6层在地表动峰值加速度为0.206g时埋深25m以内可能发生砂层液化。

3.5.4 主要勘察技术和方法

（1）新技术、新方法的应用。采用同位素深厚冰水沉积物水文地质参数测试技术、冰水沉积物测年技术、超重型动力触探技术、重型标贯技术、细粒土原位旁压测试技术、砂层动力三轴剪切试验技术、现场大型剪切试验和载荷试验等新技术、新方法、新理论等，成功解决了深厚冰水沉积物上55.8m高混凝土闸坝、砂层上修建发电厂房的诸多工程地质问题和筑坝应用等技术难点。该闸坝为目前国内外在冰水沉积物上修筑的最高闸坝；在可液化砂层上修建发电厂房目前尚无先例。

（2）勘探布置针对性。在前期冰水沉积物研究的基础上，认为该工程冰水沉积物性状较优，鉴于此，可行性研究阶段大胆地提出了充分利用冰水沉积物筑坝的勘探策划。如坝高55.8m，主要建筑物区钻孔一般控制在80～100m，掌握工程荷载影响区内的地层分布状况；针对防渗帷幕设置要求，布置了200～250m深孔，查明地层结构，评价渗透稳定问题，采用物探测试技术，查明冰水沉积物厚度，了解基岩顶板起伏形态，评价渗漏量问题。

（3）水文地质参数测试。坝基深厚冰水沉积物深达360m，不同岩土体水文地质参数获取困难。采用了同位素示踪法开展复杂冰水沉积物的水文地质参数测试。

（4）提高取芯率和取样效果。为了满足高寒、高海拔地区复杂冰水沉积物的取芯要求，通过不断变换 SM 植物胶配比，使得砂层芯样、卵砾石芯样采取率可达 96%，室内试验试样属Ⅱ级样品，满足了冰水沉积物岩层划分、岩组分类、室内试验等要求，为该工程冰水沉积物工程地质评价提供了极具价值的第一手资料。

（5）岩组划分方法。为了掌握冰水沉积物堆积时代，委托两家国内权威单位，采用 ^{14}C测年法对冰水沉积物代表试样进行测年，根据测年成果将 14 层沉积物按时代划分为 Q_4、Q_3、Q_2，此结果将冰水沉积物岩组划分为 5 大组，为工程地质和水文地质问题评价奠定了基础，为河床坝基、厂房持力层选择、悬挂防渗帷幕相对隔水层的确定提供了地质依据。

（6）液化复判。鉴于坝基砂层属于可液化层，在开展原状砂样室内试验、原位试验、物探测试基础上开展了大型三轴试验；采用 seed 剪应力对比判别法对砂层液化问题进行了复判，为砂砾石坝基、发电厂房坝基置于可液化砂层上的工程处理措施提供了翔实的资料。该技术方法先进，难度较大，解决了工程实际问题。

（7）工程应用。解决了国内外最高混凝土闸坝以冰水沉积物作为坝基的主要工程地质问题，如深基坑内"承压水"控制技术、超高砂层边坡稳定性评价方法、坝基处理、沉降差控制、防渗布置、止水要点、砂土液化处理等方面的诸多技术难题，突破了深厚冰水沉积物筑坝技术瓶颈。

（8）建筑物基础沉降和建筑物间沉降差观测资料表明，各建筑物沉降测值、沉降差均小于设计提出的相邻建筑物沉降差指标，满足了该电站工程的建筑物沉降控制标准。

4 冰水沉积物地层物探测试 *

4.1 冰水沉积物地球物理特征分析

对于冰水沉积物的研究，可选用的方法较多，不同的方法有不同的适应条件和环境，如电法、电磁法、地震法等方法均可对冰水沉积物的厚度、岩性分层、基岩埋深及形状形态等进行勘探；声波测井（主要是横波），则可以通过测定冰水沉积物波速特性获求相应的力学性质；智能化地下水动态参数测量仪、微水试验等可以对冰水沉积物的渗透特性进行研究。

4.1.1 波速测试

4.1.1.1 波速测试原理

根据弹性理论，对于均匀、各向异性、理想弹性介质，则有三维波动方程式：

$$\left.\begin{array}{l} (\lambda+\mu)\dfrac{\partial\theta}{\partial x}+\mu\,\nabla^2 u-\rho\,\dfrac{\partial^2 u}{\partial t^2}=0 \\[2mm] (\lambda+\mu)\dfrac{\partial\theta}{\partial y}+\mu\,\nabla^2 v-\rho\,\dfrac{\partial^2 v}{\partial t^2}=0 \\[2mm] (\lambda+\mu)\dfrac{\partial\theta}{\partial z}+\mu\,\nabla^2 w-\rho\,\dfrac{\partial^2 w}{\partial t^2}=0 \end{array}\right\} \tag{4.1-1}$$

式中 u、v、w——x、y、z 方向上的位移，m；

λ、μ——拉梅常数；

ρ——介质密度，kg/m³。

若波动引起介质的形变，只有体积上的变化而无旋转时，则方程式（4.1-1）为

$$\left.\begin{array}{l} (\lambda+2\mu)\nabla^2 u-\rho\,\dfrac{\partial^2 u}{\partial t^2}=0 \\[2mm] (\lambda+2\mu)\nabla^2 v-\rho\,\dfrac{\partial^2 v}{\partial t^2}=0 \\[2mm] (\lambda+2\mu)\nabla^2 w-\rho\,\dfrac{\partial^2 w}{\partial t^2}=0 \end{array}\right\} \tag{4.1-2}$$

若波动引起介质的形变，只有剪切变形和转动而无体积变化时，则方程式（4.1-2）为

$$\left.\begin{array}{l} \mu\,\nabla^2 u-\rho\,\dfrac{\partial^2 u}{\partial t^2}=0 \\[2mm] \mu\,\nabla^2 v-\rho\,\dfrac{\partial^2 v}{\partial t^2}=0 \\[2mm] \mu\,\nabla^2 w-\rho\,\dfrac{\partial^2 w}{\partial t^2}=0 \end{array}\right\} \tag{4.1-3}$$

---

* 本章由李洪、赵志祥、狄圣杰执笔，白云校对。

方程式（4.1-2）代表的波是疏密波或压缩波，即纵波；方程式（4.1-3）代表的波为剪切波或等容波，即横波。纵波和横波的波动方程可简化为下列形式：

$$
\left.\begin{array}{l}
\dfrac{\partial^2 \theta}{\partial t^2} = V_p\ \nabla^2 \theta \\[4mm]
\dfrac{\partial^2 \phi}{\partial t^2} = V_s\ \nabla^2 \phi
\end{array}\right\} \tag{4.1-4}
$$

式中　V_p——纵波的传播速度，$V_p = \sqrt{\dfrac{\lambda + 2\mu}{\rho}}$；

$\qquad V_s$——横波的传播速度，$V_s = \sqrt{\dfrac{\mu}{\rho}}$。

当固体介质受到外力冲击时，介质受到应力作用而产生应变，在作用于介质的应力消失后，应变和应力失去平衡，应变就在介质中以弹性波的形式由介质中的质点依次向周围传播，这种弹性波成分比较复杂，既有面波又有体波。体波又分为压缩波（P波）和剪切波（S波），剪切波的垂直分量叫SV波，其水平分量称SH波；在介质表面传播的面波可分为瑞雷波（R波）和拉夫波（L波）。各种波在介质中传播的特征和速度各不相同。在土体中，弹性波的测试主要是剪切波速的测试，剪切波只能在固体中传播，不能在液体、气体中传播，剪切波所具有的这个性质决定其可以反映介质的密实度。

通过剪切波速的测量可以获得动剪切模量 G_d 这个土动力学中的重要参数。以往受试验条件和仪器限制，室内试验无法获取不扰动土精确的动剪切模量，特别是对于砂性土，很难取得完整样本，而通过剪切波速获取原位土体的动剪切模量是一种有效的方法。动剪切模量 G_d（kN/m²）、动弹性模量 E_d（kN/m²）及动体积模量 K_d（kN/m²）与剪切波速 V_s 关系如下：

$$ G_d = \rho V_s^2 \tag{4.1-5} $$

$$ E_d = \dfrac{\rho V_s^2 (3V_p^2 - 4V_s^2)}{V_p^2 - V_s^2} \tag{4.1-6} $$

$$ K_d = \dfrac{E_d}{3 \times (1 - 2\mu_d)} \tag{4.1-7} $$

式中　ρ——土体密度，kg/m³；

$\qquad \mu_d$——土体的动泊松比，一般取值范围波动不大，在 0.25～0.28 之间；

$\qquad V_p$——压缩波速，m/s。

根据纵波（P波）与横波（S波）传播速度的关系，压缩波速 V_p 与剪切波速 V_s 关系可以由介质的动泊松比近似获取，表达为

$$ \dfrac{V_p}{V_s} = \sqrt{\dfrac{2 \times (1 - \mu_d)}{1 - 2\mu_d}} \approx 1.73 \tag{4.1-8} $$

由上述分析可知，剪切波速与所测深度处的上覆土层有效自重应力 σ'（$\sigma' = \gamma' H$）关系密切。为了反映土层动弹性参数与上覆土层有效自重应力的关系，根据剪切波速实测值（V_p 以 V_s 来表示），可得到动弹性参数，又通过测点深度（H）与土层有效容重（γ'）得到上覆土层有效自重应力（σ'），建立动弹性参数随有效自重应力的关系曲线，亦反映

了动弹性参数随其应力状态变化的规律，其成果可与室内试验进行综合对比分析。

4.1.1.2 波速特征

由于岩土层的弹性性质不同，弹性波在其中的传播速度也有差异。冰水沉积物的弹性波速特征主要与冰水沉积物的物质成分、松散程度、厚度及含水程度有关。一般冰水沉积物的弹性波速变化有以下几个特征（见表 4.1-1）：

（1）因冰水沉积物组成物质成分不同，各种冰水沉积物弹性波速往往有明显差异。

（2）由于冰水沉积物从表层松散地表向下逐渐致密，波速逐渐增大，但一般明显低于下伏基岩。

（3）冰水沉积物表层含水量少或不含水，向下含水量渐增，经常存在一个明显的地下潜水面，同时也是波速界面。

表 4.1-1　　　　　　　　冰水沉积物介质波速主要分布表

地 层 岩 性	纵波速度/(m/s)	横波速度/(m/s)
干砂、粉质黏土层或黏土层	200～300	80～130
湿砂、密实土层	300～500	130～230
由砂、土、块石、砾石组成的松散堆积层	450～600	200～280
由砂、土、块石、砾石组成的含水松散堆积层	600～900	280～420
密实的砂卵砾石层	900～1500	400～800
胶结好的砂卵砾石层	1600～2200	800～1100
饱水的砂卵砾石层	2100～2400	400～800

4.1.2　电性特征

由于冰水沉积物岩土的种类、成分、结构、干湿度和温度等因素的不同，而具有不同的电学性质。电法勘探是以这种电性差异为基础，利用仪器观测天然或人工的电场变化或岩土体电性差异，来解决某些地质问题的物探方法。电法勘探根据其电场性质的不同可分为电阻率法、充电法、自然电场法和激发极化法等。

冰水沉积物的电性特征主要与各沉积层的物质成分及含水程度有关，当颗粒小、含泥多并含水时电阻率低，反之则增高，变化幅度较大。在冰水沉积物中，地下水面通常是一个良好的电性界面。部分介质的电阻率参考值见表 4.1-2。

表 4.1-2　　　　　　　　部分介质的电阻率参考值

名　称	电阻率 $\rho/(\Omega \cdot m)$	名　称	电阻率 $\rho/(\Omega \cdot m)$
黏土	$1 \sim 2 \times 10^2$	亚黏土含砾石	80～240
含水黏土	0.2～10	卵石	$3 \times 10^2 \sim 6 \times 10^3$
亚黏土	$10 \sim 10^2$	含水卵石	$10^2 \sim 8 \times 10^2$
砾石加黏土	$2.2 \times 10 \sim 7 \times 10^3$	地下水	$<10^2$

4.1.3　电磁特征

电磁法是以冰水沉积物岩土体的导电性和导磁性差异为基础，观测和研究由于电磁感应而形成的电磁场的时空分布规律，从而解决有关工程地质问题的一种物探方法。

冰水沉积物一般为非磁性介质，因而影响其电磁波传播特征的主要是电导率，影响因素包括电磁波的传播能量和速度。当介质电导率大时电磁波传播能量衰减就快、传播速度就低、被吸收的能量就越多；反之则能量衰减越慢，传播速度越高，被吸收的能量就越少。由于含水介质为高导介质，所以当遇到地下水时，电磁波能量几乎被全部吸收。常见介质的电磁参数见表4.1-3。

表4.1-3 常见介质的电磁参数一览表

介质	电导率/(S/m)	相对介电常数	电磁波速度/(m/ns)	衰减系数/(dB/m)
砂（干）	$10^{-7} \sim 10^{-3}$	$4 \sim 6$	0.15	0.01
砂（湿）	$10^{-4} \sim 10^{-2}$	30	0.06	$0.03 \sim 3$
黏土（湿）	$10^{-1} \sim 100$	$8 \sim 12$	0.06	$1 \sim 300$
土壤	$1.4 \times 10^{-1} \sim 5 \times 10^{-2}$	$2.6 \sim 15$		$20 \sim 30$
纯水	$10^{-4} \sim 3 \times 10^{-2}$	81	0.033	0.1
海水	4	81	0.01	1000
空气	0	1	0.3	0

4.2 物探测试要求及方法

4.2.1 物探测试要求

要利用物探方法来较准确地研究和分析冰水沉积物特性的问题，则必须遵循有深有浅、深浅结合的勘探手段。既要有较深的勘探钻孔用于物探手段的实施，同时也要有浅的竖井进行直接相关的各种试验和测试工作。利用浅探井所获得的相应工程参数与物探数据进行对比分析，以取得深部地层的分析对比资料；在浅层获得密实度资料后，利用物探在深部地层中的相关参数进行对比，从而对深层的地层密实度等有所掌握。

冰水沉积物物探方法多种多样，如何从中选取信息量最大、最可靠的方法并确定其应用顺序，以及如何分配各种方法的经费以获得最大效果，就成为主要的决定。每种方法都有各自的特点、使用条件和应用范围，因此必须根据冰水沉积物场地地质条件和物探方法的特点与适用条件，选择相应的物探方法，以充分发挥综合物探技术的作用。

一般情况下选择综合方法的严格解析目前是不存在的，但可以根据地球物理勘探的经验提出选择合理综合物探方法的基本原则见表4.2-1。

表4.2-1 选择合理综合物探方法的基本原则

序号	基本原则	说 明
1	选择适当信息的物探方法	一般情况下，综合方法应包括能给出相应种类信息的地球物理方法，即这些方法能测量不同物理场的要素或同一场的不同物理量
2	工作顺序的确定	严格遵循以提高研究精度为特征的工作顺序，尽可能地降低工程费用，增加信息密度
3	基本方法与详查方法的合理组合	利用一种（或多种）基本方法，按均匀的测网调查全区，其余的方法作为辅助方法。基本方法尽可能简便、费用低、效率高

序号	基本原则	说　　　明
4	应用条件的考虑	选择综合方法时，除考虑地质——地球物理条件外，应考虑到地形、地貌和其他干扰因素，如 V 形河谷条件下，地震、电法可能受到限制
5	地质、物探、钻探进行配合	在进行物探测之后，对查明的异常地段用工程地质方法做深入研究。在钻孔及竖井、坑槽中，除测井外还需进行地下水观测。在所取得的资料基础上，对现场物探结果重新解释，加密测网并利用其他方法完成补充物探工作，在有远景的地段布置新的钻孔和井探进行更详细的研究
6	工程-经济效益原则	选择合理的综合物探方法，既要考虑工程效果，又要考虑经济效益，即以工程经济效益为基础。这样可获得有关各个方法及各种不同方法相配合的效益资料，并且考虑到方法的信息度和资本

4.2.2　物探测试方法

4.2.2.1　冰水沉积物物探测试的主要方法

采用物探对冰水沉积物进行探测和测试，主要是解决冰水沉积物的厚度和分层问题。

冰水沉积物厚度探测与分层常采用的物探方法主要有浅层地震法、电法、电磁法、水声法、综合测井法、弹性波 CT 法等。冰水沉积物岩（土）体物理性质参数测试常采用的物探方法主要有地球物理测井法、地震波 CT 法、速度检层法等。

冰水沉积物厚度探测与分层应结合测区物性条件、地质条件和地形特征等综合因素，合理选用一种或几种物探方法，所选择的物探方法应能满足其基本应用条件，以达到较好的检测效果。

通常以电测深法作全面探测，以地震剖面作补充探测，地面地震排列方向与电测深布极方向相同。电测深法可使用直流电法，在存在高阻电性屏蔽层的测区宜使用电磁测深，地面采用对称四极装置。探测冰水沉积物厚度和基岩面起伏形态一般用折射波法，用多重相遇时距曲线观测系统；在不能使用炸药震源和存在高速屏蔽层或冰水沉积物的测区，宜采用纵波反射法；进行浅部松散含水地层分层时，宜采用横波反射法或瑞雷波法。浅层反射波法多采用共深度点叠加观测系统；瑞雷波法多采用瞬态面波法，单端或两端激发、多道观测方式。

冰水沉积物探测常用的物探方法见表 4.2－2。

表 4.2－2　　　　　　　　冰水沉积物探测常用的物探方法

方法分类	具　体　方　法
浅层地震法	折射波法、反射波法、瞬态瑞雷波法
电法	电测深法、电剖面法、高密度电法
电磁法	探地雷达法、瞬变电磁法、可控源音频大地电磁测深法
水声法	水声勘探
综合测井法	电测井、声波测井、地震测井、自然 γ 测井、γ-γ 测井、钻孔电视录像、超声成像测井、温度测井、电磁波测井、磁化率测井、井中流体测量

4.2.2.2　冰水沉积物厚度探测的物探方法

（1）根据冰水沉积物厚度选择物探方法。当冰水沉积物厚度相对较薄时（小于

50m），一般可选择地震勘探（折射波法、反射波法、瑞雷波法）、电磁勘探（电测深法、高密度电法）和探地雷达等物探方法；当冰水沉积物厚度较厚时（50～100m），一般可选择地震反射波法、电磁测深等物探方法；当冰水沉积物厚度较大时（一般大于100m），一般可选择地震反射波法和高频大地电磁法等物探方法。

（2）根据冰水沉积物地形条件选择物探方法。当场地相对平坦、开阔、无明显障碍物时，一般可选择地震勘探（折射波法、反射波法、瑞雷波法）、电磁勘探（电测深法、高密度电法、高频大地电磁法）等物探方法；当场地相对狭窄或测区内有居民、农田、果林、建筑物等障碍物时，一般可选择以点测为主的电测深法、瑞雷波法等物探方法。

（3）在水域进行冰水沉积物厚度探测时，可根据工作条件选择物探方法。在河谷地形、河水面宽度不大于200m、水流较急的江河流域，一般选择地震折射波法和电测深法等物探方法；在库区、湖泊、河水面宽度大于200m、水流平缓的水域，一般选择水声勘探、地震折射波法等物探方法。

（4）根据物性条件选择物探方法。当冰水沉积物介质与基岩有明显的波速、波阻抗差异时，可选择地震勘探；当冰水沉积物介质中存在高速层（大于基岩波速）或波速倒转（小于相邻层波速）时则不适宜采用地震折射波法；当冰水沉积物介质与基岩有明显的电性差异时可选择电法勘探或电磁法勘探；当布极条件或接地条件较差时可选用电磁法勘探。

（5）对薄层、中厚层、厚层、深层冰水沉积物，采用地震波法较理想；进行物性分层则采用地震瑞雷波法较理想（表4.2-3和表4.2-4）。

（6）对于厚层、深厚层、超深厚、巨厚层冰水沉积物采用可控源电磁测深和高频大地电磁法较为理想，但必须采取电极接地、水域电磁分离测量技术，对冰水沉积物的物性分层较宏观。

表4.2-3　　　　　　　　冰水沉积物厚度分级的物探测试方法选择

分级	分级名称	分级标准/m	探测方法选择
I	薄层	<10	地震瑞雷波、折射、反射；有钻孔时采用综合测井、声波测井、声波或地震波CT
II	中厚层	10～20	地震瑞雷波、折射、反射；有钻孔时采用综合测井、声波测井、声波或地震波CT
III	厚层	20～40	地震瑞雷波、折射、反射；有钻孔时采用综合测井、声波测井、声波或地震波CT
IV	深厚层	40～100	可控电源电磁探测、地震反射；有钻孔时采用综合测井、声波测井、声波或地震波CT
V	超深厚层	100～200	可控电源电磁探测、地震反射波、高频大地电磁法；有钻孔时采用综合测井、声波测井、声波或地震波CT
VI	巨厚层	>200	可控电源电磁探测、地震反射波、高频大地电磁法；有钻孔时采用综合测井、声波测井、声波或地震波CT

表 4.2-4　　　　　　　　　　　冰水沉积物结构分类的物探方法选择

分级	分级名称	深度范围/m	探 测 方 法 选 择
一	冲积结构	<20	地震瑞雷波、折射、反射；有钻孔时采用综合测井、声波测井、声波或地震波CT
二	多重二元韵律结构	20～50	地震瑞雷波、可控电源电磁探测；有钻孔时采用综合测井、声波测井、声波或地震波CT
三	厚层漂卵石层结构	50～100	可控电源电磁探测、地震反射、高频大地电磁法；有钻孔时采用综合测井、声波测井、声波或地震波CT
四	囊状混杂结构	100～200	可控电源电磁探测、地震反射、高频大地电磁法；有钻孔时采用综合测井、声波测井、声波或地震波CT
五	巨厚复合加积结构	>200	可控电源电磁探测、地震反射、高频大地电磁法。有钻孔时采用综合测井、声波测井、声波或地震波CT

4.2.2.3　冰水沉积物分层探测的物探方法

（1）根据冰水沉积物介质的物性特征选择物探方法。当冰水沉积物介质呈层状或似层状分布、结构简单、有一定的厚度、各层介质存在明显的波速或波阻抗差异时，一般可选择地震折射波法、地震反射波法、瑞雷波法等，其中瑞雷波法具有较好的分层效果；当冰水沉积物各层介质存在明显的电性差异时，可选择电测深法；当冰水沉积物各层介质较薄，存在较明显的电磁差异且探测深度较浅时，可选择探地雷达法。

（2）根据冰水沉积物介质饱水程度选择物探方法。地下水位往往会构成良好的波速、波阻抗和电性界面。当需要对冰水沉积物饱水介质与不饱水介质分层或探测地下水位时，一般可选择地震折射波法、地震反射波法和电测深法。但地震折射波法不适宜对地下水位以下的冰水沉积物介质；瑞雷波法基本不受冰水沉积物介质饱水程度的影响，当把地下水位视为冰水沉积物介质分层的影响因素时可采用瑞雷波法。

（3）利用钻孔进行冰水沉积物分层。一般选择综合测井、地震波CT、速度检层等方法。

（4）探测冰水沉积物中软弱夹层和砂夹层时，在有条件的情况下可借助钻孔进行跨孔测试或速度检层测试；在无钻孔条件下，对分布范围大且有一定厚度的软弱夹层和砂夹层可采用瑞雷波法。

4.2.2.4　冰水沉积物物性参数测试

（1）在地面进行冰水沉积物物性参数的测试，一般采用地震折射波法、反射波法、瑞雷波法，对冰水沉积物各层介质的纵、横速度和剪切波速度测试，采用电测深法进行冰水沉积物各层介质的电阻率测试。

（2）在地表、断面或人工坑槽处进行冰水沉积物物性参数测试，一般可采用地震波法和电测深法对所出露地层进行纵波速度、剪切波速度、电阻率等参数的测试。

（3）在钻孔内进行冰水沉积物物性参数的测试，一般采用地球物理测井、速度检层等方法，测定钻孔中冰水沉积物的密度、电阻率、波速等参数，确定各层厚度及深度，配合地面物探了解物性层与地质层的对应关系，提供地面物探定性及定量解释所需的有关资料。

4.3 剪切波快速测试技术及应用

4.3.1 快速测试技术

针对剪切波速测试成果，依据我国现行规范、国际规范及经验方法进行土类划分。按照测试条件，目前剪切波速测试多采用常规的单孔法和跨孔法，一般在场地地层均匀，且钻孔质量及稳定性较好时较为适用。如果场地地层分布不均，部分地层有夹层、互层、透镜体等地质现象时，对于此类地层要快速判别场地地层，常规方法就会凸显不足，其单次测试值往往离散性较大，要提高测试精度，就应进行同一钻孔的重复测试或不同钻孔中的大量测试，求得测试统计值；同时，场地剪切波速测试时应遵循具体的操作规程，如场地剪切波速测试一般自孔底至孔口，由下而上进行，在每一个试验深度处，应重复测试几次，取测试平均值；另外，当采用一次成孔测试时，测试工作结束后，应选择部分测试点作重复测试，其数量不应少于测试点总数的10%，也可采用振源孔和接收孔互换的方式进行检测；在现场应及时对记录波形进行鉴别判断，确定是否可用，如不合格，在现场应立即重做；另外，如发现接收仪记录波形不完整或无法判读，则须重做直至正常。

故遇到上述情况时，常规单次测试方法势必导致工作量重复，同时还面临着钻孔孔壁长时间的稳定性问题，如重复测试或检验过程耗时较长，遇到钻孔塌孔缩孔现象，还需另行钻孔进行测试，造成人力、时间和经济成本的浪费。为解决上述技术问题，并减少测试时间，提高测试精度，减少测试中存在的不确定性，研制开发了场地地层剪切波速快速复测装置并提出相应的测试方法。

该装置包括地面振源激发装置和地面检波器，及对应的孔内振源激发装置和孔内检波器。两组设备分别连通在一起，通过地面或孔内信号线连通于计算机。计算机可逻辑控制电路，由两路电子转换开关通过信号线控制设备，实现不同设备的开关，并具备测试数据处理功能。在测试预钻孔中进行场地地层的剪切波速测试，地面振源激发器和地面检波器相互连接，其中点距离为Δx，将其置于钻孔旁地面处，地面振源激发器中点距离孔口中心为x。将孔内振源激发器和孔内检波器置于测试钻孔中，两者相互连接，且孔内振源激发器中点深度为h_i，孔内振源激发器中点距离孔内检波器中点也为Δx，Δx相对于h_i较小，可认为测试深度即为h_i。如图4.3-1所示。

测试时，针对测试深度h_i，通过计算机将地面振源激发器和孔内检波器打开，通过地面激振产生剪切波，通过孔内检波器接收，完成第一次测试。第一次测试剪切波通过路径长度为L_{1i}：

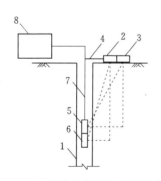

图4.3-1 新技术单孔法测试示意图
1—钻孔；2—地面振源激发器；3—地面检波器；
4—地面信号线；5—孔内振源激发器；6—孔内
检波器；7—孔内信号线；8—记录计算机

$$L_{1i} = \sqrt{(h_i + \Delta x)^2 + x^2} \quad (4.3-1)$$

然后，通过计算机控制地面振源激发器和孔内检波器关闭，将地面检波器和孔内振源激发器打开，在孔内激振产生剪切波，通过地面检波器接收，完成第二次测试。第二次测试剪切波通过路径长度为 L_{2i}：

$$L_{2i} = \sqrt{(x + \Delta x)^2 + h_i^2} \qquad (4.3-2)$$

记录得到的第一次测试时间为 t_{1i}，第二次测试时间为 t_{2i}，则可得到

$$t_{1i} = \frac{L_{1i}}{V_{s1i}}, \ t_{2i} = \frac{L_{2i}}{V_{s2i}} \qquad (4.3-3)$$

联立上述公式，即可获取该测点两次剪切波速测试值 V_{s1i} 和 V_{s2i}：

$$V_{s1i} = \frac{\sqrt{(h_i + \Delta x)^2 + x^2}}{t_{1i}}, \ V_{s2i} = \frac{\sqrt{(x + \Delta x)^2 + h_i^2}}{t_{2i}} \qquad (4.3-4)$$

根据上述计算式可求得该测点深度处的剪切波速测试平均值，或再进行多次测试，获取统计标准值。

该技术也可扩展为应用至跨孔法测试中。如图 4.3-2 所示，将地面振源激发器和地面检波器，孔内振源激发器和孔内检波器分别放置于两只跨孔钻孔的同一标高中，类似于剪切波速悬挂式测井测试方法，测试方法和上述单孔步骤一致，在同一高程可相继完成两次测试。

该测试技术的优势有以下几个方面：

（1）携带方便，操作简单，测试快捷，可在钻孔孔壁稳定短时间内快速完成测试，对于需要重复测试的测孔或测点，测试效率提高；也可以适用于面波测试。

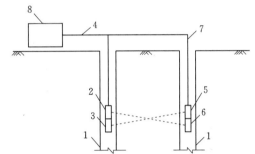

图 4.3-2 新技术跨孔法测试示意图
1—钻孔；2—孔内振源激发器；3—孔内检波器；4—信号线；
5—孔内振源激发器；6—孔内检波器；7—孔内信号线；
8—记录计算机

（2）在同一测点，可同时完成两次测试，可减少人为操作误差、人为判读误差和测试中存在的不确定性，提高测试精度。对于夹层、透镜体的地层可通过调整测试间距来提高测试精度，测试值更能反映场地地层整体规律。

（3）对于场地等级不高或要求精度不高的工程，亦可只进行一次测试，这样就蜕化为常规测试设备和测试方法，适用率高，易于推广。

（4）设备和测试方法可同时在单孔法和跨孔法中应用，原理类似，一孔激发，一孔接收，通过设备开关再互换激发装置和接收装置，即可完成测试，设计巧妙，一能多用。

按照上述测试原理和方法可快速完成多次测试，同时可依据测试情况和地层分布情况进行场地波速统计分析，并依据波速测试结果评估地层分布情况及推算地层物理力学参数，可为工程勘察及设计人员提供有益的参考。

4.3.2 技术及成果应用

该技术基本不需对设备进行复杂改造，对设备创新性要求较低，可以利用原有设备进

行拼装，复测技术通过创新性操作步骤设计得以实现，进一步确保了测试精度，提高了测试效率，在各大工程中均有应用，尤其是在河床冰水沉积物上测试，可以提高有效作业效率。波速测试成果可在以下几个方面进行大量推广应用。

4.3.2.1　场地冰水沉积物厚度判定

（1）一般情况下，应按地面至剪切波速大于 500m/s 的土层顶面的距离确定。

（2）当地面 5m 以下存在剪切波速大于相邻上层土剪切波速 2.5 倍的土层，且其下卧土的剪切波速均小于 400m/s 时，可按地面至土层顶面的距离确定。

（3）剪切波速大于 500m/s 的孤石、透镜体，应视同周围土层。

（4）土层中的火山岩硬夹层，应视为刚体，其厚度应从沉积物中扣除。

4.3.2.2　不同地层平均速度

根据钻孔地质资料，将同一地层内测得的各测点 V_{si} 值进行平均计算，得到各地层的剪切波速度平均值 $\overline{V}_{si} = \dfrac{\sum\limits_{i=1}^{N} V_{si}}{n}$。

4.3.2.3　等效剪切波速计算及场地类别划分

按式（4.3-5）进行计算：

$$V_{se} = \frac{d_0}{t} \tag{4.3-5}$$

$$t = \sum_{i=1}^{n} \left(\frac{d_i}{V_{si}} \right) \tag{4.3-6}$$

其中计算深度 d_0 取值 20m 和冰水沉积物厚度中的较小值。根据等效剪切波速范围值，再结合沉积物厚度（一般大于 500m/s），可对工程区进行 5 个类别的抗震设计分组。

4.3.2.4　场地砂土地层地震液化判定

冰水沉积物地层液化阻抗指标和剪切波速分布是类似的，均是由相同的影响因素决定的，如颗粒组构状态、孔隙比、应力状态等；另外，剪切波传播及扩散原理与地震横波规律类似，物理概念清晰；利用剪切波速鉴别饱和土层是否考虑液化问题的初判方法，当剪切波速 V_s 大于计算的上限剪切波速 V_{st} 时，即可不考虑液化，否则应进行复判，其物理意义是 V_{st} 与门槛剪应变对应，即产生最大剪应变时亦不会导致孔隙水压力的增长。

4.3.2.5　场地地基卓越周期的计算

地震时，地基和建筑物都受到地震波的冲击而产生振动，如果地基土的卓越周期与建筑物的自振周期接近或一致，地基土将与建筑物产生共振，使地震振幅变大，加剧建筑物的损坏。场地地基土的卓越周期在抗震设计中，是防止建筑物与地基产生共振的依据。很多震害是由场地、地基与工程设施的共振或类似工程效应引起的。结构设计应避开场地的卓越周期，以减少抗震设计的风险。

对于单一地层，采用式（4.3-7）计算：

$$T_c = \frac{4h}{V_s} \tag{4.3-7}$$

对于多层土组成的地基，采用式（4.3-8）计算：

$$T_c = \sqrt{32\sum_{i=1}^{n}\left\{h_i\left(\frac{H_{i-1}+H_i}{2}\right)/V_{si}^2\right\}} \tag{4.3-8}$$

式中　T_c——卓越周期，s；

　　　h——计算厚度，相当于冰水沉积物厚度，m；

　　　V_s——实测剪切波速，m/s；

　　　H_i——基础底面至第 i 层土层底面深度，m，若计算场地的卓越周期，应从天然地面算起；

　　　H_{i-1}——建筑物基底至 $i-1$ 层的距离。

4.3.2.6　地基加固效果的检验

如果能在地基加固处理的前后进行波速测试，则可作为评价地基承载力的辅助信息，因地层波速与岩土的密实度、结构等物理力学指标密切相关，而波速测试效率较高，掌握的数据面广，成本低，故将波速与载荷试验等测试手段结合使用，则是地基加固处理后评价的经济有效手段。

4.3.2.7　工程应用

以青海玉树州某典型水利工程场址为例，采用剪切波复测技术，获得临近 3 个钻孔剪切波速。在同一钻孔完成不少于 6 次复测，取均值，测试深度 30m，如图 4.3-3 所示。可以看出，复测技术在钻孔终孔较短时间内完成了复测，临近钻孔波速数据基本一致且缩短了测试时间，提高了测试精度，可以代表场地钻孔客观的剪切波速值，其中即便是快速可完成复测，然而一个钻孔在测试过程中在下部仍发生了塌孔，导致仅测试至 21m，这也是在冰水沉积物这类沉积地层中及水下勘探测试时常发生的情况，突出了作业效率提升技术的重要性。

采用工程复测技术，实测剪切波速散值如图 4.3-4 所示，随土体埋深呈幂函数递增关系，本质上与土体物理力学特性和赋存应力场环境密切相关。

通过剪切波速获取原位土体的动剪切模量是一种有效的方法，如图 4.3-5 所示，可以规避室内试验无法获取不扰动土的精确动剪切模量，特别是对于颗粒状无黏性土，很难取得完整样本的问题，进而可计算地基刚度 K_z 和阻尼比 D_z。

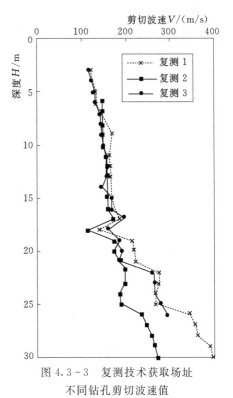

图 4.3-3　复测技术获取场址不同钻孔剪切波速值

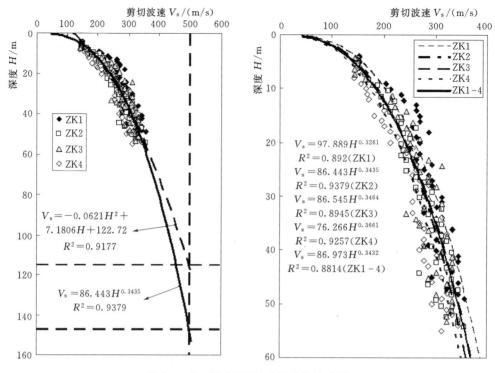

图 4.3-4 某工程场地实测剪切波速值

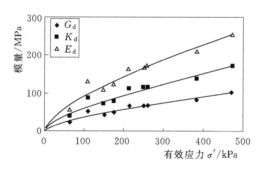

图 4.3-5 基于剪切波获取的动剪切模量、体积模量及
弹性模量随有效应力的变化曲线

4.4 多道瞬态瑞雷波勘探应用

以新疆某水电站工程场地为例，开展多道瞬态瑞雷波勘探研究，主要包括工作面布置、观测系统参数、激发装置及接收装置，资料分析处理，瞬态瑞雷波勘探结果准确性的验证、速度剖面图解译等。

4.4.1 工作面布置

冰水沉积物现场勘察为坝址区左岸高漫滩冰水沉积物。为了能较全面地了解坝址区冰水沉积物坝基的工程地质条件，根据研究的目的并结合已有的地质、钻探资料，在工程区内顺水流方向由岸边到山脚布置了 3 个剖面：XJ-23 剖面通过 ZK38 钻孔，XJ-18 剖面通过 ZK37 钻孔，XJ-22 剖面通过 ZK36 钻孔。这 3 个剖面平行于图 4.4-1 所示的河流纵剖面。

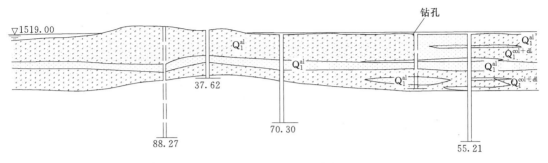

图 4.4-1　钻探剖面图（单位：m）

4.4.2　观测系统参数、激发与接收

测点用多道排列（24 道）固定偏移距的观测系统。采集道数 24 道，全通滤波方式，采样间隔为 1ms，采样点数为 1024 个。道间距 3m，偏移距 10m。测线一侧用炸药震源激振（每孔药量 150g），4Hz 检波器接收。

4.4.3　单点瞬态瑞雷波资料的分析处理

通过复测技术，对原始资料进行整理，对各测点瞬态瑞雷波记录进行频散曲线计算，然后对频散曲线进行正、反演拟合得出各层的厚度及剪切波速度。

图 4.4-2 给出了 XJ-18 剖面测点 1 对应地层分层情况及各层复测后剪切波速 V_s 沿深度 Z 的分层分布情况。

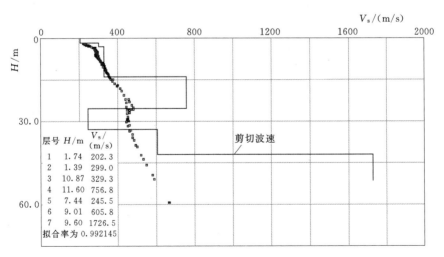

图 4.4-2　XJ-18 剖面测点 1（钻孔 ZK37 处）剪切波速 V_s 沿深度的分层分布情况

由 XJ-18 剖面上各个测点的冰水沉积物分层图可以看出：该剖面各测点下坝基基本上可以分成上、中、下三个部分。上部又细化为多个小层，各小层的剪切波速 V_s 由上至下呈增势。中部为一相对软弱层，其剪切波速较上下相邻层的小，数值为 200～300m/s。

图 4.4 - 3 给出了 XJ - 22 剖面测点 1 对应地层的分层情况及各层剪切波速 V_s 沿深度的分层分布情况。

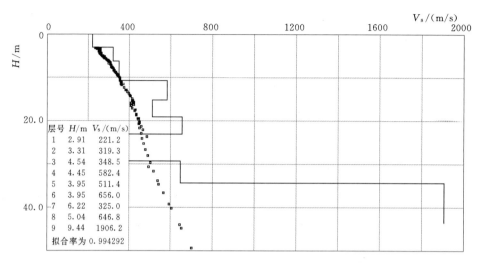

图 4.4 - 3 XJ - 22 剖面测点 1（钻孔 ZK36 处）坝基分层分布情况

由 XJ - 22 剖面上各个测点的坝基分层图可以看出：该剖面坝基冰水沉积物分层情况与 XJ - 18 剖面坝基冰水沉积物的分层相对应，规律基本一致。

对于 XJ - 23 剖面共布置了 12 个测点，图 4.4 - 4 给出了 XJ - 23 剖面上测点 1 对应地层分层情况及各层剪切波速 V_s 沿深度的分层分布情况，它们可以基本说明该剖面对应坝基土层的分层规律。

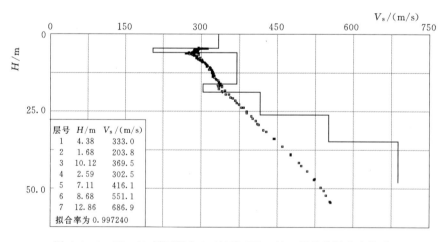

图 4.4 - 4 XJ - 23 剖面测点 1（钻孔 ZK38 处）坝基分层分布情况

4.4.4 瞬态瑞雷波勘探结果准确性的验证

为了检验实测瞬态瑞雷波勘探结果的可信度，将面波分析结果与钻孔资料进行了对比。钻孔 ZK36、ZK37 的钻孔资料见表 4.4 - 1 和表 4.4 - 2，是在现场相应位置通过面波测试所得到的坝基分层的结果。图 4.4 - 5 和图 4.4 - 6 给出了相应两钻孔位置的波速分层与钻孔柱状图的对比情况。可以看出：ZK36、ZK37 位置的瞬态瑞雷波勘探资料与钻孔资料吻合较好，但瞬态瑞雷波资料提供的信息更为丰富，在上部漂石砂卵砾石层中面波解释结果将其进行了细划；面波资料所提供的剪切波速信息与钻孔勘探提供的单孔、跨孔剪切波速的信息也出入不大。

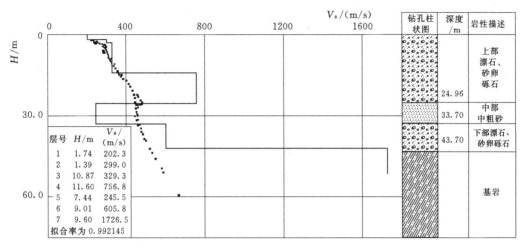

图 4.4-5　XJ-5 剖面测点 1 坝基分层与钻孔 ZK37 柱状图的对比

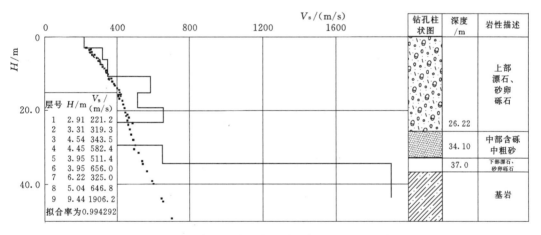

图 4.4-6　XJ-22 剖面测点 1 坝基分层与钻孔 ZK36 柱状图的对比

表 4.4-1　　　　　　　　　　钻探及波速资料

测试方法	孔号	上部漂石砂卵砾石层			中部含砾中粗砂层			下部漂石砂卵砾石层		
		钻孔勘测厚度/m	测试深度/m	剪切波速/(m/s)	钻孔勘测厚度/m	测试深度/m	剪切波速/(m/s)	钻孔勘测厚度/m	测试深度/m	剪切波速/(m/s)
单孔法	ZK36	26.22	11~26	560	7.88	26~34	190	2.9	34~36	510
	ZK37	24.96	10~25	550	8.74	25~34	210	10.0	34~42	610
跨孔法	ZK36	26.22	8.3~25	560~580	7.88	27.3~33	330~440	2.9	34.2~36	620
	ZK37	24.96			8.74			10.0		

表 4.4-2　　　　　　　　　　　　　　　瞬态瑞雷波勘探资料

孔号	上部漂石砂卵砾石							加权平均	中部含砾中粗砂	下部漂石砂卵砾石
ZK36	厚度/m	2.91	3.31	4.54	4.45	3.95	3.95		6.22	5.04
	深度/m	2.91	6.22	10.76	15.21	19.16	23.11		29.33	34.37
	剪切波速/(m/s)	221.2	319.3	348.5	582.4	511.4	656.0	453.7	325.0	646.8
ZK37	厚度/m	1.74	1.39	10.87	11.60				7.44	9.01
	深度/m	1.74	3.13	14.0	25.6				33.04	42.05
	剪切波速/(m/s)	202.3	299.0	329.3	756.8			512.7	245.5	605.8

4.4.5　瞬态瑞雷波等速度剖面图

使用瞬态瑞雷波等速度剖面分析软件 CCMAP，利用各剖面上诸点的频散曲线资料，通过编辑处理，结合拟合后的分层资料，参照地层速度参数，在彩色剖面图上进行取值、分层，并利用高程校正形成的地形文件可绘制出冰水沉积物等速度地质剖面图。

瞬态瑞雷波等速度剖面软件 CCMAP 可以给出两种形式的等速度剖面：一种是直接由测点频散曲线 $V_r(Z)$ 线形成的映像（如图 4.4-7 中的蓝色线条）；另一种是由测点拟速度（拟速度是将频散数据中的波速 V_r 按周期作了一种提高峰度的计算得到的速度值）曲线 $V_x(Z)$ 线形成的映像（图 4.4-7 中红色线条）。常见地层面波频散数据的实验表明：这种拟速度映像 $V_x(Z)$ 的总体轮廓相当接近于频散数据一维反演得到的波速分层 $V_s(Z)$，同时还突出了地层分层在频散数据中引起的"扭曲"特征。

图 4.4-7 给出了 XJ-18 剖面上各个测点的频散曲线及拟速度曲线；图 4.4-8 给出了 XJ-18 剖面的地形等速度图。

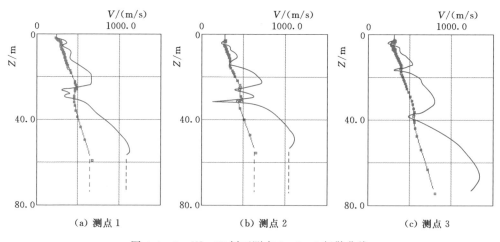

图 4.4-7　XJ-18 剖面测点 1、2、3 频散曲线

图 4.4-9 给出了 XJ-22 剖面上各个测点的频散曲线；图 4.4-10 给出了 XJ-22 剖面的地形等速度图。

图 4.4-11 给出了 XJ-23 剖面上各个测点的频散曲线；图 4.4-12 给出了 XJ-23 剖

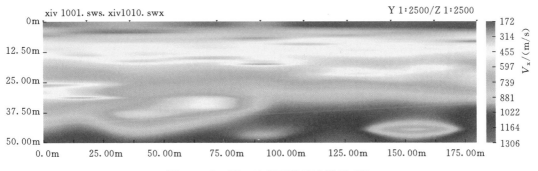

图 4.4 - 8　XJ - 18 剖面等速度图 $V_x(Z)$

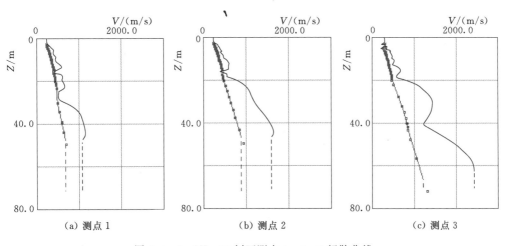

图 4.4 - 9　XJ - 22 剖面测点 1、2、3 频散曲线

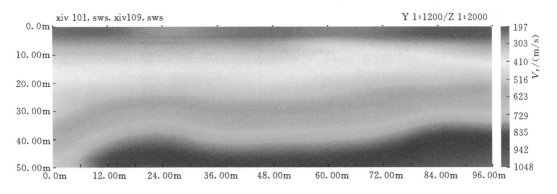

图 4.4 - 10　XJ - 22 剖面等速度图 $V_r(Z)$

面的地形等速度图。

面波资料所生成的等速度剖面与钻探剖面的对比：图 4.4 - 13 和图 4.4 - 14 给出了由所选三个剖面上钻孔位置附近的三个测点的瞬态瑞雷波勘探资料生成的等速度剖面图；图 4.4 - 15 为相应位置的钻探剖面。

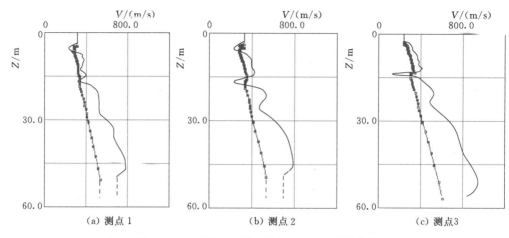

图 4.4－11　XJ－23 剖面测点 1、2、3 频散曲线

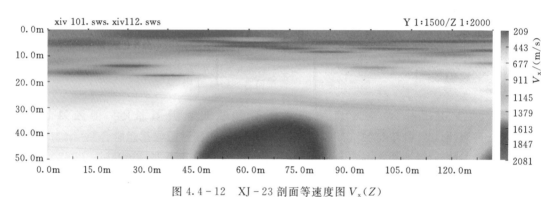

图 4.4－12　XJ－23 剖面等速度图 $V_x(Z)$

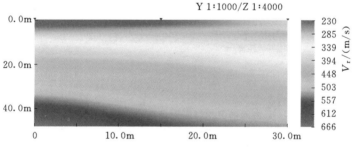

图 4.4－13　ZK36 \ ZK37 \ ZK38 剖面等速度图 $V_r(Z)$

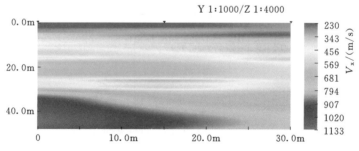

图 4.4－14　ZK36 \ ZK37 \ ZK38 剖面等速度图 $V_x(Z)$

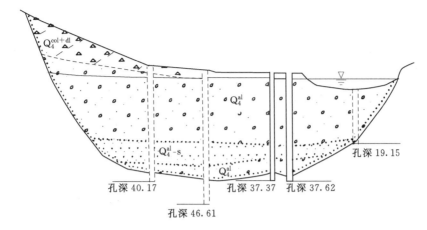

图 4.4 - 15　钻探剖面（单位：m）

图 4.4 - 12 和图 4.4 - 13 是沿钻探地质剖面根据面波生成的等速度剖面图，从图中可见地层沿这一剖面的分布，从图 4.4 - 14 中可见测深 25m 左右出现很明显的夹层，与图 4.4 - 15 钻探地质剖面所反映的情况完全吻合，结合其他勘探资料的分析，可以认为该层即为中粗砂夹层，其上、下为漂石砂卵砾石层，地表为碎石及砂层。

4.5　大地电磁法地球物理探测应用

依托青海省某水利工程，为了查明场址冰水沉积物的厚度及基岩顶板展布形态，同时查明坝轴线上、下游侧河道中隐伏断层的赋存位置，施工阶段采用了 EH4 这一新技术进行了冰水沉积物探测工作。

4.5.1　基本地质条件

坝址区两岸出露的地层为三叠系喷出岩（α_5^1）与印支期侵入岩（γ_5^1），三叠系喷出岩岩性为安山岩，是组成库岸的主要岩性，印支期侵入岩岩性为灰白色花岗岩，分布于上游库区左岸。

坝址区河谷形态呈 U 形，沿 NW274° 方向展布，河谷平坦开阔，现代河床宽度在枯水期水面宽度为 10～20m，河谷宽度 400m。库区河床总体纵比降约为 7.7‰，两岸发育有Ⅰ级、Ⅱ级阶地，阶地宽度 20～150m，高出当地河水面 4～20m，阶地均呈二元结构。

根据钻孔揭露，坝基冰水沉积物自上而下分为①、②、③层，见图 4.5 - 1。

第①层：分布于坝基沉积物上部，厚度 25～35m，地面高程 3375～3381m，底部分布高程 3341～3353m，岩性为砂砾石，夹有不连续中粗砂含砾石透镜体，厚度 10～20cm。卵砾石磨圆多呈次圆～圆状，一般粒径 3～6cm，最大粒径 20cm，其成分以安山岩、花岗岩为主。

第②层：分布于沉积物中部，岩性为砂砾石，厚度 30～35m，底部分布高程 3310～3313m，夹中粗砂含砾石透镜体，透镜体厚度 10～20cm，砾石呈次棱角～次圆状。

第③层：分布于沉积物底部，只在 ZK09 - 2、ZK09 - 3、ZK3 中揭露，厚度 15～25m，分布宽度 201m，为晚更新世冰积成因，岩性为含卵石砾石层，颗粒较上层粗，卵

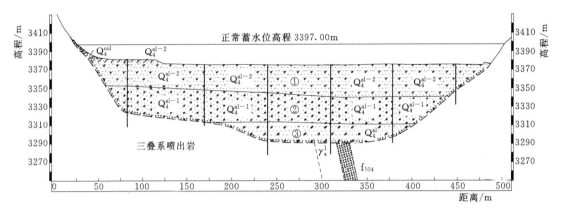

图 4.5-1 坝轴线工程地质剖面图

石含量可达 20% 左右，夹粗砂透镜体夹层厚度 10~20m，最大粒径大于 40cm。

4.5.2 物探工作布置

对冰水沉积物物探工作布置，主要在坝轴线下游从左至右布设 EH4 大地电磁测线，测点点距 10m。工作共完成剖面 1 条，剖面长度 395m，EH4 大地电磁测点 41 个。

EH4 大地电磁测深选取的最优电极矩为 25m，三频段全采集。一频组：10~1kHz；二频组：500~3kHz；三频组：750~100kHz。在数据采集过程中，对三个频组的数据全部采集，且每个频组采集叠加次数不少于 8 次。根据现场测试结果，对部分频组进行多次叠加。

4.5.3 资料处理

EH4 的数据处理方法多以测线（断面）进行，测量得到的深度-电阻率数据、频率-视电阻率数据和频率-相位数据都是通过 IM2AGEM 软件中的二维分析模块输出。对于输出的数据，单个测点可通过二维曲线进行成图，单条剖面可通过二维等值线进行成图，对于相邻多条剖面则需要对整个区域范围内测点的不同频率或不同深度的电阻率进行描述，通常使用多条剖面图叠加的办法进行成图。EH4 数据处理流程见图 4.5-2。

（1）采用在野外实时获得的时间序列 H_y、E_x、H_x、E_y 振幅进行 FFT 变换，获得电场和磁场虚实分量和相位数据 φ_{H_y}、φ_{E_x}、φ_{H_x}、φ_{E_y}，读取@文件（该文件将文件号、点号线号、电偶极子长度等信息建立起一一对应关系），读取 Z 文件（该文件是一个功率谱文件，包含频率、视电阻率、相位）。通过 ROBUST 处理等，计算出每个频率（f）点相对应的平均电阻率（ρ）与相位差（φ_{EH}），根据趋肤深度的计算公式，将频率-波阻抗曲线转换成深度-视电阻率曲线进行可视化编辑；在一维反演的基础上，利用 EH4 系统自带的二维成像软件 IMAGEM 进行快速自动二维电磁成像，根据区域地质情况进行数据的反复筛查，对病坏数据进行编辑，必要时候进行剔除。

（2）对每个频率（f）点相对应的平均电阻率（ρ）与相位差（φ_{EH}）数据进行初步处理分析后，采用成都理工大学 MTsoft2D 大地电磁专业处理软件进行二维处理。对测线数据进行总览以后进行预处理，执行静态校正和空间滤波；分别以 BOSTIC 一维反演结果和 OCCAM 一维反演结果建立初始模型，进行带地形二维非线性共轭梯度法（NLCG）反

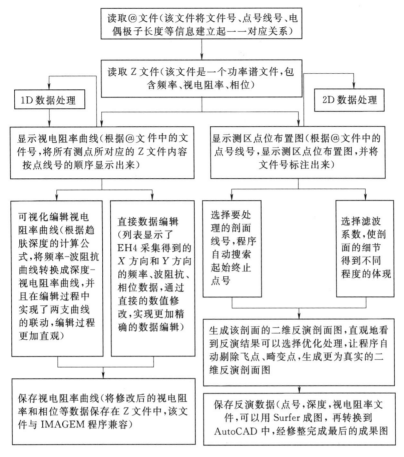

图 4.5-2 EH4 数据处理流程图

演，获得深度-视电阻率数据。

（3）对深度-视电阻率数据进行网格化，绘制频率-视电阻率等值线图，综合地质资料及现场调查的情况，在等值线图上划出异常区，做出初步的地质推断。然后根据原始的电阻率单支曲线的类型并结合已知地质资料确定地层划分标准，确定测深点的深度，绘制视电阻率等值线图，结合相关地质资料和现场调查结果进行综合解释和推断。

4.5.4 成果解译

根据数据处理成果，对坝址冰水沉积物的厚度及物质结构和区域隐伏断裂进行解译。图 4.5-3 为坝轴线下游 EH4 测线成果剖面图。

4.5.4.1 沉积物厚度

由图 4.5-3 可见，测线桩号 0～395m 段，沿深度增大方向，电阻率由 $10\Omega \cdot m$ 增大至约 $2000\Omega \cdot m$，电阻率沿深度方向存在明显的分层现象，结合现场钻孔揭示信息，将电阻率值 $700\Omega \cdot m$ 定量为沉积物与弱风化岩体的分界线，电阻率小于 $700\Omega \cdot m$ 时为冰水沉积物，电阻率大于 $700\Omega \cdot m$ 时为基岩弱风化层。

根据上述分析可知，冰水沉积物最大厚度约为 85.8m，基岩顶板形态呈不对称的、左缓右陡的"锅底状"，最低点位于近右岸 1/3 位置、断层破碎带出露部位。

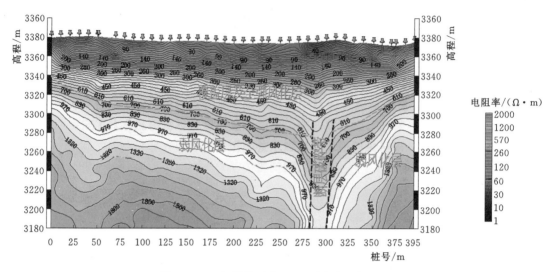

图 4.5-3 坝轴线下游 EH4 测线成果剖面图

4.5.4.2 沉积物结构性状

沉积物浅部 20～35m 深度内，电阻率由 10Ω·m 增大至约 300Ω·m，初步分析该层为河流冲积成因的砂砾石层，密实度相对松散。

往下电阻率由 300Ω·m 增大至约 700Ω·m，说明沉积物密实度增高，或与冰水堆积成因且与沉积物具有弱泥质胶结有关。判断其承载、变形性能较高，工程地质条件相对较好。

4.5.4.3 隐伏断层位置

测线桩号 282～300m 两侧电阻率等值线斜率发生明显变化，呈低阻状态，推测为隐伏断层的赋存位置，F1 向大桩号方向陡倾，其倾角约 86°，宽度约 18m，延伸深度较大，根据两侧电阻率的变化趋势，推测该断层为正断层。

4.5.5 钻孔验证

前期勘探工作中，沿坝轴线布置了 5 个钻孔，由于断层呈高陡状态，地质人员根据推测有断层存在，但钻孔内均未发现断层组成物质。施工过程中，根据物探资料在推断的位置重新布孔，在 EH4 探测的位置及深度一带钻孔，揭示了该断层。

综上所述，EH4 技术在断层位置探测、冰水沉积物深度和性状探测等方面有着良好的效果，资料处理方法是合适的，成果可靠。

5 冰水沉积物物理力学性质试验 *

5.1 试验方法的适宜性

对于冰水沉积物水利水电工程试验方法一般采用室内试验和现场原位试验。

5.1.1 室内试验

（1）优点：

1）试验者能够控制试验变量，通过这种控制，可以达到消除无关变量影响的目的。

2）试样可以随机安排，使它们的特点在各种试验条件下相等，从而暴露出自变量和因变量之间的关系。

（2）缺点：

1）在实验室条件下所得到的结果缺乏概括力，即外在效度较低。

2）实验室条件与现场环境条件相去甚远。

5.1.2 现场原位试验

（1）优点：土体原位测试一般是指在水利水电工程勘察现场，在不扰动或基本不扰动土层的情况下对土层进行测试，以获得所测土层的物理力学性质指标及划分土层的一种岩土测试技术，在水利水电工程勘察中占有重要位置。这是因为它与钻探、取样、室内试验等传统方法比较起来，具有下列明显的优点：

1）可在拟建工程场地进行测试，无须取样，避免了因钻探等取样所带来的一系列困难和问题，如原状样扰动问题等。

2）原位测试所涉及的土尺寸较室内试验样品要大得多，因而更能反映土的宏观结构（如裂隙等）对土的性质的影响。

3）减少实验室试验方法的人为性，有良好的内在效度和较高的外在效度；又由于控制了自变量，所以可以很好地掌握需研究的变量间的因果关系。

（2）缺点：

1）对自变量控制程度较低，无关因素影响的可能性较大；且由于试验控制不严，难免有其他因素加入试验过程。

2）研究工作要跟随事件发展的本来顺序进行，因此花费时间较长。

5.2 原位大型剪切试验

5.2.1 研究及应用现状

通过冰水沉积物原位剪切试验研究，可从粗粒土抵抗剪切变形机理出发，并结合不同

＊ 本章狄圣杰、陈楠、何小亮执笔，赵志祥校对。

深度冰水沉积物地层进行粗粒土料的剪切试验。试验可获得不同应力状态下冰水沉积物层的剪应力与应变曲线、剪切强度曲线以及相应的抗剪强度参数；揭示冰水沉积物在推剪状态下的变形与破坏规律，为进一步研究粗粒土这种岩土混合介质的力学特性提供了科学数据。

冰水沉积物等粗粒土抗剪强度指标与粗粒土的物理特性、应力状态、测试方法及强度理论等相关。由于粗粒土具有物质组成多样、颗粒结构不规则以及试样难以采集等特点，要确定其强度指标较为困难。目前，冰水沉积物等粗粒土抗剪强度的研究主要针对以下方面：

（1）对比分析原位试验、室内大型直剪试验和三轴试验等，分析归纳不同冰水沉积物材料力学性质和试验结果。

（2）通过对试验的改良，探讨新仪器对研究精度的提高作用，以及试验条件的适用性。

（3）在试验基础上对试验过程进行了有限元数值模拟，分析计算模型的破坏过程，提出有针对性的本构关系。

（4）由于受地质条件、胶结程度、粒度分布范围及颗粒粒径等因素的影响，冰水沉积物等粗粒土的力学性质表现出明显的非线性。

（5）由于粗粒土的原状试样很难获得，粗粒土天然应力状态的强度指标难以通过室内的试验设备检测。野外大尺度原位试验是揭示粗粒土这类非均质复杂地质介质力学特性的一种有效的办法。

5.2.2 理论分析

冰水沉积物实际上是一种非典型的"混合土"。其岩土试验方法及力学参数取值是土力学和水利水电工程领域中的一个重要问题。

5.2.2.1 粗粒土与细粒土孔隙结构的理想模式

粗粒土有其不同于细粒土的结构特征：粗粒径的卵、砾石形成骨架，细粒径的砂和粉粒、黏粒充填在粗粒孔隙中，形成基质。卵、砾石和砂主要提供摩擦力；粉粒、黏粒主要提供黏聚力，摩擦力很小。两种粒径范围不同的颗粒混合时，细颗粒充填在粗颗粒孔隙之中。

图5.2-1为不同含量粗粒土与细粒土孔隙结构的理想模式图。当混合土完全由粗粒土组成时，颗粒直接接触，颗粒之间为气体孔隙［图5.2-1（a）］，此时混合土的抗剪强度为粗粒土颗粒的摩擦强度。当细粒土含量达到某一临界值时，细粒土全部充填在粗粒土颗粒之间的大孔隙中，粗粒土颗粒处于准接触状态，接触点上存在局部细粒土膜，该土膜得到强烈压实［图5.2-1（b）］，此时，混合土的抗剪强度受到粗粒土和细粒土的共同控制。继续增大细粒土含量，细粒土会占据粗粒土颗粒接触点之间的空间，粗粒土颗粒将彼此膨胀分离，处于"悬浮"状态［图5.2-1（c）］，此时混合土的强度主要由细粒土控制，粗粒土颗粒间因为不接触，几乎不提供摩擦力。

5.2.2.2 粗颗粒含量对混合土强度的影响

已有的抗剪强度试验结果表明，混合土强度控制因素变化不是一个阈值，而是一个区间，见表5.2-1。粗颗粒含量对混合土强度的影响反映了混合土结构型式对强度指标的

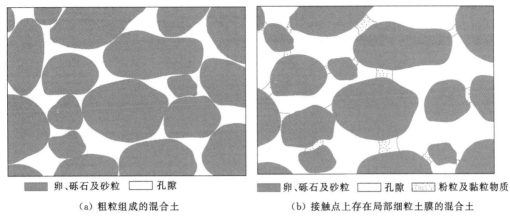

（a）粗粒组成的混合土　　　　（b）接触点上存在局部细粒土膜的混合土

卵、砾石及砂粒 □孔隙

卵、砾石及砂粒 □孔隙 ▨粉粒及黏粒物质

卵、砾石及砂粒 ▨粉粒及黏粒物质

（c）粗粒土颗粒分离的混合土

图 5.2-1　不同含量粗粒土与细粒土孔隙结构的理想模式图

影响。随着粗颗粒含量的增长，混合土的结构从典型的悬浮密实结构逐步转变为骨架密实结构，并最终变为骨架孔隙结构。不同结构型式的混合土强度存在明显的差异。许多学者的研究指出，在同等条件下，强度指标随大粒径颗粒所占的比例增大而增大。当粗粒含量小于 30％时，混合土处于图 5.2-1（c）的悬浮密实结构状态，即使有少量的大颗粒，对强度指标的影响也不大；当粗粒含量在 30％～70％时，混合土处于图 5.2-1（b）骨架密实结构，混合土的强度指标随大颗粒含量增长而增长；当粗粒含量大于 70％时，混合土的抗剪强度主要由粗颗粒的摩擦强度提供。

表 5.2-1　　　　　　　　影响抗剪强度指标的粗颗粒含量界限值

序号	粗颗粒含量低值	粗颗粒含量高值	序号	粗颗粒含量低值	粗颗粒含量高值
1	30％	60％	4	40％	—
2	30％	70％	5	—	65％～70％
3	50％	70％	6	20％	60％

5.2.3　试验方法的改进

现场直剪试验不仅操作过程比较复杂，而且试验结果的精度易受多种不利因素的干扰。为了提高试验精度，须找出影响精度的不利因素，并提出相应的改进措施。通过对已有的操作方法进行总结，发现现场直剪试验遇到的主要问题有：①试件中粗颗粒粒径过大；②试件不规则；③剪切时反作用力不足；④试件粒度分析存在误差。以下对各种不利因素及相应的改进措施进行详细分析。

5.2.3.1 试件中粗颗粒粒径过大

由于冰川沉积物中多有漂、卵石分布，尤其是在剪切面上，常遇到尺寸大于 1/5 试件断面面积，这使得试验结果受控于某个或某几个粗颗粒，不能反映冰川沉积物一般的力学特性。冰川沉积物各向异性明显，粗颗粒分布随机性大，无法预知待测试的试件中粗颗粒的分布。因此选取合适的试验点成为难点。为了克服粗颗粒粒径过大而对试验结果的不利影响，可增加剪切盒和试件的尺寸，从常规的 50cm×50cm×30cm 增至 100cm×100cm×50cm（长×宽×高，下同）。

5.2.3.2 试件不规则

常用的剪切盒都是固定尺寸和形状的，为了满足剪切盒的规格要求，必须制备合适的尺寸和形状的试件，但在制备试件过程中，经常会遇到部分体积分布在预制试件内而另外部分出露在外的大卵石，此时就必须剔除该卵石，否则剪切盒无法套入试件中，造成试件形状很不规则，也破坏了试件的原状性，截面积也只有原设计尺寸的 60%～70%。为了避免试件制备对试验结果的影响，在试件四周浇筑加筋混凝土保护层，浇筑成规则的四边形后套入剪切盒，为避免大颗粒的影响导致各试件浇筑尺寸存在偏差，剪切盒可由四块钢板组成，采用螺杆连接，可灵活调整剪切盒的尺寸。

5.2.3.3 反作用力不足

能否提供足够的反作用力是剪切试验成败的关键环节。以往反作用力主要依靠试坑壁沉积物黏聚力和自重作用下的摩擦力提供。随着试件上部荷载的不断增大，剪切破坏所需的反作用力也就越大，这就要求试验坑要有足够深，试坑壁才能提供足够的反作用力。但往往因为受限于冰川沉积物的特殊物质组成，如试坑内遇到大漂石、试坑壁自稳性等众多问题，无法开挖足够深度的试验坑。在这种情况下，试坑壁提供的反作用力也就不能满足试验要求，造成试坑壁先于试件破坏。为了使试验顺利完成，必须对反作用力机制进行改进。最有效、简单的方法是在提供反作用力的坑壁增加荷载，增加其抵抗破坏的能力（图5.2-2）。为防治上部荷载将坑壁压塌，需根据千斤顶增加应力协调进行。

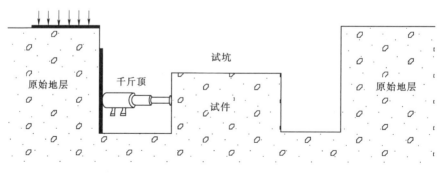

图 5.2-2　坑壁增加荷载简图

5.2.3.4　颗粒分析试验改进

冰水沉积物的粒度组成是影响力学性质的重要因素，因此在现场剪切试验完成后，需对试样进行颗粒分析。室内试验筛分法适用于粒径小于60mm的土，冰水沉积物往往含大量漂石、卵石，根据前述理论分析，大颗粒的占比对破坏形式影响极大。如果人为忽略大颗粒的漂石、卵石，将造成分析结论与实际严重不符。为此需对试验方法进行改进，进行全粒径分析。先在现场配备大粒径颗分筛，分别配备60mm、200mm的颗分筛，筛分后称重；小于60mm的样品带回室内进行颗分试验。

5.2.4　冰水沉积物原位剪切试验方法与过程

5.2.4.1　试验方法

沉积物抗剪强度试验采用平推直剪法（图5.2-3），即剪切荷载平行于剪切面施加的方法：在每组的4个试样上分别施加不同的竖直荷载，待变形稳定后开始施加水平荷载，水平荷载的施加按照预估最大剪切荷载的8%～10%分级均匀等量施加，当所加荷载引起

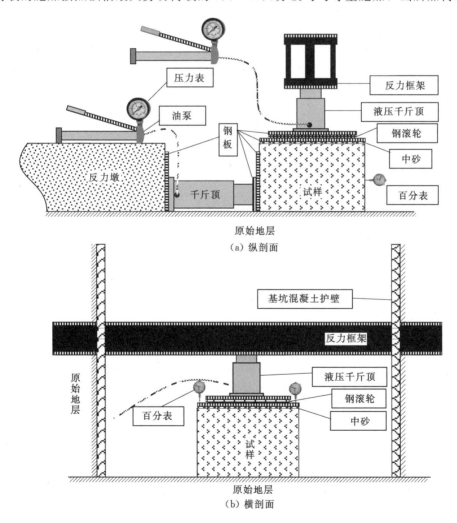

图 5.2-3　原位剪切试验示意图

的水平变形为前一级荷载引起变形的 1.5 倍以上时，减荷按 4%～5%施加，直至试验结束。在全部剪切过程中，垂直荷载应始终保持为常数。加力系统采用油泵（装有压力表）和千斤顶，位移用百分表测量。通过加力系统压力表和安装在试样上的测表分别记录相应的应力和位移。图 5.2－4 为原位剪切仪器布置图。

考虑试验加载系统和计量系统的复杂性，且智能性较低，可对加压系统、位移测量和测力系统进行数字化改良和集成，提高原位剪切试验工作效率和降低成本，实现对冰水沉积物抗剪强度指标准确、快速、高效、全过程数据及曲线的获取。

（a）千斤顶布置　　　　　　　　　　　　　　　　　（b）油泵布置

图 5.2－4　原位剪切仪器布置图

5.2.4.2　试验过程

（1）试样制备。开挖加工新鲜试样，试样尺寸为 50cm×50cm×30cm，其上浇注规格为 60cm×60cm×35cm 的加筋混凝土保护套。同一组试样的地质条件应尽量一致。

（2）仪器安装及试验。首先安装垂直加荷系统，之后安装水平加荷系统，最后布置安装测量系统。检查各系统安装妥当即可开始试验，记录各个阶段的应力及位移量，当剪切位移达到试验要求后结束试验，依次拆试验设备，并对不同试验条件下试样剪切破坏面颗粒粒度组成及破坏形式进行详细描述，为分析冰水沉积物剪切破坏机制提供依据。

（3）试验成果整理。试验完成后根据剪应力（τ）及剪应变（ε）绘制 $\tau-\varepsilon$ 曲线，再根据曲线确定抗剪试验的比例极限（直线段）、屈服极限（屈服值）、峰值，然后分别按照各点的正应力（σ）绘制各阶段的 $\tau-\sigma$ 曲线，最后由库仑公式计算：

$$\tau = f\sigma + c \qquad\qquad (5.2-1)$$

确定出冰水沉积物土体抗剪过程中各阶段的内摩擦系数（f）及黏聚力（c）。

5.2.5　试验结果分析

5.2.5.1　应力-应变特性

依托西藏某水电站工程，随着工程基坑的开挖，针对冰水沉积物进行了不同深度原位剪切试验，试验剪应力-剪切位移曲线如图 5.2－5 所示。从图 5.2－5 中可以看出，随着试验深度的增加，沉积物发生屈服破坏时，剪切位移逐渐减小。这是由于土体发生破坏前所能产生位移的空间随深度增加而减小，即随着深度增加，土体的孔隙减小，密实度增加。由此推断出，随着深度增加，冰水沉积物更易发生塑性变形破坏。图 5.2-5 曲线显示，冰水沉积物的剪应力随剪切位移的增加而增加，但增加速率越来越慢，最后逼近一条渐近线。在塑性理论中，冰水沉积物的应力-应变曲线属于位移硬化型。这是由于冰水沉积物在沉积过程中，长宽比大于 1 的片状、棒状颗粒在重力作用下倾向于水平方向排列而处于稳定的状态；另外，在随后的固结过程中，竖向的上覆土体重力产生的竖向应力与水平土压力产生的水平应力大小是不相等的。在试验中，体积应变只能是由剪应力引起的，由于剪应力引起土颗粒间相互位置的变化，使其排列发生变化而使颗粒间的孔隙加大，从而发生了剪胀。而平均主应力增量 Δp 在加载过程中总是正的，土颗粒趋于恢复到原来的最小能量的水平状态，剪切过程中剪应力要克服冰水沉积物的原始状态，在达到峰值强度后，剪应力未随应变增加而下降。

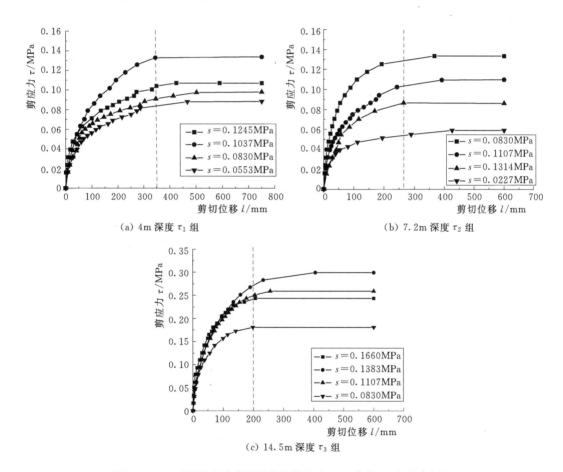

图 5.2-5　不同深度冰水沉积物抗剪试验 τ-l 曲线（s 为垂直压力）

5.2.5.2　抗剪强度特性

对于冰水沉积物剪切试验，其中漂石、卵石等粗颗粒作为骨架，细颗粒填充其中的沉积物，当其受到剪切应力的时候，粗颗粒沿着剪应力的方向相互挤压、错动，在剪应力达到一定程度时，其原有土体结构遭到破坏。图 5.2-6 为三组冰水沉积物剪切试验 τ-σ 曲线，通过曲线可以获得三组试验的冰水沉积物的抗剪强度参数，见表 5.2 - 2。

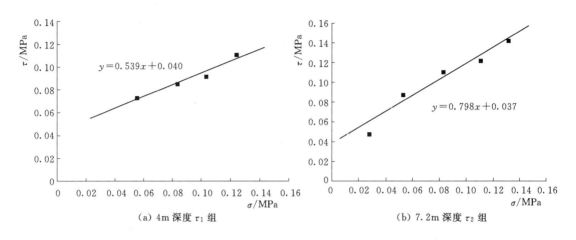

（a）4m 深度 τ_1 组　　　　　　　　（b）7.2m 深度 τ_2 组

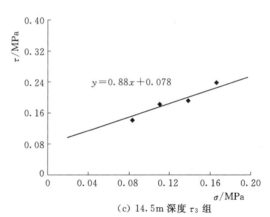

（c）14.5m 深度 τ_3 组

图 5.2 - 6　不同深度冰水沉积物抗剪试验 τ - σ 曲线

表 5.2 - 2　　　　　　　　　　抗剪强度试验成果汇总表

编号	试验深度 /m	含水量 $w/\%$	天然密度 ρ /(g/cm³)	干密度 ρ_d /(g/cm³)	孔隙比 e	饱和度 /%	定名	抗剪参数 f	抗剪参数 c/kPa	初始剪切应力 τ_0/kPa
τ_1	4.0	3.1	2.19	2.12	0.274	30.5	卵石	0.54	40.0	25.6
τ_2	7.2	3.0	2.17	2.11	0.282	28.9	卵石	0.80	37.0	36.7
τ_3	14.5	8.0	2.28	2.11	0.279	77.4	卵石	0.88	78.0	36.2

一般散体材料都有一定的黏性，土体表观黏聚力，即由吸附强度或土颗粒之间的咬合作用形成的不稳定黏聚力，本身就具有一个初始的剪切应力 τ_0。在理想的散体材料中，τ_0 等于 0 时，抗剪角等于内摩擦角。在一般土体中，根据具有黏结性的散体材料应力图，可以求得初始剪切应力 τ_0：

$$\tau_0 = \frac{h_0 \rho g}{2} \tan\left(45° - \frac{\varphi}{2}\right) = \frac{h_0 \rho g}{2(f + \sqrt{1 + f^2})} \qquad (5.2 - 2)$$

式中　h_0——材料垂直壁的最大高度，反映材料黏性，cm；

　　　ρ——堆积密度，g/cm³；

　　　φ——内摩擦角，(°)；

　　　f——内摩擦系数。

表 5.2-2 中的数据显示，式（5.2-2）计算出的 τ_0 明显小于由图解法得到的土体表现黏聚力 c 值，且试验深度在 4.0m 和 14.5m 时，明显小于 c 值。假定冰水沉积物中含的黏粒、含水率一定时，土体中的黏聚力变化不大，当冰水沉积物离地面越近，密实度越小，颗粒的接触面积相对较小，其表观黏聚力中由咬合作用形成的不稳定黏聚力所占比例较大；当土层深度较大时，密实度越大，颗粒的接触面积相对较大，但颗粒咬合的更加紧密，其表观黏聚力中由咬合作用形成的不稳定黏聚力也会占比较大。这表明在抗剪切强度参数中咬合力在松散和密实两种情况下对表观黏聚力的影响较大。影响抗剪强度的因素取决于颗粒之间的内摩擦阻力和黏聚力。对于粗粒土的黏聚力问题，一般认为颗粒间无黏结力。但因颗粒大小相差悬殊，充填其中的颗粒间相互咬合嵌挂，在剪切过程中外力既要克服摩擦力做功，又要克服颗粒间相互咬合嵌挂作用做功，所以冰水沉积物无黏性粗粒土在剪切过程中存在咬合力。

5.3　旁压试验

5.3.1　旁压试验原理

旁压测试是冰水沉积物细粒土常用的原位测试技术，实质上是一种利用钻孔进行的原位横向载荷试验。其原理是通过旁压探头在竖直的孔内加压，使旁压膜膨胀，并由旁压膜（或护套）将压力传给周围土体，使土体产生变形直至破坏，并通过量测装置测出施加的压力和土体变形之间的关系，然后绘制应力-应变（或钻孔体积增量或径向位移）关系曲线。根据这种关系曲线对所测土体（或软岩）的承载力、变形性质等进行评价。图 5.3-1 为旁压试验原理示意图。

旁压试验的优点是与平板载荷测试比较而显现出来的。它可在不同深度上进行测试，所得沉积物承载力值和平板载荷测试结果具有良好的相关关系。

旁压试验与载荷试验在加压方式、变形观测、曲线形状及成果整理等方面都有

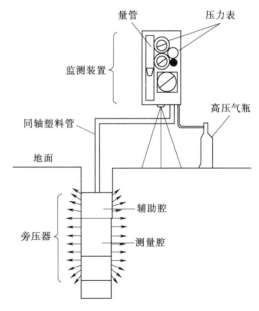

图 5.3-1　旁压试验原理示意图

相似之处，甚至有相同之处，其用途也基本相同，但旁压试验设备轻，测试时间短，并可在沉积物的不同深度上，特别是地下水位以下的细粒土层进行测试，因而其应用比载荷测试更为广泛。

5.3.2 试验仪器和试验方法

目前旁压仪类别很多，主要有预钻式旁压仪（Menard Pressuremeter，也称梅纳旁压仪）、自钻式旁压仪（Self - boring Pressuremeter）、压入式旁压仪（Push - in Pressuremeter）、排土式旁压仪（Full - displacement Pressuremeter）和扁平板旁压仪（Dilatonmeter）。

梅纳 G 型旁压仪最大压力为 10MPa，探头直径为 58mm，探头测量腔长 210mm，加上护腔，总长 420mm。试验采用直径 58mm 的旁压探头或加直径 74mm 的护管，探头最大膨胀量约 600cm^3。试验时读数间隔为 1min、2min、3min，以 3min 的读数为准进行整理。

旁压试验对钻孔的要求：钻孔时尽量用低速钻进，以减小对孔壁的扰动；孔壁完整，且不能穿过大块石；试验孔径与旁压探头直径要尽量接近。

试验前对旁压仪进行率定。率定内容包括旁压器弹性膜约束力和旁压器的综合变形，目的是为了校正弹性膜和管路系统所引起的压力损失或体积损失。

5.3.3 典型工程旁压试验

采用梅纳 G 型旁压仪，对西藏某水电站坝址区 ZK65 号钻孔冰水沉积物进行了原位旁压试验，获得了黏土层旁压模量及极限压力等原位试验力学指标。

试验步骤：先用较大口径的钻头钻孔至试验黏土层顶部，再用合适口径的钻头进行旁压试验钻孔，进尺 1.2～1.5m。如未遇大块石，则下旁压探头进行旁压试验，否则对已进尺部位进行扩孔至先前进尺位置，再钻旁压试验孔。

根据 ZK65 号孔现场旁压试验绘制的旁压荷载 P 与体积 V 关系变化曲线（图 5.3 - 2），经进一步整理可以得到的旁压荷载与旁压位移（以半径 R 的变化表示）的关系曲线。

5.3.3.1 极限压力

极限压力 P_L，理论上指的是当 $P - V$ 旁压曲线通过临塑压力后使曲线趋于铅直的压力。由于受加荷压力或中腔体积变形量的限制，实践工程中很难达到，因此一般采用 2 倍体积法，即按下式计算的体积增量 V_L 时所对应的压力为极限压力 P_L 值。

$$V_L = V_c + 2V_0 \tag{5.3 - 1}$$

式中　V_L——对应于 P_L 时的体积增量，cm^3；

　　　　V_c——旁压器中腔初始体积，cm^3；

　　　　V_0——弹性膜与孔壁紧密接触时（相当于土层的初始静止侧压力 K_0 状态，对应压力 P_0）的体积增量，cm^3。

在试验过程中，由于测管中液体体积的限制，试验较难满足体积增量达到 $V_c + 2V_0$（相当于孔穴原来的体积增加 1 倍）的要求。这时，根据标准旁压曲线的特征和试验曲线的发展趋势，采用曲线板对曲线延伸（旁压试验曲线的虚线部分），延伸的曲线与实测曲线应光滑自然地连接，取 V_L 所对应的压力作为极限压力 P_L。

5.3.3.2 旁压变形模量

由于细粒土的散粒性和变形的非线弹塑性，土体变形模量的大小受应力状态和剪应力水平的影响显著，且随测试方法的不同而变化。

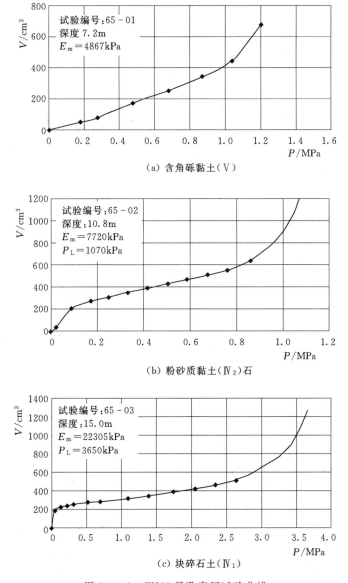

（a）含角砾黏土（Ⅴ）

（b）粉砂质黏土（Ⅳ₂）石

（c）块碎石土（Ⅳ₁）

图 5.3-2　ZK65 号孔旁压试验曲线

　　通过旁压试验测定的变形模量称为旁压模量 E_m，是根据旁压试验曲线整理得出的反映土层中应力和体积变形（亦可表达为应变的形式）之间关系的一个重要指标，它反映了沉积物细粒土层横向（水平方向）的变形性质。根据梅纳等的旁压试验分析理论，旁压模量 E_m 的计算公式：

$$E_m = 2(1+\mu)(V_c + V_m)\frac{\Delta P}{\Delta V} \qquad (5.3-2)$$

式中　E_m——旁压模量，kPa；

　　　μ——土的泊松比（根据土的软硬程度，对黏土取 0.45～0.48，对黏土夹砾石土取 0.40）；

V_c——旁压器中腔初始体积，cm^3；

V_m——平均体积增量（取旁压试验曲线直线段两点间压力所对应的体积增量的一半），cm^3；

$\Delta P/\Delta V$——P-V 曲线上直线段斜率，kPa/cm^3。

经计算求得各测试点的旁压模量结果见表 5.3-1。

表 5.3-1　　　　　　　　旁压试验计算成果表

试验编号		V_c /cm^3	V_0 /cm^3	V_L /cm^3	P_L /kPa	V_m /cm^3	$\Delta P/\Delta V$ /(kPa/cm^3)	E_m /kPa
ZK65	65-01	550				240	1.9/900	4867
	65-02	812	190	1192	1070	405	1.4/640	7720
	65-03	812	220	1252	3650	320	1.9/270	22305
	65-04	812	170	1152	2400	290	2.24/380	18189
	65-05	812	220	1252	4800	465	3.5/380	32933
	65-06	812	100	1012	7850	170	8.0/240	91653
	65-07	812	50	912	3700	109	1.5/100	40064
	65-08	550	0	550	2200	60	1.45/140	18472
	65-10	550	120	790	2100	250	1.3/140	21543
	65-11	812	270	1352	6400	375	4.0/200	68846
	65-12	812	130	1072	4900	240	7.0/520	41068
	65-13	812	170	1152	5800	330	6.0/490	39154

一般情况下旁压模量 E_m 比 E_0 小，这是因为 E_m 是综合反映土层拉伸和压缩的不同性能，而平板载荷试验方法测定的 E_0 只反映了土的压缩性质，它是在一定面积的承压板上对沉积物细粒土逐级施加荷载，观测土体的承受压力和变形的原位试验。旁压试验为侧向加荷，E_m 反映的是土层横向（水平方向）的力学性质，E_0 反映的是土层垂直方向的力学性质。

变形模量是计算坝基变形的重要参数，表示在无侧限条件下受压时土体所受的压应力与相应的压缩应变之比。梅纳提出用土的结构系数 α 将旁压模量和变形模量联系起来：

$$E_m = \alpha E_0 \tag{5.3-3}$$

式（5.3-3）中，α 值在 0.25～1 之间，它是土的类型和 E_m/P_L 比值的函数。梅纳根据大量对比试验资料将其制成表格，给出表 5.3-2 的经验值。

表 5.3-2   土的结构系数常见值

土类	结构系数	超固结土	正常固结土	扰动土	变化趋势
淤泥	E_m/P_L				
	状态		1		
黏土	E_m/P_L	>16	9~16	7~9	大
	状态	1	0.67	0.5	↑
粉砂	E_m/P_L	>14	8~14		
	状态	0.67	0.5	0.5	
砂	E_m/P_L	12	7~12		
	状态	0.5	0.33	0.33	小
砾石和砂	E_m/P_L	>10	6~10		
	状态	0.33	0.25	0.25	

实际上，E_m/P_L 值的变化范围较大，根据表 5.3-2 和各试验的 E_m/P_L 值，黏土的 E_m/P_L 值取 0.67，泥夹卵砾土的 E_m/P_L 值取 0.5，含泥中粗砂的 E_m/P_L 值取 0.33。这样取值计算得到的变形模量总体上是偏小和安全的。经计算求得的各测试点的变形模量 E_0 结果见表 5.3-3，旁压试验成果汇总见表 5.3-4。

表 5.3-3   变 形 模 量 计 算 表

试验编号		土类和土的状态	E_m /kPa	P_L /kPa	E_m/P_L	μ	E_0 /kPa
ZK65	65-01	黑色黏土	4867			0.67	7264
	65-02	红黏土，夹少量砂砾石	7720	1070	7.21	0.67	11523
	65-03	含黏土砂砾石	22305	3650	6.11	0.50	44609
	65-04	含黏土砂砾石	18189	2400	7.58	0.50	36378
	65-05	含黏土砂砾石	32933	4800	6.86	0.50	65866
	65-06	含黏土砂砾石	91653	7850	11.68	0.50	183307
	65-07	灰黑色黏土	40064	3700	10.83	0.67	59796
	65-08	灰黑夹土红色黏土	18472	2200	8.40	0.67	27570
	65-10	土红色黏土	21543	2100	10.26	0.67	32154
	65-11	青黑色黏土	68846	6400	10.76	0.67	102755
	65-12	土红色黏土	41068	4900	8.38	0.67	61296
	65-13	含黏土中粗砂	39154	5800	6.75	0.33	118649

表 5.3-4   旁压试验成果汇总表

试验编号		试验点深度/m	岩性（岩组）	旁压试验极限压力 P_L/kPa	旁压模量 E_m/kPa	变形模量 E_0/kPa
ZK65	65-01	7.2	含角砾黏土（Ⅴ）		4867	7264
	65-02	10.8	粉砂质黏土（Ⅳ₂）	1070	7720	11523
	65-03	15.0	块碎石土（Ⅳ₁）	3650	22305	44609
	65-04	17.8	块碎石土（Ⅳ₁）	2400	18189	36378
	65-05	21.9	块碎石土（Ⅳ₁）	4800	32933	65866
	65-06	27.4	块碎石土（Ⅳ₁）	7850	91653	183307
	65-07	37.75	粉砂质黏土（Ⅲ）	3700	40064	59796
	65-08	38.98	粉砂质黏土（Ⅲ）	2200	18472	27570
	65-10	42.0	粉砂质黏土（Ⅲ）	2100	21543	32154
	65-11	44.38	粉砂质黏土（Ⅲ）	6400	68846	102755
	65-12	47.58	粉砂质黏土（Ⅲ）	4900	41068	61296
	65-13	49.4	粉砂质黏土（Ⅲ）	5800	39154	118649

统计各孔旁压试验成果的汇总情况，这些试验成果反映了各试验土层的绝对软硬情况和承载能力。

表 5.3-3 和表 5.3-4 中的旁压试验成果反映了黏土层的绝对刚度和强度，也反映了土层的土性状态，包含有效上覆压力的影响。对于相同土性状态的黏土层，有效上覆压力（埋置深度）越大，则旁压模量和极限压力越大。

表 5.3-5 为旁压试验成果统计表，表 5.3-6 为前人总结的常见土的旁压模量和极限压力值的变化范围。

表 5.3-5   不同岩组旁压试验成果统计表

岩组		Q_4^{al}-Ⅴ	Q_3^{al}-Ⅳ		Q_3^{al}-Ⅲ
岩性		漂块石碎石土夹砂卵砾石层	粉砂质黏土（Ⅳ₂）	块碎石土（Ⅳ₁）	粉砂质黏土
极限压力 P_L/kPa	最大值	—	2570	7850	6400
	最小值	—	810	2400	2100
	平均值	1140	1605	4675	4183
旁压模量 E_m/kPa	最大值	7926	26043	91653	68846
	最小值	4867	3830	18189	18472
	平均值	6396.5	11829	41270	38191
变形模量 E_0/kPa	最大值	15853	38871	183307	118649
	最小值	7264	5717	36378	27570
	平均值	11559	17656	82540	67037

表 5.3-6   常见土的旁压模量和极限压力值的变化范围

土类	旁压模量 E_m /100kPa	极限压力 P_L /100kPa	土类	旁压模量 E_m /100kPa	极限压力 P_L /100kPa
淤泥	2～5	0.7～1.5	粉砂	45～120	5～10
软黏土	5～30	1.5～3.0	砂夹砾石	80～400	12～50
可塑黏土	30～80	3～8	紧密砂	75～400	10～50
硬黏土	80～400	8～25	石灰岩	800～20000	50～150
泥灰岩	50～600	6～40			

为了便于比较和分析试验结果、评价细粒土力学状态，采用归一的方法以消除有效上覆压力 σ'_v 的影响，即把在不同有效上覆压力 σ'_v 下的试验结果归一为统一的有效上覆压力 σ'_v 下进行比较。归一中采用的旁压模量 E_m 与有效上覆压力 σ'_v 的关系如下：

$$E_m = E_{m(98kPa)} \left(\frac{\sigma'_v}{P_a} \right)^{0.5} \tag{5.3-4}$$

式中 $E_{m(98kPa)}$ ——有效上覆压力等于 98kPa 下的旁压模量值；

P_a ——工程大气压力，取 98kPa。

表 5.3-7 给出了经过压力归一后的旁压模量 $E_{m(98kPa)}$ 的结果。

表 5.3-7   旁压模量归一化计算表

试验编号	土层名称	试验深度 /m	上部土层数	土层厚度 /m	土层浮容重 /(kN/m³)	有效分层压力 /kPa	有效总压力 σ'_v /kPa	旁压模量 /kPa	归一后旁压模量 $E_{m(98kPa)}$ /kPa
65-01	含角砾黏土（Ⅴ）	7.20	1	7.2	11.42	82.22	82.22	4867	5313
65-02	粉砂质黏土（Ⅳ₂）	10.80	2	10.0	11.42	114.20	122.66	7720	6900
				0.8	10.58	8.46			
65-03	块碎石土（Ⅳ₁）	15.00	3	10.0	11.42	114.20	170.75	22305	16898
				1.8	10.58	19.04			
				3.2	11.72	37.50			
65-04	块碎石土（Ⅳ₁）	17.80	3	10.0	11.42	114.20	203.56	18189	12620
				1.8	10.58	19.04			
				6.0	11.72	70.32			
65-05	块碎石土（Ⅳ₁）	21.90	3	10.0	11.42	114.20	251.62	32933	20553
				1.8	10.58	19.04			
				10.1	11.72	118.37			
65-06	块碎石土（Ⅳ₁）	27.40	3	10.0	11.42	114.20	316.08	91653	51035
				1.8	10.58	19.04			
				15.6	11.72	182.83			

续表

试验编号	土层名称	试验深度/m	上部土层数	土层厚度/m	土层浮容重/(kN/m³)	有效分层压力/kPa	有效总压力 σ'_v/kPa	旁压模量/kPa	归一后旁压模量 $E_{m(98kPa)}$/kPa
65-07	粉砂质黏土（Ⅲ）	37.75	4	10.0	11.42	114.20	430.02	40064	19126
				1.8	10.58	19.04			
				18.2	11.72	213.30			
				7.75	10.77	83.47			
65-08	粉砂质黏土（Ⅲ）	38.98	4	10.0	11.42	114.20	443.26	18472	8686
				1.8	10.58	19.04			
				18.2	11.72	213.30			
				8.98	10.77	96.72			
65-10	粉砂质黏土（Ⅲ）	42.00	4	10.0	11.42	114.20	475.79	21543	9777
				1.8	10.58	19.04			
				18.2	11.72	213.30			
				12.0	10.77	129.24			
65-11	粉砂质黏土（Ⅲ）	44.38	4	10.0	11.42	114.20	501.42	68846	30436
				1.8	10.58	19.04			
				18.2	11.72	213.30			
				14.38	10.77	154.87			
65-12	粉砂质黏土（Ⅲ）	47.58	4	10.0	11.42	114.20	535.88	41068	17562
				1.8	10.58	19.04			
				18.2	11.72	213.30			
				17.58	10.77	189.34			
65-13	粉砂质黏土（Ⅲ）	49.40	4	10.0	11.42	114.20	555.49	39154	16446
				1.8	10.58	19.04			
				18.2	11.72	213.30			
				19.4	10.77	208.94			

通过对压力归一的旁压模量值 $E_{m(98kPa)}$ 的分析，可以比较各细粒土的相对软硬状态，评价土层的土性状态。表5.3-8给出了归一后旁压模量 $E_{m(98kPa)}$ 的统计结果，其最大值、最小值相差3.5倍。各岩组土层的旁压试验结果比较离散，反映了沉积物结构复杂、密实度差异大等特点，造成试验点对应的细粒土土性状态变化较大。

表 5.3 - 8 归一后旁压模量统计表

岩组		Q_4^{al} - V	Q_3^{al} - IV		Q_3^{al} - III
岩性		漂块石碎石土夹砂卵砾石层	粉砂质黏土（IV$_2$）	漂块石碎石土（IV$_1$）	粉砂质黏土
归一后旁压模量 $E_{m(98kPa)}/kPa$	最大值	10182	25449	51035	30436
	最小值	5313	4256	12620	8686
	平均值	7746	11907	25277	17006

5.3.4 邓肯-张 E - B 模型参数反演分析

5.3.4.1 基于遗传算法的土体本构模型参数反演方法

遗传算法（Genetic Algorithm）是近年来得到广泛应用的一种新型优化算法。遗传算法具有智能性搜索、并行式计算和全局优化等优点，可以克服建立在梯度计算基础上的传统优化算法的缺点，特别适合于求解目标函数具有多极值点的优化问题。将遗传算法和有限元数值分析方法相结合，作为反演土性参数的一个新方法进行邓肯-张 E - B 模型参数反演。

5.3.4.2 参数反演分析结果

结合室内和现场试验，采用基于遗传算法的土体本构模型参数旁压试验反演方法对邓肯-张 E - B 非线性模型参数进行了反演分析。

根据现场勘探并综合室内试验成果，研究采用的细粒土土层密度及抗剪强度参数建议值见表 5.3 - 9。

表 5.3 - 9 冰水沉积物力学参数建议值

岩组代号	岩组名称	密度/(g/cm³)		抗剪强度参数	
		天然密度	干密度	$\varphi/(°)$	c/kPa
V	漂块石卵砾碎石土	2.0	1.85	32	20
IV$_2$	粉砂质黏土	1.95	1.70	25	30~40
IV$_1$	漂块石碎石土	2.0	1.90	33	30
III	粉砂质黏土	2.0	1.73	26	35~50
II	含漂块石碎石土	2.01	1.95	33	30
I	含卵砾中粗砂层	2.01	1.90	30	0

现场旁压试验有三个钻孔共 19 组，反演程序中的位移值采用现场实测位移值。运用以上数据进行遗传算法优化反演，迭代完成后所得各组最佳参数值见表 5.3 - 10。

根据反演得到的土体模型参数，对各测试点分别进行旁压试验有限元分析，得到不同压力下的计算位移值，由反演参数计算得到的旁压曲线称为反演旁压曲线，为了比较，图中还同时给出了实测旁压试验曲线（图 5.3 - 3），可见实测旁压曲线与反演参数计算旁压曲线基本一致。

表 5.3－10   邓肯-张 E－B 模型参数反演结果

钻孔	试验编号	孔深/m	土　类	反演参数值				
				K	n	R_f	K_b	m
ZK36	36－1	5.2	漂块石碎石土（Ⅴ）	1001	0.40	0.76	145	0.38
ZK65	65－1	7.2	含角砾黏土（Ⅴ）	537	0.54	0.62	51	0.33
	65－2	10.8	粉砂质黏土（Ⅳ₂）	665	0.48	0.76	133	0.33
	65－3	15.0	块碎石十（Ⅳ₁）	1663	0.49	0.77	112	0.35
	65－4	17.8	块碎石土（Ⅳ₁）	1347	0.58	0.77	132	0.34
	65－5	21.9	块碎石土（Ⅳ₁）	1888	0.60	0.78	180	0.38
	65－6	27.4	块碎石土（Ⅳ₁）	3243	0.53	0.79	182	0.35
	65－7	37.8	粉砂质黏土（Ⅲ）	1899	0.47	0.79	161	0.36
	65－8	39.0	粉砂质黏土（Ⅲ）	1385	0.47	0.77	129	0.34
	65－10	42.0	粉砂质黏土（Ⅲ）	1306	0.58	0.78	184	0.36
	65－11	44.4	粉砂质黏土（Ⅲ）	2071	0.53	0.78	186	0.37
	65－12	47.6	粉砂质黏土（Ⅲ）	1297	0.58	0.75	132	0.32
	65－13	49.5	粉砂质黏土（Ⅲ）	1424	0.56	0.79	133	0.34
ZK57	57－1	4.5	粉砂质黏土（Ⅳ₂）	606	0.57	0.78	89	0.32
	57－2	6.6	粉砂质黏土（Ⅳ₂）	669	0.55	0.78	29	0.36
	57－3	7.5	粉砂质黏土（Ⅳ₂）	571	0.50	0.75	97	0.32
	57－4	9.7	粉砂质黏土（Ⅳ₂）	1442	0.58	0.78	135	0.38
	57－5	11.6	粉砂质黏土（Ⅳ₂）	1379	0.56	0.77	133	0.34
	57－6	24.1	含角砾粉砂土（Ⅳ₂）	1385	0.47	0.78	140	0.37

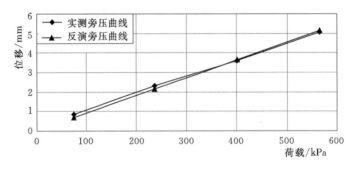

图 5.3－3　ZK36 号孔实测旁压曲线与反演旁压曲线

　　为了显示细粒土原位结构性等因素的影响，在图 5.3－4 给出了按室内试验参数值计算所得的旁压曲线、反演旁压曲线及实测旁压曲线的比较情况。由室内三轴压缩试验得到的冰水沉积物各岩组的邓肯-张 E－B 模型参数值结果见表 5.3－11。

表 5.3－11 冰水沉积物邓肯-张 E－B 模型参数室内三轴试验结果

分　层	干密度 /(g/cm³)	E－B 模型参数									
		K	n	c	φ	φ_0	$\Delta\varphi$	R_f	K_{ur}	K_b	m
漂块石碎石 土层（IV₁）	2.00	92	0.834	5	33.6	—	—	0.72	24.7	24.7	0.880
	2.21	337	0.785	40	32.7	—	—	0.56	—	219	0.172
粉砂质黏土层 （III）	1.64	191	0.490	62	27.5	—	—	0.66	307	99.2	0.356
	1.52	103	0.693	62	28.5	—	—	0.58	229	71.8	0.446
粉砂质粉土层（IV₂）	1.36	187	0.478	17	27.3	—	—	0.59	310	105	0.316
含卵砾中粗砂漂块石 碎石土层（I、II）	2.16	1194	0.493	—	—	43.7	6.6	0.88	1293	899	0.219

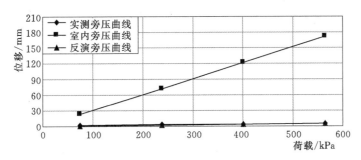

图 5.3－4 ZK36 号孔实测旁压曲线、室内旁压曲线及反演旁压曲线比较

由图 5.3－4 可见，按室内试验参数计算所得到的位移值远大于考虑了原位特性影响的反演参数计算的位移值。室内试验参数计算曲线与实测曲线相差较大，表明冰水沉积物土体原位结构性影响显著。在室内试验结果基础上的反演分析结果较单纯室内试验所得到的结果更能反映实际情况。

表 5.3－12 给出了各岩组模型参数反演结果统计情况，可见对同一岩组模型参数反演值有一定的离散性，特别是变形模量系数 K 变化较大，和前述旁压模量的变化是一致的。

表 5.3－12 邓肯-张 E－B 模型参数反演结果统计表

岩组		Q_4^{al}－V	Q_3^{al}－IV		Q_3^{al}－III
岩性		块石碎石土夹砂砾石层	粉砂质黏土（IV₂）	漂块石碎石土（IV₁）	粉砂质黏土
K	最大值	1001	1442	3243	2071
	最小值	537	571	1347	1297
	平均值	769	889	2035	1563
n	最大值	0.54	0.58	0.60	0.58
	最小值	0.40	0.48	0.49	0.47
	平均值	0.47	0.54	0.55	0.53
R_f	最大值	0.76	0.78	0.79	0.79
	最小值	0.62	0.75	0.77	0.75
	平均值	0.69	0.77	0.78	0.77

岩组		Q_4^{al} - V	Q_3^{al} - Ⅳ		Q_3^{al} - Ⅲ
K_b	最大值	145	135	182	186
	最小值	51	29	112	129
	平均值	98	103	152	154
m	最大值	0.38	0.38	0.38	0.37
	最小值	0.33	0.32	0.34	0.32
	平均值	0.36	0.34	0.36	0.35

5.3.4.3 各岩组模型参数敏感性分析

为了评价反演分析的结果，并对采用的模型参数提出建议，对各岩组进行了模型参数的敏感性分析，以了解各模型参数对旁压位移曲线的影响。

对参数进行敏感性分析指的是以室内试验分别对不同的岩组确定的模型参数（即 K、n、R_f、K_b 及 m 共 5 个参数）为基准，逐个变化某一参数，计算这个参数改变后的旁压位移曲线变化情况，来研究参数变化对旁压位移和变形的影响程度，确定参数的敏感程度。进行敏感性分析所采用的各岩组的模型参数基准值见表 5.3-13。

表 5.3-13 各岩组的模型参数基准值

岩组代号	岩组名称	天然密度 /(g/cm³)	抗剪强度		模 型 参 数				
			φ/(°)	c/kPa	K	n	R_f	K_b	m
V	漂块石卵砾碎石土	2.0	32	20	214	0.809	0.64	122	0.526
Ⅳ₂	粉砂质黏土	1.95	25	35	187	0.478	0.59	105	0.316
Ⅳ₁	漂块石碎石土	2.0	33	30	214	0.809	0.64	122	0.526
Ⅲ	粉砂质黏土	2.0	26	42.5	147	0.592	0.62	85	0.40

总体来说，和以前进行的分析结论基本一致，即影响旁压曲线的主要参数为 K、n 和 R_f；其次是 K_b 和 m 的影响较小。

首先，对于粉砂质黏土（Ⅲ）、漂块石碎石土（Ⅳ₁）、粉砂质黏土（Ⅳ₂）及漂块石卵砾碎石土（V）等岩组，K 越大旁压位移越小，R_f 越大旁压位移越大，K_b 越大旁压位移越大。

其次，对于粉砂质黏土（Ⅲ）和漂块石碎石土（Ⅳ₁）岩组，n 越大，旁压位移越小；而对于粉砂质黏土（Ⅳ₂）及漂块石卵砾碎石土（V）岩组，n 越大，旁压位移越大。对不同的岩组，n 的变化对旁压变形的影响趋势不同，反映了试验加载过程中不同岩组土体的不同应力状态。对不同岩组，m 的影响较小，且变化范围小。

5.4 现场载荷试验

载荷试验是模拟水工建筑物基础沉积物土体受荷条件的一种测试方法。试验采用直径 50cm 的圆形刚性承压板进行试验。在保持坝基土的天然状态下，在一定面积的承压板上向坝基土逐级施加荷载，并观测每级荷载下坝基土的变形特性。测试所反映的是承压板以下 $(1.5\sim2.0)B$（B 为承压板宽度）深度内土层的应力-应变关系，能比较直观地反映坝基土的变形特性，用以评定坝基沉积物土体的承载力、变形模量，并预估建筑基础的沉降量。

利用百分表测量试件变形，并根据比例极限计算沉积物变形模量。试验采用逐级连续加荷直到粗粒土破坏的加荷方式。粗粒土变形稳定以同应力两次测量相对变形量小于 5% 为标准。

西藏某水电站坝址区冰水沉积物按其组成物特性大致可分为崩坡积块石碎石土层、冲洪积块石砂砾卵石层和冰水堆积含块石砂砾卵石层 3 层。按照设计要求，上面两层予以挖除，因此对第三层进行载荷试验。试验布置了 3 个试点，其中 2 个试点选择在河床平趾板的上游，1 个试点选择在河床平趾板的下游。

该试验层分布于河床底部，组成物主要为卵石和砾石，干密度一般为 $2.05\sim2.12\mathrm{g/cm^3}$。据钻孔动力触探、抽水、声波测试和旁压试验，该层的物理力学参数指标为：允许承载力 $[R]=0.5\sim0.6\mathrm{MPa}$，渗透系数 $k=30\sim80\mathrm{m/d}$，变形模量为 $40\sim60\mathrm{MPa}$，剪切波速为 $410\sim480\mathrm{m/s}$，剪切模量为 $35.3\sim48.38\mathrm{MPa}$，泊松比为 $0.38\sim0.39$，孔隙比为 $0.26\sim0.32$，呈密实～中等密实状态。

5.4.1 试验方案

5.4.1.1 试验最大压力确定

根据设计最大坝高，确定载荷试验的最大压力不小于 3.0MPa。

5.4.1.2 试验设备

试验采用堆载法，试验中采用的基本设备如下：

(1) 承压板。采用了直径为 1.0m（面积 $0.785\mathrm{m^2}$）、厚度为 30mm 的 2 块圆形承压板；承压板具有足够的刚度。

(2) 载荷台。根据载荷试验最大压力，载荷台上堆载的重量接近 300t，载荷台尺寸为 6.5m×9m。

(3) 加荷及稳压系统。采用了 150t 和 300t 的千斤顶。将千斤顶、高压油泵、稳压器用高压油管连接，构成一个油路系统，通过传力柱将压力稳定地传递到承压板上。

(4) 观测系统。采用 2 根长 6m 的工字钢作为基准梁，利用 4 套百分表（带磁性表座）观测承压板的沉降量。

(5) 荷载。使用钢板做荷载，提高了加载效率。

5.4.1.3 加载模式及试验过程控制

载荷试验加荷方式采用分级沉降相对稳定法的加载模式，加荷等级分 10 级，每级施加 0.3MPa。当出现下列情况之一时终止试验：

(1) 承压板周边的土层出现明显的侧向挤出、周边的土层出现明显隆起或径向裂缝持续发展。

(2) 本级荷载产生的沉降量大于前级荷载的沉降量的 5 倍，荷载与沉降曲线出现明显陡降。

(3) 达到最大试验应力 3.0MPa。试验最终均达到最大试验应力 3.0MPa 才中止。

5.4.2 试验结果分析

5.4.2.1 试验结果

获取的 3 组试验的 P（载荷）-S（沉降量）曲线如图 5.4-1～图 5.4-3 所示。

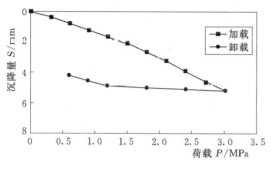

图 5.4-1　1号试验点 P-S 曲线

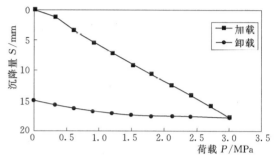

图 5.4-2　2号试验点 P-S 曲线

5.4.2.2 试验 P-S 曲线分析

根据试验成果绘制荷载（P）-变形（S）曲线。按照曲线确定出粗粒土的比例极限、屈服极限和极限荷载，并根据比例极限计算粗粒土的变形模量值，公式采用：

$$E_0 = \pi/4 \cdot (1 + \mu^2) \cdot P_d/W_0$$

$$(5.4-1)$$

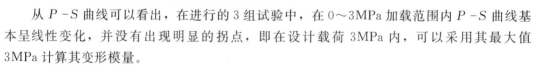

图 5.4-3　3号试验点 P-S 曲线

式中　E_0——沉积物变形模量，MPa；

$\quad\quad P_d$——作用于试验面上的荷载，MPa；

$\quad\quad \mu$——泊松比；

$\quad\quad W_0$——沉积物对应于比例极限的变形，cm。

从 P-S 曲线可以看出，在进行的 3 组试验中，在 0～3MPa 加载范围内 P-S 曲线基本呈线性变化，并没有出现明显的拐点，即在设计载荷 3MPa 内，可以采用其最大值 3MPa 计算其变形模量。

关于承载力特征值的确定，应符合下列规定：

（1）当 P-S 曲线上有比例界限时，取该比例极限所对应的荷载值。

（2）当极限荷载小于对应比例界限的荷载值的 2 倍时，取极限荷载值的一半。

（3）当不能按上述两条要求确定，且压板面积为 0.25～0.50m² 时，可取 $S/b =$ 0.01～0.15 所对应的荷载，但其值不应大于最大加载量的一半。

由于试验要求的荷载往往为 3MPa 甚至更高。当确定承载力特征值无法按比例极限荷载或极限荷载确定时，就需要采用上述第（3）条规定，但对于大型水利工程坝料与地基的大型平板载荷试验，其控制值往往是"最大加载量的一半"，这是明显保守的。

建筑地基确定承载力时，须考虑条形基础或复合地基的变形稳定性。而对于高坝工程，其坝体部分受到坝肩的约束，坝基更接近于半无限体，在自重与水压力的作用下虽然可能发生一定的沉降量，但并不能造成不可控制的变形失稳。因此，取承载力特征值为"最大加载量的 70%"较合理，也能够保证工程的安全。根据上述分析，平板载荷试验结果见表 5.4 - 1。

表 5.4 - 1　　　　　　　　大型平板载荷试验的沉降量、变形模量与承载力

试验编号	最大荷载 P/MPa	最大沉降量 S/mm	承载力/MPa	最大荷载的 70%/MPa
1 号	3.0	5.12	431	2.10
2 号	3.0	18.04	123	1.65 *
3 号	3.0	10.85	204	2.10

*　2 号试验当 P=1.65MPa 时，沉降量 S=10mm，10/1000（承压板直径）=0.01。

根据表 5.4 - 1 可知：在所进行的 3 组试验中，在加载范围 0～3MPa 范围内，P - S 曲线基本呈线性变化，并没有出现明显的拐点，即在设计载荷 3MPa 内，以最大设计载荷 3MPa 的 70% 计算其变形模量，得出 3 个点的变形模量分别是 431MPa、123MPa、204MPa，与以往由旁压试验得出的变形模量值相当。

由于试验的砂砾料强度较高，无法按照比例界限与极限荷载确定承载力，取试验最大加载值的 50%，即 1.5MPa 为承载力标准值，此值大大高于以往由重型动力触探得出的承载力。

5.5　界面接触及软弱土强度参数试验方法

冰水沉积物作为筑坝坝基天然岩土材料，涉及与混凝土等刚性材料接触与防渗织物等柔性材料接触，对其接触界面的物理力学参数测试和参数的准确选取较为关键。为此开发了两种能够反映出二元介质界面接触的测试装置和方法，包括界面真实力学特性测试装置和测试方法，及拉拔式双向接触抗剪强度参数测试装置和方法。装置较为简易，可以对已有装置进行改造即可，不需重新进行设计和制造。方法解译相对关键，目的是探明接触材料的力学行为变化和特征。

5.5.1　界面真实力学特性测试装置和测试方法

材料间接触界面的相互作用表现为在界面上产生的摩阻力和正应力传递、切向相对滑动、分离与接触交替等力学特性。界面力学特性主要包括界面强度模式及其参数、界面应力应变关系模式及其参数等方面，在土木工程和机械工程等领域中被广泛应用，为结构设计和基础课题研究等方面提供了重要依据。

对界面力学特性，目前广泛采用拉拔试验或压剪试验方法，以界面平均摩阻力表征界面摩阻力，以界面平均摩阻力的峰值表征界面强度，以拔出或剪出点界面相对位移表征界面相对位移，未考虑试验中界面摩阻力的调动过程及其机制，常带来误差或错误。

在界面特性试验及实际工程中，界面各点的法向应力、相对位移、摩阻力等分布不均且动态变化，界面摩阻力渐进调动。界面特性的拉拔试验和压剪试验装置与方法，应能揭示试验过程中界面行为的上述机制，辨识界面行为的非真实现象，反映界面摩阻力的调动过程，建立真实的界面强度模式和界面应力应变模式，研究和分析界面渐进屈服模式，并提出界面参数的正确分析方法，解决传统试验方法存在的问题。

为获得非连续变形体间接触界面的真实力学特性，准确测定界面参数，并提出界面特性合理的数学表达式，建立参数体系及其分析方法，为水利水电工程、土木工程等领域中结构设计和课题研究提供基础，开发了界面真实力学特性的测试装置与方法。该方法能够测试试验过程中界面相对位移、法向应力、界面摩阻力的分布，分析界面摩阻力的调动过程，判断界面屈服状态的发展历程，获得混凝土、钢板、土工织物、钢筋、岩土等材料接触界面的本构模型，分析其相关参数，并识别试验过程中的伪现象。

试验装置由上容器盒、下容器盒和加载装置构成，在上容器盒和下容器盒中放置填料，并根据实际工程情况使填料均匀压实和充分饱和。制作结构材料的测试样本，将其放置于上容器盒与下容器盒中间，结构材料前端由夹具固定，后端自由，上容器盒和下容器盒上部及下部为可竖向自由移动的加载板和垫层，在试验中可将法向力作用均匀地传递于结构材料。对填土料，可根据需要选择不同的土性，并根据所研究的工程实际问题，决定试验前是否完成固结；对于结构材料，根据试验需要可选择不同粗糙度、不同材质的结构材料，如混凝土、钢板、土工材料等，在试验时使结构材料居中，避免结构材料发生弯曲和变形。

在结构材料上下表面间隔均匀地预先布置好应变片或位移传感器，设定好加载法向力，并以缓慢的速率在夹具处均匀地施加拉拔力，通过应变片或位移传感器记录结构材料不同部位的与填土料间的相对位移值，如图 5.5-1 所示。

通过所施加的拉拔力大小和结构材料界面上应变或位移的发展情况，进行相同情况下的多组试验，分别记录结构材料各部位相对位移 u(cm)，同时根据拉拔力大小和材料应变分析界面摩阻力 τ (kPa)，最终获取如图 5.5-2 所示的界面摩阻力-相对位移关系曲线，并进行反馈修正，获取真实的界面参数。

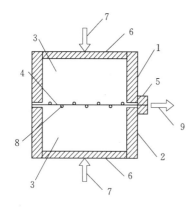

图 5.5-1　测试装置剖面示意图

1—上容器盒；2—下容器盒；3—填料；4—结构材料；
5—夹具；6—加载板；7—法向力；
8—应变片；9—拉拔力

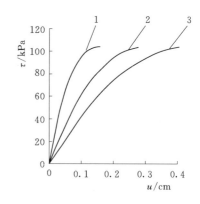

图 5.5-2　测试获得的界面摩阻力-相对位移曲线

1—自由端摩阻力-位移曲线；2—平均摩阻力-位移
曲线；3—拉拔端摩阻力-位移曲线

界面摩阻力-相对位移关系对于土工织物等柔性结构，具有显著的渐进性，而对于半柔性结构或刚性结构，曲线可能非常接近甚至重合，这种情况下，即可认为沿结构长度同时达到了屈服，在一定程度上可近似忽略此效应，界面参数可取一定值计算。另外，渐进屈服效应对于同一刚度结构在不同软硬岩土体中表现亦不一样，在硬质岩体中，渐进效应较在软弱土体中显著。综合所述，界面的力学传递及屈服特性非常复杂，值得进一步开展研究。所开发的测试装置及方法亦可为工程设计人员提供参考。

5.5.2 竖向拉拔式双向接触面抗剪强度测试装置及技术

接触力学问题广泛存在于工程分析中，表现为不同物理力学特性的介质在其接触面上产生的压缩、变形、滑动等力学特性（比如岩石力学中的断层、节理等结构面即为典型的接触力学问题，基础工程中的土体与浅基础的接触面、土体与桩基的接触面）。其力学特性直接影响到基础的安全稳定。另外，支护结构的接触力学问题也较常见，如土钉、锚杆、锚索等与岩土体间通过接触面实现荷载传递和扩散，加筋土通过土工材料与土体接触面实现整体力学性能的增强。

比如坝基地基处理、防渗处理及筑坝建坝接触问题等，此类接触面的摩擦力学特性需实测分析。其接触面的力学特性往往是基础、结构整体安全稳定的制约因素，也是进行数值模拟分析必不可少的参数之一。涉及土体与结构材料共同协调作用的工程问题，其接触力学特性均是其关键重要的技术问题。

对于岩土体与结构接触面的剪切力学特性，一般认为符合莫尔-库仑抗剪强度准则，其力学特性分析的关键是进行压剪试验确定接触面抗剪强度参数，为解析方法及数值模拟方法的参数选取提供依据。

目前，抗剪强度参数难以准确确定，主要是由于常规的试验设备和方法存在一定的问题：

（1）由于常规试验仪器中将土体放置于土容器中，采用土体剪切盒进行试验，土体剪切盒约束了土体在剪切方向的变形，限制了土体与接触面的协调变形，使得测试数据不准确。

（2）由于常规测试方法，一般采用测试结构材料放置于测试土体之下或之上，结构的接触面只与测试土体保持单面接触，这就在测试时忽略了结构材料的另一接触面与测试仪器间的摩擦力，导致测试不准确。

（3）岩土体在法向应力作用下，常规测试仪器无法控制岩土体的排水状态，法向应力增大时，如无法排水，土体内超孔隙水压力增大，此时直接测量导致测试结果偏离真值。

根据上述问题提供一种竖向拉拔式双向接触面抗剪强度参数测试装置，不但能够进行不同类土样与不同粗糙度的混凝土、钢板、土工织物等建筑材料进行双向接触面力学测试，同时亦能够进行在不同法向应力状态下、不同排水条件下的接触面压剪测试，进而获取接触面的抗剪强度参数。

该试验装置由框架结构及内部的装置构成，包括拉拔式加载装置、应力传感器、位移传感器、测试材料、测试土样等，测试材料通过连接头与拉拔式加载装置相连，拉拔式加载装置给测试材料施加向上的拉拔力，通过应力传感器和位移传感器记录拉力、位移值。

测试材料放置于测试土样中，测试土样放置于土槽内，土槽两侧设置法向加载装置，土槽上部设置盖板，施加法向应力时关闭盖板，采用浸水及上部预压等方式使测试土样饱和固结，待固结稳定后，打开盖板，进行拉拔试验。法向加载装置与法向应力传感器相连，可记录和传输施加的法向应力值。拉伸式加载装置和法向加载装置通过传输线与计算机相连,通过计算机控制施加应力大小和数据采集。

在土槽两侧壁底部设置排水阀,打开和关闭排水阀,可控制测试土样在法向应力作用下的排水及不排水状态,排水阀端部设置滤膜,防止土颗粒随水排出。

如图5.5-3所示,将测试材料放置于测试土样的中部,测试土样放置于土槽内,待测试土样饱和后,通过对称的一组法向加载装置对土槽两侧壁施加法向应力,以保证加载时受力的均匀性。此时测试材料与测试土样存在双面接触面。

如图5.5-4所示,坐标横轴为切向位移 u,坐标纵轴为切向应力 τ,当测得的应力和位移曲线进入塑性流动状态,即认为接触面发生屈服,达到了抗剪极限状态,图中曲线的拐点即为屈服点,对应的剪切力即为抗剪强度 τ_f。

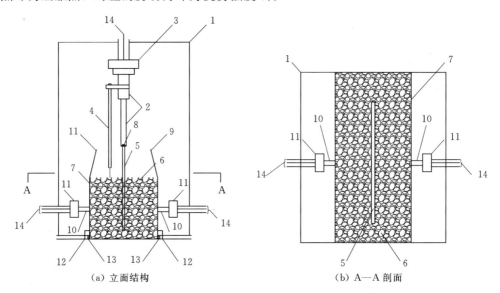

（a）立面结构　　　　　　　　　　（b）A—A剖面

图5.5-3　测试仪器结构示意图

1—框架结构;2—拉拔式加载装置;3—应力传感器;4—位移传感器;5—测试材料;
6—测试土样;7—土槽;8—连接头;9—盖板;10—法向加载装置;
11—法向应力传感器;12—排水阀;13—滤膜;14—传输线

极限状态时测得拉力为 T,测试材料自重为 G,测试材料薄壁端部摩阻力为 T',测试材料宽为 B,原接触面积为 A'（试验前可预先测定）,极限状态时向上拔出的位移为 u,单面接触面面积为 A,对应的法向应力为 σ,则通过式（5.5-1）可得到接触面抗剪强度值 τ_f:

$$\tau_f = \frac{T-G-T'}{2A} \tag{5.5-1}$$

K随着测试材料逐渐被拉出,其接触面积亦会发生变化,其中当为极限状态时,A 可表示为

$$A = A' - uB \tag{5.5-2}$$

接触面摩擦角 φ 和黏聚力 c 表示为法向应力 σ 的函数:

$$\tau_f = \sigma \tan\varphi + c \tag{5.5-3}$$

如图 5.5-5 所示，坐标纵轴为抗剪强度 τ_f，坐标横轴为法向应力 σ，通过不同的法向应力 σ 可获得多组测点，通过拟合即可求解得到接触面抗剪强度参数，其中拟合直线的倾角即为摩擦角 φ，与坐标纵轴的截距即为黏聚力 c，本例获得的接触面黏聚力为 13.8kPa，摩擦角为 28.6°。

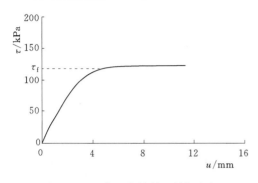

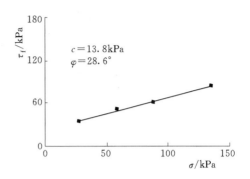

图 5.5-4 典型的接触面剪切力与
切向位移变化曲线

图 5.5-5 接触面剪切力与法向应力
关系曲线

综上所述，采用界面接触及软弱土强度参数的试验方法有以下优点：

(1) 实际中诸如防渗柔性接触材料中，该试验装置极大程度地模拟了冰水沉积物与柔性接触面力学特性。

(2) 采用与试样的双面摩擦接触，极大地减少了干扰，保证了接触面完全是由测试材料和试样构成。

(3) 在拉拔试验中，由于盖板打开，装置中试样的上部边界自由，在拉拔过程中，测试材料周边材料可随测试材料协调运动，并非像一般测试设置，其剪切盒固定了剪切面，限制了试样与材料的协调运动，导致测试值不准确。

(4) 如果试样随结构测试材料一同被拉出，则此时最薄弱面不在接触面处，而在土样中某破裂面处，最薄弱面的摩擦角和黏聚力此时即为冰水沉积物材料的抗剪强度参数。该方法可明确界定出基质材料抗剪强度和接触面的抗剪强度，在此基础上，亦可对接触面及基质材料的破坏规律和破坏机理进行分析。

(5) 可进行不同类型土体、不同材料、不同粗糙度的接触力学测试，物理概念清晰，操作简便。

(6) 在进行试验操作时，可模拟实现试样在不同竖向压力作用下的排水和不排水情况。

(7) 可实现大尺寸结构材料与土体的接触力学测试，减少接触面力学性能的尺寸效应影响。

5.5.3 结构性软弱土原位强度测试装置及换算方法

5.5.3.1 结构性软弱土原位强度测试

软弱土尤其是淤泥质软黏土在青藏高原地区的河床浅部、堰塞相地层、透镜体中常有赋存，有些具有一定的结构强度，具体表现在重塑样及原位样屈服强度差异较大，取样时的扰动影响会破坏其物性结构组成，降低其屈服强度。软黏土的结构强度强弱不一，与赋存环境、应力状态及沉积年代等因素有关，在工程设计中不能忽视其结构强度的存在，为工程设计提供有益支撑。十字板剪切试验是一种较为有效的原位不排水抗剪强度测试方法，将十字板头贯入后转动测试土体破坏时的力矩，进而计算抗剪强度，所测值由于是基于原位的测试，可以忽略对场地土的扰动，不会破坏其固有结构强度，操作简洁方便，测试值真实可靠，应用广泛。

目前常见的十字板板头，一般为长宽比 $H:D=2:1$ 的矩形板头，计算抗剪强度时假定土体水平向和竖直向抗剪强度值相等。对于结构性软黏土矿物成分吸附性、亲水性强，具有表面活性和黏滞性，表现出一定的各向异性及具有一定的结构强度特性，由于先期固结压力的影响，竖直与水平抗剪强度差异较大，不同于一般的软黏土，假定按各向同性会产生较大误差，应引起工程勘察单位的重视。

鉴于上述问题，现有的测试设备和测定方法已不能满足水利水电工程设计的需求，有必要提供一种测定此类土各向异性抗剪强度的设备和方法，精确判定水平向和竖直向抗剪强度，同时测定 45°斜面抗剪强度，进行综合对比和分析，更好地为工程设计服务。

为了克服现有设备及技术中存在的不足，研制了一种测定和解析所测土层水平向、竖直向及 45°斜面抗剪强度值的设备和方法，包括矩形板头、三角形板头，矩形板头探杆杆轴内中空，可插拔三角形板头探杆杆轴，且紧密结合形成整体构件，通过此种可拆解方式连接，既可整体使用，又可单独使用。矩形板头尺寸长为 100mm，宽为 50mm，长宽比为 2；三角形板头几何形式为等腰三角形，两腰边长 a 为 35.36mm，符合 $a=\sqrt{2}D/2$，与矩形板头相连的边长尺寸与矩形板头宽度 D 相等。如图 5.5-6～图 5.5-10 所示。

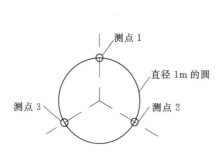

图 5.5-6 场地中测试点布置示意图

图 5.5-7 整体结构示意图

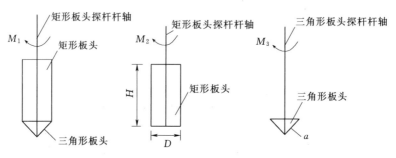

图 5.5-8 可拆解式板头立面形式示意图

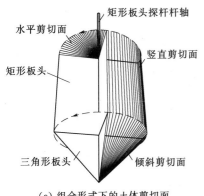

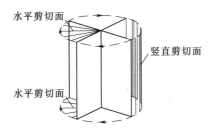

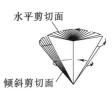

（a）组合形式下的土体剪切面　　　　（b）圆柱体土体剪切面　　　　（c）圆锥体土体剪切面

图 5.5-9　三种剪切破坏土体几何面形式示意图

在矩形板头的探杆杆轴内可插拔三角形板头探杆，且两板头紧密结合，不发生相互转动，共同发挥作用，也保证了三角形板头单独测试时，三角形板头测试深度不发生改变。测试方法如下：

（1）在场地中以 1m 为直径做一个圆，沿圆弧均匀定位出三个测试点，各测试点与圆心夹角均为 $120°$。

（2）在三个测试点分别进行三次原位十字板剪切测试，三次原位测试深度一致。

（3）第一次测试采用矩形板头和三角形板头组合方式进行，测试出的扭力矩为 M_1，第二次采用只保留矩形板头的原位测试，测试出的扭力矩为 M_2，第三次采用只保留三角形板头的原位测试，测试出的扭力矩为 M_3。

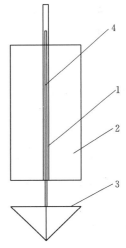

图 5.5-10　杆轴连接示意图
1—矩形板头探杆杆轴；2—矩形板头；
3—三角形板头；4—三角形
板头探杆杆轴

（4）对应的第一次测试剪切破坏土体为一个圆柱体和一个倒锥形体，第二次测试剪切破坏土体为一个圆柱体，第三次测试剪切破坏土体为一个倒锥形体；水平剪切面、竖直剪切面及 $45°$ 斜向剪切面抗剪强度值分别为 τ_{fh}、τ_{fv} 及 $\tau_{45°}$。

（5）可求得竖直面抗剪强度：$\tau_{fv} = \dfrac{2(M_1 - M_3)}{\pi D^2 H}$；

水平面抗剪强度：$\tau_{fh} = \dfrac{6(M_2 + M_3 - M_1)}{\pi D^3}$；

$45°$ 斜面抗剪强度：$\tau_{45°} = \dfrac{3(M_1 + M_3 - M_2)}{4\pi a^3}$，进而可求得三个剪切破裂面上的抗剪强度值。

采用上述测试技术可分别测定和求得土体水平向、竖直向和 $45°$ 斜面上的抗剪强度，克服了常规方法不能将其区分的不足。对于结构性各向异性软黏土原位不排水强度具有较好的适用性，保证了测试的精确性，更反映了实际情况，通过对各个方向平面的抗剪强度值的对比分析，可综合评价所测试土体各向异性强度特性，填补了原位结构性软黏土各向异性力学测试研究的空白。

将图5.5-10中的可拆解式板头在三个测点分别进行三次测试，第一次在测点1采用矩形板头和三角形板头组合方式进行，测试出的扭力矩为M_1，第二次在测点2采用只保留矩形板头的原位测试，测试出的扭力矩为M_2，第三次在测点3采用只保留三角形板头的原位测试，测试出的扭力矩为M_3。土体剪切破坏面如图5.5-9所示，故可按下式计算不同剪切面上土体抗剪强度值。

竖直面对应的扭力矩M_v（对应图5.5-9中竖直剪切面）：

$$M_v = M_1 - M_3 = \pi D \times H \times \frac{D}{2} \times \tau_{fv} = \frac{\pi}{2} D^2 H \tau_{fv}$$

竖直面抗剪强度：$\tau_{fv} = \dfrac{2(M_1 - M_3)}{\pi D^2 H}$；

水平面对应的扭力矩M_h（对应图5.5-9中水平剪切面）：

$$M_h = \frac{M_2 - M_v}{2} = \frac{M_2 + M_3 - M_1}{2} = \frac{\pi}{4} D^2 \times \frac{2}{3} \times \frac{D}{2} \times \tau_{fh} = \frac{\pi}{12} D^3 \tau_{fh}$$

水平面抗剪强度：$\tau_{fh} = \dfrac{6(M_2 + M_3 - M_1)}{\pi D^3}$；

45°倾斜面对应的扭力矩$M_{45°}$（对应图5.5-9中倾斜剪切面）：

$$M_{45°} = M_3 - M_h = \frac{M_1 + M_3 - M_2}{2} = \pi \frac{D}{2} a \times \frac{2}{3} \times \frac{D}{2} \times \tau_{45°}$$

因$D = \sqrt{2} a$，则$\dfrac{M_1 + M_3 - M_2}{2} = \dfrac{\pi}{3} a^3 \tau_{45°}$，故45°倾斜面抗剪强度为：$\tau_{45°} = \dfrac{3(M_1 + M_3 - M_2)}{2\pi a^3}$。

5.5.3.2　换算方法

测试强度计算中，均是以水平方向和竖直方向抗剪强度值相等为假定条件进行，这与土体实际状态有一定的出入。

十字板强度获取的是地基中某点处的抗剪强度（C_u）而非抗剪强度参数（黏聚力c、摩擦角φ），可用于总应力为0的分析方法中。十字板扭剪时饱和黏性土中水一般无法及时排出，其测试强度对应饱和黏土的不排水强度；对于天然饱和地基土，相当于在一定压力下已经发生固结，而在结构自重等新加荷载作用下又不发生新的固结。原位十字板测试操作简便、不对土体造成扰动，较室内试验有明显优势，特别适用于结构性较强的饱和黏土。原位十字板试验可测试不同有效固结压力或有效应力下饱和黏土的不排水强度，该不排水强度与土体承受的有效固结压力及土体的有效强度指标或总应力强度指标有关。但原位十字板试验不能直接获取饱和黏土的抗剪强度指标，不能直接用于分析固结排水和固结不排水工况下的土压力、地基承载力和挡土墙与边坡的稳定性，需要研究饱和黏土不排水强度与其承受的有效固结压力及强度指标的关系，从而计算出c、φ两个抗剪强度指标及其参数取值。开发一种通过原位十字板测试技术，获取土体的抗剪强度指标及其参数取值的测试技术及分析方法，充分发挥原位十字板测试技术的优势，为此研究并设计了一种土体抗剪强度指标的十字板测定及计算方法，其有效固结压力也可结合压缩曲线进行分析。

采用这种测试技术及分析方法如下：

（1）以常规十字板头为测试工具，其中高径比 $H/D=2$，在同一测点土层厚度范围内进行 2 次测试，第一次扭剪测试扭力矩为 M_1，测试深度为 Z_1。

（2）第一次测试完成后读数清零，在同一测点处将常规十字板头继续贯入进行第二次测试，第二次扭剪测试扭力矩为 M_2，测试深度为 Z_2，两次测试深度相距不小于 1m，以避免扰动影响。

（3）根据十字板测试计算公式，考虑水平抗剪强度 τ_{fh} 和竖向抗剪强度 τ_{fv} 不等，分别对应其土体剪切破坏面为上下两个圆面和一个圆柱面形式，该土层存在两个未知数 c、φ，根据两次测试可建立两个方程，即可求解得到该土层的抗剪强度参数 c、φ。亦可通过多个测点进行测试，每个测点进行两次不同深度的测试，求得每个测点的抗剪强度参数 c、φ，根据其统计关系计算求得该土层的抗剪强度参数标准值。

该测试技术和分析方法的优势如下：

1）虽利用的是常规十字板头，但是计算方法考虑到了土体抗剪强度的各向异性影响，即方法中将十字板剪切面的水平抗剪强度 τ_{fh} 和竖向抗剪强度 τ_{fv} 考虑为不等，从而提高了测定精度。

2）测试方法简便、经济实用，只需在同一测点进行 2 次该土层不同深度的测试，即可获取土体的抗剪强度参数。

3）以每层土进行两次十字板原位测试，即可推求土体的抗剪强度参数，发展了十字板原位测试技术，完善了十字板测试计算方法及测试资料的解释方法。

测试方法及土体剪切面如图 5.5-11 所示。图中测试步骤及计算公式如下：

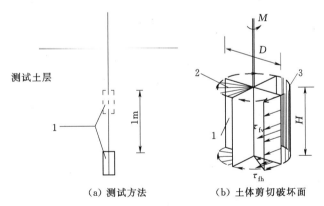

（a）测试方法　　　　（b）土体剪切破坏面

图 5.5-11　测试方法及土体剪切面示意图

1—十字板头；2—圆形水平剪切面；3—圆柱形竖直剪切面

采用常规十字板头进行土体原位抗剪强度测定，十字板头高径比为 $H/D=2$，在土层中测点贯入将十字板头至一定深度 Z_1，进行第一次扭剪测试，记录测试扭力矩 M_1，测试完成后，读数清零，再将十字板头贯入至 1m 以下的土层深度处，以防止土层扰动影响，继续进行扭剪原位测试，该处测试深度记录为 Z_2，测试扭力矩记录为 M_2。

如图 5.5-11 所示，考虑土体水平向抗剪强度 τ_{fh} 和竖直向抗剪强度 τ_{fv} 各向异性的影响，分别对应土体剪切破坏面为上下两个圆面和一个圆柱面形式。依据土力学概念，深度

Z_1 和 Z_2 处土体水平向抗剪强度 τ_{fh1}、τ_{fh2} 可由该处的法向有效自重应力 σ'_{z1}、σ'_{z2} 表示，该土层抗剪强度参数 c、φ 是一定值，抗剪强度与土层深度处的有效应力状态有关，如式 (5.5-4) 和式 (5.5-5) 所示：

$$\tau_{fh1} = \sigma'_{z1}\tan\varphi + c = \gamma'Z_1\tan\varphi + c \tag{5.5-4}$$

$$\tau_{fh2} = \sigma'_{z2}\tan\varphi + c = \gamma'Z_2\tan\varphi + c \tag{5.5-5}$$

土体竖直向抗剪强度 τ_{fv1}、τ_{fv2} 可由式 (5.5-6) 和式 (5.5-7) 表示：

$$\tau_{fv1} = K_0\sigma'_{z1}\tan\varphi + c = K_0\gamma'Z_1\tan\varphi + c \tag{5.5-6}$$

$$\tau_{fv2} = K_0\sigma'_{z2}\tan\varphi + c = K_0\gamma'Z_2\tan\varphi + c \tag{5.5-7}$$

式中 γ'——土体的有效容重，为已知参数；

K_0——侧压力系数，按经验公式可表示为 $K_0 = 1 - \sin\varphi$，亦可通过旁压试验等原位测试手段直接获取；该实例 $Z_2 - Z_1 = 1\text{m}$。

剪切破坏时所施加的扭力矩等于剪切破坏圆柱体外表面（包括上下两个圆面和一个圆柱面）上土的抗剪强度所产生的抗扭力矩，可表示为式 (5.5-8) 式 (5.5-9)：

$$M_1 = 2\frac{\pi D^2}{4}\frac{2}{3}\frac{D}{2}\cdot\tau_{fh1} + \pi DH\frac{D}{2}\tau_{fv1} \tag{5.5-8}$$

$$M_2 = 2\frac{\pi D^2}{4}\frac{2}{3}\frac{D}{2}\cdot\tau_{fh2} + \pi DH\frac{D}{2}\tau_{fv2} \tag{5.5-9}$$

式中 D——板头的直径，cm；

H——板头的高度，且 $H/D = 2$，为已知参数；

M_1 和 M_2——两次测试得到的扭力矩。

如果假定土体水平向抗剪强度 τ_{fh} 和竖直向抗剪强度 τ_{fv} 相等，为 $\tau_{fh} = \tau_{fv} = C_u$，则式 (5.5-8) 和式 (5.5-9) 可表示为

$$C_u = \frac{2M}{\pi D^2\left(H + \dfrac{D}{3}\right)} \tag{5.5-10}$$

式 (5.5-10) 与常规十字板抗剪强度公式一致，但土体一般表现出各向异性特性，如果考虑水平向和竖直向抗剪强度不等，则式 (5.5-8) 和式 (5.5-9) 可以表示为

$$\begin{aligned}M_1 &= 2\frac{\pi D^2}{4}\frac{2}{3}\frac{D}{2}\cdot\tau_{fh1} + \pi DH\frac{D}{2}\tau_{fv1}\\ &= \frac{D^3}{6}\tau_{fh1}\pi + \frac{D^2H}{2}\tau_{fv1}\pi = D^3\pi\left(\frac{\tau_{fh1}}{6} + \tau_{fv1}\right)\\ &= D^3\pi\left(\frac{1+6K_0}{6}\gamma'Z_1\tan\varphi + \frac{7}{6}c\right)\end{aligned} \tag{5.5-11}$$

$$\begin{aligned}M_2 &= 2\frac{\pi D^2}{4}\frac{2}{3}\frac{D}{2}\tau_{fh2} + \pi DH\cdot\frac{D}{2}\cdot\tau_{fv2}\\ &= \frac{D^3}{6}\tau_{fh2}\pi + \frac{D^2H}{2}\tau_{fv2}\pi = D^3\pi\left(\frac{\tau_{fh2}}{6} + \tau_{fv2}\right)\\ &= D^3\pi\left(\frac{1+6K_0}{6}\gamma'Z_2\tan\varphi + \frac{7}{6}c\right)\end{aligned} \tag{5.5-12}$$

将式（5.5-4）～式（5.5-7）代入式（5.5-11）和式（5.5-12），其中未知数为 c、φ，两个未知数两组方程即可求解。求解过程如下：

用式（5.5-11）减去式（5.5-12），得

$$M_2 - M_1 = D^3 \pi \gamma' \tan\varphi \frac{1+6K_0}{6} \tag{5.5-13}$$

如果考虑土体的侧压力系数 K_0 为已知，则通过式（5.5-13）可求解摩擦角 φ；如果考虑 K_0 通过经验公式表达，式（5.5-13）可变换为

$$M_2 - M_1 = D^3 \pi \gamma' \tan\varphi \frac{1+6K_0}{6} = D^3 \pi \gamma' \tan\varphi \left(\frac{7}{6} - \sin\varphi\right) \tag{5.5-14}$$

通过式（5.5-14）可求解摩擦角 φ，将 φ 代入式（5.5-11）或式（5.5-12）即可求得黏聚力 c。

通过力学概念及数学推导，发展了求不排水强度指标的十字板测试方法和计算方法，具有推广价值，对于勘察采取的试样可以根据微型十字板采用上述方法进行换算，只要间隔一定距离，可以量测和推导出实际测试的抗剪强度参数，对于覆盖层上部浅层淤泥质土，可以应用现有标准十字板进行测试并推导其抗剪强度参数，该技术应用较室内试验更为精准快捷，可为工程设计人员提供有益的参考。

基于某典型工程河床表层局部的淤泥质土开展原位十字板剪切试验（图5.5-12），相比而言，软土具有天然含水量高（属于高塑性黏性土）、孔隙比大、压缩性大、灵敏度高、抗剪强度低等特点，原位直接测试扭矩，根据板头尺寸，换算得到软土的抗剪强度如图5.5-13所示。根据换算后强度曲线规律，还可以直接获取其欠固结沉积情况，另外值得一提的是，对应的是不排水抗剪强度指标，而非抗剪强度参数，还需进行参数的换算。根据测试指标，考虑换算系数，可换算获取包括黏聚力、摩擦角等抗剪强度参数。

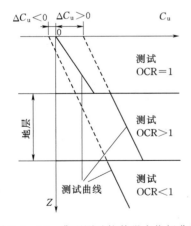

图5.5-12 典型测试抗剪强度指标曲线

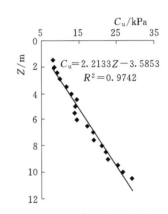

图5.5-13 换算后的不排水抗剪强度指标

5.6 典型工程物理力学性质试验

5.6.1 西藏某水电站冰水沉积物物理力学性质试验

西藏某水电站河床分布有360m的冰水沉积物，为查明其变形和强度特性，开展了现

场载荷试验、砂层钻孔旁压试验和动力触探试验等，通过多方法原位测试，获取了冰水沉积物的变形模量和承载力特征值，并对三种方法进行了对比分析。

5.6.1.1 原位试验

载荷试验是研究和取得地基承载力、变形模量的最基本方法，是一种较接近于实际基础受力状态和变形特征的现场模拟性试验。水电站在坝址区多成因沉积物中开展了 16 组载荷试验。试验采用圆形刚性承压板法，所选用的承压板直径 35cm，加荷方式采用逐级连续升压直至破坏的加压方式。

根据现场试验原始记录，计算出荷载值 P（MPa）及相应的沉降量 S（mm），绘制出（部分）P-S 关系曲线（图 5.6-1 和图 5.6-2），并根据此曲线确定比例极限 P_0、屈服极限 P_r 和极限荷载 P_L，各强度特征点，其载荷试验成果详见表 5.6-1。

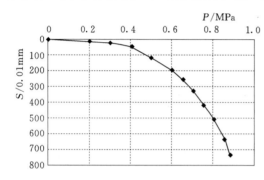
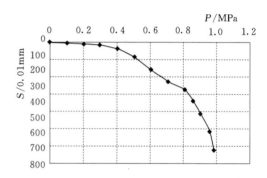

图 5.6-1　ZH5 点的载荷试验 P-S 关系曲线　　图 5.6-2　ZH6 点的载荷试验 P-S 关系曲线

表 5.6-1　　　　　　　　　　　载荷试验成果统计分析表

试验编号	试验位置	岩组	极限荷载		屈服极限		比例极限		
			应力/MPa	沉降量/cm	应力/MPa	沉降量/cm	应力/MPa	沉降量/cm	变形模量/MPa
ZH1	左岸台地	Q_4^{del}	0.233	0.486	0.181	0.235	0.129	0.101	35.2
ZH2	左岸厂房		1.164	1.163	0.905	0.989	0.388	0.171	71
ZH3	右岸漫滩		1.371	1.134	1.035	0.684	0.453	0.153	93
ZH4	右岸厂房		1.241	1.072	0.940	0.543	0.647	0.233	87
ZH5		Q_4^{al}-Sgr_2	0.858	0.635	0.656	0.260	0.404	0.050	195
ZH6	左岸漫滩		0.959	0.513	0.807	0.273	0.505	0.086	142
ZH7			0.832	0.458	0.732	0.236	0.555	0.134	100
ZH10			0.505	0.607	0.404	0.310	0.202	0.042	116
最小值			0.505	0.458	0.404	0.26	0.202	0.042	71
最大值			1 374	1.163	1.035	0.989	0.647	0.233	195
平均值（去掉最大最小值）			1.011	0.798	0.808	0.409	0.461	0.119	107.6
ZH8	河心滩	Q_4^{al}-Sgr_2	0.883	0.585	0.757	0.387	0.606	0.314	47
ZH9			0.832	0.732	0.656	0.368	0.505	0.182	67
平均值			0.858	0.659	0.707	0.378	0.556	0.248	57

续表

试验编号	试验位置	岩组	极限荷载		屈服极限		比例极限		
			应力/MPa	沉降量/cm	应力/MPa	沉降量/cm	应力/MPa	沉降量/cm	变形模量/MPa
ZH11	左岸台地	$Q_4^{al}-Ss$	0.962	1.487	0.705	0.879	0.257	0.199	31.152
ZH12	左岸台地	$Q_4^{al}-Ss$	0.962	1.262	0.705	0.830	0.321	0.299	25.896
ZH13	左岸台地	$Q_4^{al}-Ss$	0.962	1.398	0.770	0.839	0.257	0.175	35.424
ZH14	左岸台地	$Q_4^{al}-Ss$	1.026	1.492	0.834	0.906	0.321	0.207	37.406
ZH15	左岸台地	$Q_4^{al}-Ss$	0.994	1.352	0.834	0.847	0.289	0.136	51.258
ZH16	左岸台地	$Q_4^{al}-Ss$	1.090	1.457	0.802	0.848	0.289	0.195	35.749
最大值			1.090	1.492	0.834	0.906	0.321	0.299	51.258
最小值			0.962	1.262	0.705	0.83	0.257	0.136	25.896
平均值			0.999	1.408	0.775	0.858	0.289	0.202	36.148
ZH17	泄洪闸基础	$Q_3^{al}-IV_1$	1.064	1.361	0.798	0.714	0.366	0.190	41.3
ZH18	泄洪闸基础	$Q_3^{al}-IV_1$	0.997	1.375	0.764	0.738	0.332	0.181	39.3
ZH19	泄洪闸基础	$Q_3^{al}-IV_1$	0.984	1.337	0.731	0.728	0.306	0.179	36.7
平均值			1.015	1.358	0.761	0.727	0.335	0.183	39.1
ZH20	厂房基础	$Q_3^{al}-III$	1.179	0.931	0.944	0.528	0.502	0.099	104.84
ZH21	厂房基础	$Q_3^{al}-III$	1.239	1.129	1.003	0.574	0.561	0.119	97.47
ZH22	厂房基础	$Q_3^{al}-III$	1.200	0.985	1.003	0.554	0.531	0.090	121.99
平均值			1.206	1.015	0.983	0.552	0.531	0.103	108.1

对于钻孔旁压试验，在坝址区冰水沉积物采用 PY-3 型预钻式旁压仪，在 ZK28 等八个钻孔进行了 18 组旁压试验，旁压试验成果见表 5.6-2。$P-V$ 旁压曲线（部分）见图 5.6-3 和图 5.6-4。

试验成果表明（表 5.6-2），第 5 层粉细砂土（$Q_3^{al}-IV_2$）侧压力系数为 $0.13\sim0.37$，平均为 0.23；变形模量为 $14\sim86$MPa，平均为 28.9MPa。基本与粉细砂土经验值相符合。由单孔试验数据可以看出，各项指标随孔深而增加。

表 5.6-2　　　　　第 5 层粉细砂土（$Q_3^{al}-IV_2$）旁压试验成果表

试验编号		深度/m	极限压力 P_L/MPa	承载力 f_0/MPa	侧压力系数 K_0	旁压模量 E_m/MPa	变形模量 E_0/MPa
ZK28	PY28-1	17.0	0.34	0.20	0.19	7	21
	PY28-2	18.5	0.22	0.11	0.13	5	14
	PY28-3	19.8	0.42	0.23	0.19	7	20
ZK34	PY34-1	16.5	0.48	0.31	0.25	8	25
	PY34-2	19.0	0.40	0.25	0.20	9	26

试验编号		深度 /m	极限压力 P_L /MPa	承载力 f_0 /MPa	侧压力系数 K_0	旁压模量 E_m /MPa	变形模量 E_0 /MPa
ZK35	PY35-1	15.5	0.32	0.16	0.27	8	26
	PY35-2	17.5	0.38	0.22	0.21	10	31
ZK37	PY37-1	12.0	0.34	0.17	0.35	6	19
	PY37-2	14.0	0.38	0.20	0.30	8	23
ZK38	PY38-1	11.0	0.30	0.17	0.30	5	15
	PY38-2	12.8	0.32	0.19	0.25	7	23
	PY38-3	26.8	0.38	0.21	0.16	11	34
	PY38-4	28.5	0.42	0.20	0.20	14	43
ZK39	PY39-1	22.4	0.32	0.15	0.17	6	17
	PY39-2	26.0	0.34	0.14	0.13	5	14
ZK57	PY57-1	18.0	0.26	0.15	0.16	7	22
	PY57-2	19.5	0.56	0.28	0.33	20	61
	PY57-3	21.5	0.59	0.31	0.37	28	86
最小值			0.22	0.11	0.13	5	14
最大值			0.59	0.31	0.37	28	86
平均值			0.38	0.20	0.23	9.5	28.9

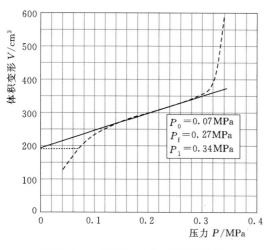

图 5.6-3　PY28-1 P-V 旁压曲线

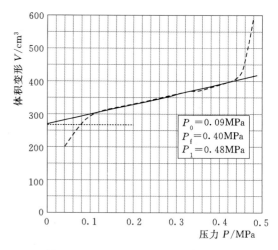

图 5.6-4　PY34-1 P-V 旁压曲线

冰水沉积物的变形模量用表 5.6-3 中的资料建立的关系式（5.6-1），有很好的相关性：

$$E_0 = 4.224 N_{63.5}^{0.774}$$

$$R = 0.99 \tag{5.6-1}$$

式中　E_0——冰水沉积物变形模量，MPa；

$N_{63.5}$——动探击数；

R——相关性系数。

表 5.6 - 3 冰水沉积物变形模量与 $N_{63.5}$ 关系

击数平均值 $N_{63.5}$	3	4	5	6	7	8	9	10	12	14
E_0/MPa	10	12	14	16	18.5	21	23.5	26	30	34
击数平均值 $N_{63.5}$	16	18	20	22	24	26	28	30	35	40
E_0/MPa	37.5	41	44.5	48	51	54	56.5	59	62	64

在钻孔内自上而下进行了冰水沉积物动力触探（或标贯）试验。坝址区冰水沉积物的 Q_4^{del}、$Q_4^{al} - Sgr_2$、$Q_4^{al} - Sgr_1$、$Q_3^{al} - Ⅲ$ 岩组为粗粒土，而且其埋深较浅，在这些冰水沉积物部位进行了重型动力触探试验。根据重型动力触探，结合《工程地质手册》等相关规范与手册，可以确定相应地层的承载力、变形模量、孔隙比等值。

主要在坝址的 8 个钻孔进行了重型动力触探，根据钻孔资料与动力触探试验资料，冰水沉积物相关岩组的动力触探试验结果见表 5.6 - 4。根据动力触探试验结果，采用相关关系式，确定了粗粒土的承载力和变形模量。

表 5.6 - 4 重型动力触探试验成果汇总表

岩 组	实测击数 $N_{63.5}$ /击	孔隙比	承载力 /kPa	变形模量 /MPa	密实度
第 1 层（Q_4^{del}）	18	0.33	645	39.6	密实
第 2 层（$Q_4^{al} - Sgr_2$）	20	0.38	817	43.7	密实
第 3 层（$Q_4^{al} - Sgr_1$）	25	0.31	969	53.1	密实
第 7 层（$Q_3^{al} - Ⅲ$）	25	0.32	923	47	密实

水利水电工程对粗粒土变形模量的确定大多依靠载荷试验。根据表 5.6 - 5 可以看出，载荷试验确定的变形模量值比动力触探确定的高出 2 倍以上。经分析认为，动探在冰水沉积物地层中遇大的卵石、漂粒时击数很高，而穿过其间的孔隙时击数又变小，因而借助动探击数评价变形模量是留有较大的安全裕度。因此用经验公式获得的变形模量值是可靠的。

表 5.6 - 5 不同方法获取的变形模量参数值

岩 组	变形模量/MPa		
	载荷试验	旁压试验	动探（标贯）试验
第 1 层（Q_4^{del}）	35.2		39.6
第 2 层（$Q_4^{al} - Sgr_2$）	102		43.7
第 3 层（$Q_4^{al} - Sgr_1$）			53.1
第 5 层（$Q_3^{al} - Ⅳ_2$）	36.15	28.9	
第 6 层（$Q_3^{al} - Ⅳ_1$）	39.1		
第 7 层（$Q_3^{al} - Ⅲ$）	108.1		47

为查明该水电站冰水沉积物抗剪强度特性，布置了5组混凝土与砂砾石接触面抗剪试验，其中坝址河心滩3组，试验成果见表5.6-6和表5.6-7。

表5.6-6　　　　　　　　混凝土与冰水沉积物接触面抗剪强度试验成果表

试验编号	土层	项目	抗剪强度指标	
			f'	c'/MPa
ZJ1	砂卵砾石	峰值	0.84	0.15
		直线段	0.45	0.10
		屈服值	0.75	0.12
ZJ2	砂卵砾石	峰值	0.50	0.13
		直线段	0.28	0.09
		屈服值	0.42	0.11
ZJ3	砂卵砾石	峰值	0.53	0.11
		直线段	0.34	0.06
		屈服值	0.46	0.08
ZJ4	砂卵砾石	峰值	0.62	0.17
		直线段	0.36	0.08
		屈服值	0.42	0.16
ZJ5	砂卵砾石	峰值	0.72	0.14
		直线段	0.54	0.07
		屈服值	0.69	0.11

表5.6-7　　　　　　　　混凝土/冰水沉积物抗剪试验成果分析表

编号	直线段		屈服值		峰值	
	f'	c'/MPa	f'	c'/MPa	f'	c'/MPa
ZJ1	0.45	0.10	0.75	0.12	0.84	0.15
ZJ2	0.28	0.09	0.42	0.11	0.50	0.13
ZJ3	0.34	0.06	0.46	0.08	0.53	0.11
ZJ4	0.36	0.08	0.42	0.16	0.62	0.17
ZJ5	0.54	0.07	0.69	0.11	0.72	0.14
最大值	0.54	0.10	0.75	0.16	0.84	0.17
最小值	0.28	0.06	0.42	0.08	0.50	0.11
平均值	0.39	0.08	0.55	0.12	0.64	0.14

根据现场试验原始记录，分别计算出各级荷载下剪切面上的正应力和剪应力及相应的变形，绘制不同正应力下剪应力与剪切变形 $\tau-\varepsilon$ 关系曲线，同时根据 $\tau-\varepsilon$ 关系曲线，确定出峰值强度及各剪切阶段特征值。用图解法绘制各剪切阶段正应力和剪应力（$\tau-\sigma$）关系曲线，按库仑公式计算出相应的 f 值和 c 值，典型曲线见图5.6-5~图5.6-7。

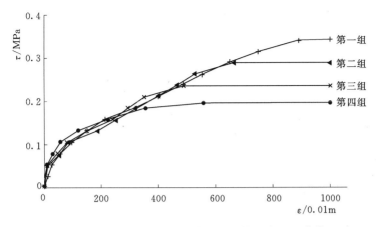

图 5.6-5 ZJ5 不同正应力作用下抗剪试验 $\tau - \varepsilon$ 曲线

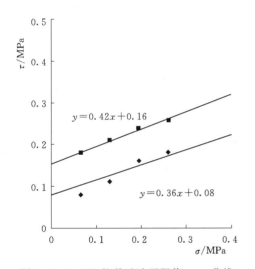

图 5.6-6 ZJ5 抗剪试验屈服值 $\tau - \sigma$ 曲线

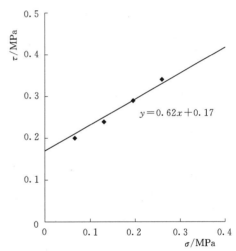

图 5.6-7 ZJ5 抗剪试验峰值 $\tau - \sigma$ 曲线

从 $\tau - \varepsilon$ 关系曲线特征来看，其破坏形式属塑性破坏。在剪应力初期，试体与底部砂砾石层面具有一定的咬合能力，但随着剪应力的增加，其底部砂砾进一步受挤压后致使原有结构产生相对错动，缓慢地进入屈服阶段而渐渐出现裂缝，剪切位移随着剪应力的增加而增大，直至破坏。从剪断面来看，多数试件底部的砂砾石均被上部混凝土体黏起 3~10cm，有部分试件并非是沿其接触面剪切破坏，而是沿砂砾石本身剪断的。由于是在大颗粒间产生错动，所以在很大程度上增大了它的摩擦力，使得 f 值偏高。此类曲线的直线段、屈服值并不明显，而剪应力值略有偏低。

从绘制的 $\tau - \sigma$ 关系曲线和抗剪（断）试验成果可知：各点的相关性较好，其中直线段黏聚力为 0.06~0.10MPa，内摩擦系数为 0.28~0.54；屈服值黏聚力为 0.08~0.16MPa，内摩擦系数为 0.42~0.75；峰值黏聚力为 0.11~0.17MPa，内摩擦系数为 0.50~0.84。与其他同类工程相比，其强度指标基本相近。

5.6.1.2 三轴试验

1. 基本试验

冰水沉积物三轴试验时砂卵石的控制级配见表 5.6-8。从表中可以看出粗粒含量较高，卵砾石比例占到 70% 以上。三轴试验选定的试样级配控制标准见表 5.6-9，粗粒含量有大于 60mm 的颗粒。

表 5.6-8　　　　　　　　　冰水沉积物三轴剪切试样级配控制表

编号	粗粒含量/%	颗粒占比/%										D_{60}/mm	D_{10}/mm	不均匀系数
		60～40mm	40～20mm	20～10mm	10～5mm	5～2mm	2～1mm	1～0.5mm	0.5～0.25mm	0.25～0.1mm	<0.1mm			
F_1'	77.5	6.20	24.8	26.70	19.8	4.60	2.40	1.40	8.10	4.50	1.50	16.0	0.32	50.0
F_2'	61.65	11.60	18.88	16.93	14.24	10.20	6.35	4.40	4.50	3.80	9.10	13.50	0.13	103.80
F_3'	78.5	20.72	29.11	19.63	9.04	3.10	2.40	1.85	1.90	2.65	9.60	26.0	0.11	236.4
F_4'	75.83	17.85	27.80	19.11	11.07	2.59	2.41	3.82	4.97	5.20	5.18	23.0	0.23	100.0
F_1	62.0	11.5	23.0	16.0	11.5	15.27	6.99	4.60	2.20	4.85	4.09	16.0	0.36	44.4
F_2	80.0	23.2	29.5	16.8	10.5	8.04	3.68	2.42	1.16	2.55	2.15	27.5	1.40	19.6

表 5.6-9　　　　　　　　　三轴剪切级配控制标准及试验成果表

试样编号	试验状态	控制密度/(g/cm³)	$\tau = \sigma \tan\varphi + c$	
			c/MPa	φ/(°)
F_1-I	饱和	2.28	0.20	41.3
F_1-II	饱和	2.36	0.08	46.4
F_2-I	饱和	2.22	0.14	43.0
F_2-II	饱和	2.30	0.20	43.2
F_1'	饱和	2.19	0.20	42.3
F_2'	饱和	2.19	0.30	43.5

完成的 6 组三轴试验，其强度参数见表 5.6-7。据此求得的摩擦角标准值：$\varphi_k = 41.9°$，则 $f = 0.89$。

2. 动力三轴试验

为获取冰水沉积物在动力作用下的强度特性，获取相关强度指标，对水电站坝基冰水沉积物开展了动力三轴剪切试验。动力剪切试验设备采用英国 GDS 公司的电机控制动三轴试验系统。其特点是精度高、操作方便、功能齐全，轴向静荷载、动荷载、围压和轴向变形均采用独立闭环控制，最大围压为 2000kPa，最大轴向荷载为 15kN。动、静应力、孔隙水压力、变形均由相应的传感器和电测系统完成测试。动力试验时可以施加正弦波、半正弦波、三角波和方波以及用户自定义波形，最大激振频率为 5Hz，设备的试样直径尺寸有 39.1mm、61.8mm 和 101mm 三种。

由于试验主要针对第 6 层、第 8 层的含砾中粗砂层，试验选用的尺寸为直径 39.1mm、高度 80mm。制样时共分 3 层制样，每层质量为总质量的 1/3，使试验材料变得均匀密实。采用抽气饱和方式进行试样饱和。经测定密实度一般能达到 0.96 以上，饱和效果良好。饱和过程结束后，在不排水条件下先缓慢施加围压；对于固结应力比 $K_c>1$ 的试验，达到预定压力后打开排水阀使上下界面同时排水固结约 30min，按照一定的速率施加所需要的竖向荷载后继续固结。

（1）动弹性模量和阻尼比试验。

1）打开动力控制系统和量测系统的仪器的电源，预热 30min。振动频率采用 0.33Hz，输入波形采用正弦波。

2）根据试验要求确定每次试验的动应力，在不排水条件下对试样施加动应力，测记动应力、动应变和动孔隙水压力，直至预定振次后停机，打开排水阀排水，以消散试样中因振动而产生的孔隙水压力。每一个周围压力和固结应力比情况下动应力分为 6～10 级施加。

3）按上述方法，进行各级周围压力和固结应力比下的动弹性模量和阻尼比试验。

4）试验周围压力共分 4 级，分别为 200kPa、500kPa、800kPa 和 1200kPa；固结应力比为 1.5 和 2.0；轴向动应力分 6～10 级施加，各级动应力 3 振次。

（2）动残余变形试验。

1）打开动力控制系统和量测系统的仪器的电源，预热 30min。振动频率采用 0.1Hz，输入波形采用正弦波。

2）根据试验要求确定每次试验的动应力，在排水条件下对试样施加动应力，测记动应力、动应变和体变，直至预定振次停止振动。

3）按上述方法进行各级周围压力和固结应力比下的动力残余变形试验。

4）试验围压分 3～4 级，固结应力比分两种，分别为 1.5 和 2.0；轴向动应力共 3 级，分别为 $\pm0.3\sigma_3$、$\pm0.6\sigma_3$、$\pm0.9\sigma_3$；各级轴向动应力施加 30 振次，频率为 0.1Hz。

（3）动强度试验。动强度试验的振动频率为 1.0Hz，输入波形为正弦波。动强度试验是试样固结结束后在不排水的情况下施加动应力进行振动直到破坏，通过计算机采集试验中的动应力、动应变及动孔压的变化过程。在同一试验条件（相同的制样干密度、固结应力比、周围压力）下，分别施加 4～6 个不同的动应力进行动强度试验，固结应力比分别为 1.5 和 2.0。破坏标准为轴向应变等于 5% 或超静孔隙水压力等于周围压力。

（4）沈珠江动力本构模型试验结果

1）动弹性模量和阻尼比试验结果。对动弹性模量和阻尼比模型参数进行整理，代表过程曲线如图 5.6-8 所示，整理得到的相关模型参数见表 5.6-10。

表 5.6-10　　　　　　　　动弹性模量和阻尼比试验成果表

分层	$\rho_d/(g/cm^3)$	k_2'	n	k_2	k_1'	k_1	λ_{max}
第 6 层	1.57	1117	0.555	420	4.0	3.0	0.27
第 8 层	1.60	1225	0.533	460	4.9	3.7	0.26

2）动残余变形试验结果。图 5.6-9 为第 6 层动残余变形试验整理曲线图，整理得到的模型参数见表 5.6-11。

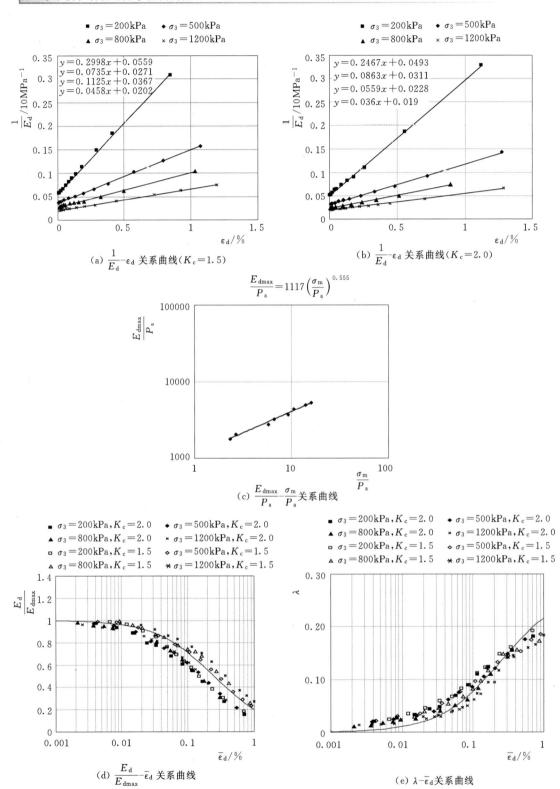

图 5.6-8　动弹性模量和阻尼比试验曲线（第 6 层）

表 5.6-11　　　　　　　　　　　　　　动残余变形试验成果表

分层	$\rho_d/(g/cm^3)$	c_1	c_2	c_3	c_4	c_5
第 6 层	1.57	1.01	1.56	0	7.53	1.37
第 8 层	1.60	0.97	1.52	0	7.28	1.37

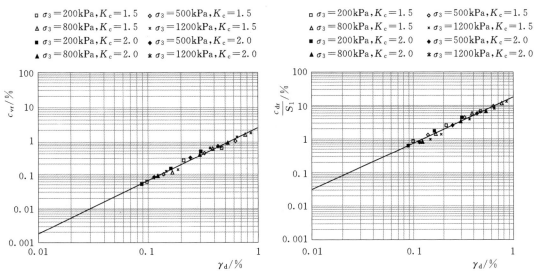

图 5.6-9　第 6 层残余变形模型参数整理曲线

3）动强度试验成果。图 5.6-10 为第 6 层动应力 σ_d、动剪应力比 $\sigma_d/2\sigma_0$ 与破坏振次 N_f 的关系曲线图，其中 σ_0 为振前试样 45°面上的有效法向应力，表达为：$\sigma_0=(K_c+1)\sigma_3/2$，$K_c$ 为固结应力比。

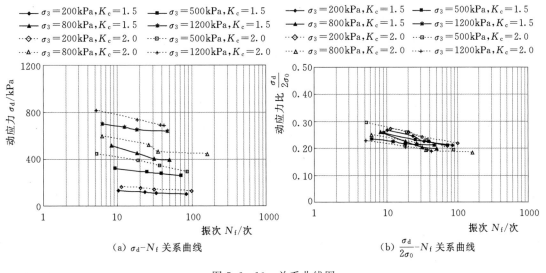

图 5.6-10　关系曲线图

（5）非线性应力-应变参数试验。三轴剪切试验能较好地反映应力-应变关系。因此采用三轴仪进行三轴剪切试验（CD），确定粗粒土的非线性应力-应变参数。根据试验成果分析整理出 E－B 模型、南水弹塑性模型的应力-应变参数（"南水"为南京水利科学研究院的简称）。

1）E－B 模型参数。E－B 模型是邓肯等人在 E－μ 模型的基础上，提出用弹性体变量 B 代替切线泊松比 μ，并认为 c 值为零，用过原点的各应力圆切线确定不同围压下的 φ 值。同时考虑到土体在受荷过程中有加荷→卸荷→再加荷情况，又增加了反映水位升高、降落情况的有关应力应变特性参数，即卸荷、再加荷弹性模量 E_{ur} 及参数 K_{ur} 等。沉积物粗粒土 E－B 模型应力-应变参数成果见表 5.6－12。

表 5.6－12　　　　　　　　　粗粒土 E－B 模型参数成果表

岩组	试验曲线	干密度/(g/cm³)	试验状态	E－B 模型参数									
				K	n	c	φ	φ_0	$\Delta\varphi$	R_f	K_{ur}	K_b	m
IV₁、V	平均线	2.21	CD	337	0.785	40	32.7	—	—	0.56	—	219	0.172
I、II	平均线	2.16	CD	1194	0.493	—	—	43.7	6.6	0.88	1293	899	0.219

2）南水弹塑性模型参数。南水弹塑性模型是由南京水科院沈珠江院士提出的，计算参数根据试验三轴试验的应力-应变曲线求得，其中前几个参数与邓肯 E－B 模型相同，其余 C_d、n_d、R_d 三个参数是与土样剪胀性有关，C_d 为 $\sigma_3/P_a=1$ 时的最大剪缩体积应变，ε_{vd}、n_d 反映 ε_{vd} 随 σ_3 变化的规律，$R_d=(\sigma_1-\sigma_3)_d/(\sigma_1-\sigma_3)_{ult}$ 为剪胀比，其值随 σ_3 略有变化。沉积物粗粒土南水模型参数成果见表 5.6－13。

表 5.6－13　　　　　　　　　粗粒土南水模型参数成果表

岩组	试验曲线	干密度/(g/cm³)	试验状态	南水模型参数									
				K	n	c	φ	φ_0	$\Delta\varphi$	R_f	R_d	c_d	n_d
IV、V	平均线	2.21	CD	337	0.785	40	32.7	—	—	0.56	0.39	0.0039	0.5929
I、II	平均线	2.16	CD	1194	0.493	—	—	43.7	6.6	0.88	0.83	0.0025	0.8382

5.6.2　西藏某水库冰水沉积物物理力学性质试验

5.6.2.1　冰水沉积物结构特征

根据钻孔揭露，坝基冰水沉积物自上而下分为①、②、③层。

5.6.2.2　沉积物密度

对坝基冰水沉积物工程特性研究中，采用 SM 植物胶护壁金刚石单动双管钻探工艺，取原状样试验，采取率达到 95%。针对性选择了坝基中部 ZK09－2、ZK09－3 两个钻孔取原状样进行密度试验，共做了 30 组岩芯密度试验，见表 5.6－14，其成果统计分析：第①层砂砾石干密度为 2.0～2.10g/cm³，粗砂层透镜体干密度为 1.6g/cm³；第②层砂砾石干密度为 2.06～2.10g/cm³，砂层透镜体干密度为 1.79g/cm³；第③层砂砾石干密度为 1.84～2.20g/cm³，砂层透镜体干密度为 1.85g/cm³。

5.6.2.3　密实度

在 ZK09－2 钻孔中 20m 范围不同深度进行了超重型动力触探试验，见表 5.6－15，ZK09－2 超重型动力触探结果 10m 以上沉积物属于稍密状态，10～20m 以下处于等密实状态。

表 5.6-14 河谷钻孔岩芯密度试验成果表

钻孔编号	岩性描述	试验深度/m	天然密度/(g/cm³)	含水量/%	天然干密度/(g/cm³)
ZK09-2	砾石	8.1～11.6	2.12 (2)	5.69 (2)	2.05 (2)
	中粗砂	17.7～17.8	1.86	16.50	1.60
	砾石	23.9～46	2.18 (4)	7.93 (4)	2.07 (4)
	中粗砂	55.5～55.7	1.78	19.70	1.49
ZK09-3	中粗砂夹砾石	26.4～26.5	1.98	10.76	1.79
	砾石	22.1～38.6	2.24 (6)	8.27 (6)	2.075 (6)
	砾石夹中粗砂	39.2～39.3	2.13	7.24	1.99
	砾石	40.0～44.6	2.39 (4)	9.74 (4)	2.18 (4)
	中粗砂	48.0～54.2	2.04 (3)	10.8 (3)	1.74 (3)
	砾石	54.3～75.7	2.16 (6)	8.55 (6)	1.98 (6)

注 表中括号内数字代表试验组数。

表 5.6-15 坝基 ZK09-2 砾石层超重型动力触探试验成果表

试验深度/m	锤击数/击	修正后锤击数/击	密实度
2.4	4	4	稍密
4.4	4	4	稍密
6.6	6	6	稍密
8.3	4	4	稍密
10.4	7	6	稍密
12.5	11	9	中密
14.1	11	8	中密
16.0	12	9	中密
18.4	9	7	中密
20.4	11	8	中密

5.6.2.4 颗粒级配

选择了 ZK1、ZK2、ZK3 三个代表性钻孔，采用金刚石双管单动植物胶护壁钻探取芯技术，取原状样，进行分层取样颗粒级配试验。表 5.6-16 为冰水沉积物颗分试验成果汇总表。

第①层：根据 1 组探坑取样颗分试验，卵石含量 3.6%，砾石含量 60.4%，砂含量 32.2% 左右，含泥量 3.8%。根据钻孔 7 组岩芯样颗分试验，卵石含量平均为 10.59%，砾石含量平均为 71.84%，小于 2mm 的细粒含量平均为 17.57%，含泥量平均为 3.24%，不均一系数为 44.85。

第②层：根据 12 组钻孔岩芯样颗分试验，卵石含量平均为 11.1%，砾石含量平均为 71.6%，小于 2mm 的含量平均为 17.3%，含泥量平均为 4.3%，不均一系数平均为 70.9。该层局部夹有粉土夹层。

表 5.6 - 16   冰水沉积物颗分试验成果汇总表

层位及组数		颗粒级配										含泥量/%	比重
		颗粒组成/%				d_{60} /mm	d_{50} /mm	d_{30} /mm	d_{10} /mm	不均匀系数	曲率系数		
		卵石	砾石	砂粒	细粒								
		>60mm	60～2mm	2～0.075mm	<0.075mm								
第①层 (7组)	平均值	10.59	71.84	14.33	3.24	25.03	18.47	8.61	0.65	44.85	4.56	3.24	2.67
	最大值	25.20	88.10	22.80	4.60	31.75	23.06	12.22	1.14	79.50	7.48	4.60	2.69
	最小值	0.00	59.80	10.90	1.00	17.91	12.36	2.71	0.24	21.63	1.64	1.00	2.65
第②层 (12组)	平均值	11.1	71.6	13.0	4.3	25.1	18.3	8.6	1.2	70.9	3.7	4.3	2.7
	最大值	33.9	82.8	32.3	7.9	46.9	33.8	18.7	3.5	438.4	15.2	7.9	2.7
	最小值	0.0	57.0	5.5	1.5	7.6	4.6	1.1	1.3	8.4	1.3	1.5	2.6
第③层 (4组)	平均值	25.4	54.4	14.1	6.1	38.772	25.845	9.271	0.701	55.26	3.24	6.1	2.67
	最大值	30.6	62.6	14.6	13.7	41.389	26.144	9.725	0.735	56.33	3.92	13.7	2.67
	最小值	20.1	52.5	13.6	2.3	36.154	25.545	8.816	0.667	54.18	2.56	2.3	2.66

第③层：根据 4 组钻孔岩芯样颗分试验，卵石含量平均为 25.4%，砾石含量平均为 54.4%，小于 2mm 的含量平均为 20.2%，含泥量平均为 6.1%，不均一系数平均为 55.26。该层卵石含量较高，卵石局部含量可达 20%，底部含有大漂石，结构密实。

5.6.3 青海某水利工程冰水沉积物物理力学性质试验

青海某大型水利工程冰水沉积物的卵石隧洞长度约 13.4km，以漂、块石及卵砾石为主，夹中、细砂及粉质黏土夹层或透镜体。结构中密～密实，无胶结，泥砂质充填。天然密度为 2.18～2.29g/cm³，天然干密度为 2.14～2.19g/cm³；天然含水量小于 5%。渗透系数 10^{-3} cm/s，属中等透水。

主要岩性为冰水堆积的砂砾石，一般粒径为 3～10cm，最大粒径为 40cm，泥沙质充填，磨圆一般，多呈次圆状～棱角状，洞壁去除大颗粒形成稳定凹穴，大颗粒锤击可敲出，母岩为闪长岩、砂岩、云母片岩。

中～上更新统卵石主要分布在黑林沟右岸—前窑村一带，是构成该段隧洞围岩及明渠地基的主要岩性，天然露头较少，大部分被坡积黄土状土覆盖。

1. 颗粒组成

根据对部分冲沟内卵石的颗分试验（表 5.6 - 17）。从试验数据看，下宽、庄头等大通盆地西部边缘丘陵一带分布的砂砾石以卵石为主，而在阴坡村分布的砂砾石以砾石为主。从天然露头调查，该层中含漂石，漂石最大粒径可见 80cm。卵、砾成分：黑林河—水草湾以前段以花岗片麻岩、片麻岩、石英片岩为主，宗阳沟—松林段以石英岩为主。

在 8 号隧洞出口和 20 号隧洞出口布置深度 50m 和 100m 的两条砂砾石平洞，在不同深度处取样进行现场颗分试验，根据试验，8 号隧洞出口平洞中卵石含量 36.8%～46.8%，砾石含量 33.1%～47.8%，砂含量 9.2%～17.1%，黏粉粒含量 5.7%～9.2%，最大可见颗粒 83cm；20 号隧洞出口处平洞中卵石含量 12.2%～53.4%，砾石含量 20.3%～

表 5.6 - 17　　　　　　　　　　　　颗分试验成果统计表

取样组数	颗粒级配						比重
	颗粒组成/%				不均匀系数	曲率系数	
	卵石	砾石	砂粒	黏粉粒			
3	29.5~71.1	19.7~45	5~12	4.2~13.5	54.11~1409.5	7.8~21.51	2.62
3	41.5~58.1	24.8~37.3	14.5~21.1	2.6~3.1	176.55~365.24	3.06~14.77	2.66
3	10.2~13.5	43.8~57.8	15.6~16.7	12.2~18.4	187.54~249.62	0.28~1.09	2.64
5	36.8~46.5	33.1~47.8	9.2~17.1	5.7~9.2	102.5~559.7	3.16~4.67	2.68
10	12.2~53.4	20.3~47.3	16.7~30.3	7.1~27.2	214.2~1251.8	0.37~2.47	2.67

47.3%，砂含量 16.7%~30.3%，黏粉粒含量 7.1%~27.2%，最大可见粒径 1.8m。从两条平洞揭露情况及试验成果看，同一地点处砂砾石颗粒组成差异较小，只有局部粉土、砂夹层、透镜体的存在导致局部颗粒组成差异较大。从两条平洞颗粒组成比较，20 号隧洞出口处平洞中大颗粒及细颗粒含量明显较高，砾石含量明显较低，颗粒级配较差，存在明显的分选堆积现象，平洞中细颗粒集中堆积段缺少大颗粒骨架的支撑作用，为砂砾石隧洞围岩稳定的薄弱段。

2. 密实度

根据干渠沿线冲沟内中~上更新统卵石层孔内动力触探试验（表 5.6 - 18），修正后击数 11~34.8 击，密实程度为中密~密实，根据对部分冲沟两侧岸坡中~上更新统卵石的密度试验（表 5.6 - 19），天然密度 2.18~2.29g/cm³，天然干密度 2.14~2.19g/cm³；天然含水量均小于 5%。

表 5.6 - 18　　　　　　　　　　　重型动力触探试验成果统计表

钻孔编号	地层岩性	试验深度/m	修正后击数/击	密实度
XZK9	卵石	10.6~14.4	12.3	中密
XZK12	卵石	6~19.6	11	中密
XZK14	卵石	8.3~18	17~28	中密~密实
XZK16	卵石	3.0~19.9	19.4~35.6	中密~密实
XZK17	卵石	17.0~17.1	34.8	密实
XZK19	卵石	11.7~11.8	18.9	中密
XZK21	卵石	17.0~17.3	12.5~27	中密~密实

该类冰水沉积物地下水活动轻微~中等，开挖过程中有渗水、滴水现象，局部段位于地下水位以下，存在突水、突泥等重大工程地质问题。由于其整体性极差，含水量较高时隧洞易产生大规模塌方，成洞条件差，施工中采用了先导孔探测、超前灌浆等支护措施。

表 5.6-19 密度试验统计表

试验编号	天然密度/(g/cm³)		天然含水量/%		天然干密度/(g/cm³)	
1	2.18		2.1		2.14	
2	2.21	2.23	3.2	3.2	2.14	2.16
3	2.26		3.4		2.19	
4	2.25		3.9		2.17	
1	2.20		3.0		2.14	
2	2.19	2.23	2.8	3.5	2.13	2.16
3	2.28		4.3		2.19	
4	2.25		3.7		2.17	

6 冰水沉积物水文地质试验 *

在冰水沉积物水文地质勘察中，渗透特性是勘察工作的重点，也是设计和施工中关键参数的组成部分。目前常规确定渗透系数的现场试验主要有抽水试验、注水试验、微水试验、示踪法试验、渗透变形试验等。这些方法的主要缺点是试验周期长，耗费人力和物力多，受野外作业条件制约大。在有些沉积物勘察中，具有距离远、条件差、勘察难度大等特点，因此需要开发应用测试方式简单、操作速度快的水文地质试验技术。

水利水电工程冰水沉积物水文地质参数测试的主要内容一般有以下方面：

（1）地下水水位、水头（水压）、水量、水温、水质及其动态变化，地下水基本类型、埋藏条件和运动规律。

（2）沉积物水文地质结构，含水层、透水层与相对隔水层的厚度、埋藏深度和分布特征，划分含水层（透水层）与相对隔水层。

（3）沉积物地下水的补给、径流、排泄条件。

（4）渗透张量计算、给水度、影响半径计算等。

6.1 试坑注水试验

冰水沉积物常用的注水试验方法有试坑法、单环法和双环法等。

6.1.1 现场简易试坑法注水试验

6.1.1.1 基本要求

试坑法注水试验如图 6.1-1 所示，常用方法的基本要求如下：

（1）试坑深 30～50cm，坑底一般高出潜水位 3～5m，最好大于 5m。

（2）坑底应修平并确保试验土层的结构不被扰动。

（3）应在坑底铺垫 2～5cm 厚粒径为 5～10mm 的砾石或碎石作为过滤缓冲层。

（4）水深达到 10cm，开始记录时间及量测注入水量，并绘制 $Q\text{-}t$ 关系曲线。

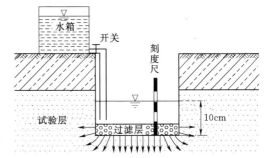

图 6.1-1 试坑法注水试验示意图

（5）试验过程中，应保持水深在 10cm，波动幅度不应大于 0.5cm，注入的清水水量量测精度应小于 0.1L。

---

* 本章由白云、王有林、王文革执笔，赵志祥校对。

6.1.1.2　操作方法和要求

（1）水位稳定 30min 后，间隔 5min 量测 1 次，至少连续量测 6 次。

（2）连续 2 次量测的注入流量之差小于最后一次流量时试验即可结束，取最后一次注入流量作为计算值，当注入水量达到稳定并延续 2～5h，试验即可结束。

6.1.1.3　优、缺点

（1）优点：安置简便。

（2）缺点：受侧向渗透影响较大，成果精度低。

6.1.1.4　计算公式

渗透系数的计算公式为

$$k = \frac{Q}{F(H+l+H_k)} \tag{6.1-1}$$

式中　k——试验土层渗透系数，cm/s；

　　　Q——注入流量，L/min，取值为 16.7cm³/s；

　　　F——试坑底面积，cm²；

　　　H——试验水头，cm，$H=10$cm；

　　　H_k——试验土层的毛细上升高度，cm；

　　　l——从试坑底起算的渗入深度，cm。

6.1.2　单环法注水试验

6.1.2.1　基本要求

单环法注水试验如图 6.1-2 所示，单环注水试验适用于地下水位以上的砂土、砂卵砾石等土层。常用方法的基本要求如下：

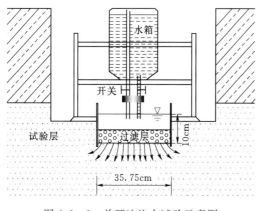

图 6.1-2　单环法注水试验示意图

（1）注水环（铁环）嵌入试验土层深度不小于 5cm，且环外用黏土填实，确保周边不漏水。

（2）水深达到 10cm 后，开始每隔 5min 量测一次，连续量测 5 次，以后每隔 20min 量测一次，连续量测次数不少于 6 次。

（3）当连续 2 次观测的注入流量之差不大于最后一次注入流量的 10% 时，试验即可结束，并取最后一次注入流量作为计算值。

6.1.2.2　优、缺点

（1）优点：安置简便。

（2）缺点：未考虑受侧向渗透的影响，成果精度稍差。

6.1.2.3　计算公式

渗透系数的计算公式为

$$k = \frac{Q}{F} \qquad (6.1-2)$$

式中　k——试验土层渗透系数，cm/s；

　　　Q——注入流量，L/min，取值 16.7cm³/s；

　　　F——试坑底面积，cm²，为方便计算可设环内径 $\phi = 35.75$cm，即 $F \approx 1000$cm²。

6.1.3　双环法注水试验

6.1.3.1　基本要求

双环法注水试验如图 6.1-3 所示，双环注水试验适用于地下水位以上的粉土层和黏性土层。基本要求如下：

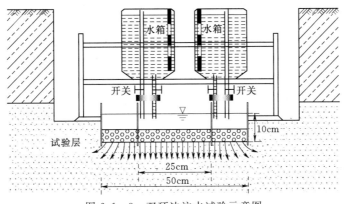

图 6.1-3　双环法注水试验示意图

（1）两注水环（铁环）按同心圆状嵌入试验土层深度不小于 5cm，并确保试验土层的结构不被扰动，环外周边不漏水。

（2）水深达到 10cm 后，开始每隔 5min 量测一次，连续量测 5 次，之后每隔 15min 量测一次，连续量测 2 次，之后每隔 30min 量测一次，连续量测次数不少于 6 次。

（3）当连续 2 次观测的注入流量之差不大于最后一次注入流量的 10% 时，试验即可结束，并取最后一次注入流量作为计算值。

（4）试验前在距 3～5m 试坑处打一个比坑底深 3～4m 的钻孔，并每隔 20cm 取土样测定其含水量。试验结束后，应立即排出环内积水，在试坑中心打一个同样深度的钻孔，每隔 20cm 取土样测定其含水量与试验前资料对比以确定注水试验的渗入深度。

6.1.3.2　优、缺点

安置、操作较复杂；基本排除侧向渗透的影响，成果精度较高。

6.1.3.3　计算公式

渗透系数的计算公式为

$$k = \frac{Q}{F(S + l + H_k)} \qquad (6.1-3)$$

式中　k——试验土层渗透系数，cm/s；

　　　Q——注入流量，L/min，取值 16.7cm³/s；

　　　F——试坑底面积，cm²，内环 $\phi = 25$cm，外环 $\phi = 50$cm。

6.1.4 青海某大型水利工程注水试验

该工程冰水沉积物中,对1号、3号勘探平洞部分卵石进行了单环渗水试验(表6.1-1、表6.1-2、表6.1-3),从试验结果看,渗透系数均为10^{-3}cm/s,属中等透水。

表6.1-1　　　　　　　　　　　1号勘探平洞现场注水试验成果表

位置/m	密度 $\rho/(kg/m^3)$	含水率 $\omega/\%$	干密度 $\rho_干/(kg/m^3)$	渗透系数 $k/(cm/s)$
50	2.395	6.42	2.25	3.26×10^{-3}
45	2.334	7.12	2.178	
40	2.45	6.94	2.291	3.27×10^{-3}
35	2.467	8.19	2.28	
30	2.196	6.658	2.06	3.29×10^{-3}
25	2.419	6.85	2.263	
20	2.42	7.58	2.249	3.18×10^{-3}
15	2.286	7.79	2.122	
10	2.216	7.44	2.063	3.12×10^{-3}
5	1.84	7.22	1.713	

表6.1-2　　　　　　　　　　　3号勘探平洞现场注水试验成果表

位置/m	密度 $\rho/(kg/m^3)$	含水率 $\omega/\%$	干密度 $\rho_干/(kg/m^3)$	渗透系数 $k/(cm/s)$
100	2.107	6.75	1.97	1.66×10^{-2}
95	2.319	8.13	2.14	
90	2.34	7.08	2.185	7.54×10^{-3}
85	2.414	9.03	2.21	
80	2.252	6.38	2.116	3.78×10^{-3}
75	2.309	8.53	2.128	
70	2.309	8.81	2.122	1.35×10^{-2}
65	2.346	6.03	2.21	
60	2.278	7.15	2.125	5.12×10^{-3}
55	2.38	5.93	2.25	
50	2.41	10.15	2.187	3.07×10^{-3}
45	2.18	5.15	2.07	
40	2.21	6.61	2.073	5.15×10^{-3}
35	1.952	5.25	1.883	
30	2.209	3.58	2.133	5.97×10^{-3}
25	2.179	4.4	2.087	
20	2.415	6.73	2.26	3.18×10^{-3}
15	2.614	5.58	2.472	
10	2.26	7.12	2.11	2.12×10^{-3}
5	2.418	9.59	2.2	

表 6.1-3　　　　　　　　　　　渗 水 试 验 成 果 表

岩性	组数	渗透系数范围值/(cm/s)	平均值/(cm/s)	渗透性等级
卵石	4	$1.9 \times 10^{-3} \sim 5.6 \times 10^{-3}$	3.1×10^{-3}	中等透水
卵石	4	$3.2 \times 10^{-3} \sim 5.1 \times 10^{-3}$	4.5×10^{-3}	中等透水
卵石	4	$4.2 \times 10^{-3} \sim 7.9 \times 10^{-3}$	6.3×10^{-3}	中等透水

6.2　钻孔注水试验

钻孔注水试验是现场测定冰水沉积物渗透系数的一种简便有效的原位试验方法,工程实践中已经得到了广泛的应用并积累了一定的经验。

6.2.1　钻孔常水头注水试验

钻孔常水头注水试验适用于渗透性比较大的壤土、粉土、砂土和砂卵砾石层,或不能进行压水试验的风化破碎岩体、断层破碎带等透水性较强的岩土体。

6.2.1.1　基本要求

钻孔常水头注水试验应符合下列规定:

(1) 试验结构简图可按图 6.2-1 布置。

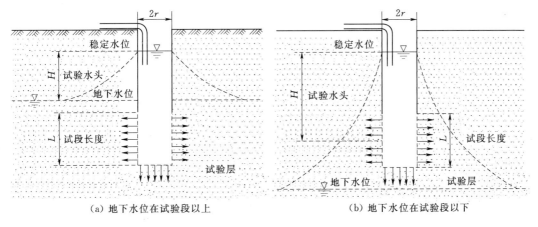

(a) 地下水位在试验段以上　　　　　　　　(b) 地下水位在试验段以下

图 6.2-1　钻孔注水试验结构简图

(2) 试验装置好,确认试验段已隔离后,向孔内注入清水至一定高度或至孔口并保持稳定,测定水头值。保持水头不变,观测注入流量。

(3) 开始每隔 5min 量测一次,连续量测 5 次;之后每隔 20min 量测一次并至少连续量测 6 次,并绘制 Q-t 关系曲线。

(4) 当连续 2 次量测的注入流量之差不大于最后一次注入流量的 10% 时,试验即可结束,取最后一次注入流量作为计算值。

6.2.1.2　渗透系数计算公式

当注水试验段位于地下水位以下时,渗透系数宜采用以下方法进行计算。

(1) 对层且水平分布宽的含水层渗透系数可按下列公式进行计算:

当 $l/r \leqslant 4$ 时

$$k = \frac{0.08Q}{rS\sqrt{(2l+r)/4r}} \qquad (6.2-1)$$

当 $l/r > 4$ 时

$$k = \frac{0.366Q}{lS}\lg\frac{2l}{r} \qquad (6.2-2)$$

式中 k——试验土层渗透系数，cm/s；

       l——注水试段长度或过滤器长度，m；

       Q——稳定注水量，m³/d；

       S——孔中试验水头高度，m；

       r——钻孔或过滤器内半径，m。

（2）对渗透性比较大的粉土、砂土和砂卵砾石层或不能进行压水试验的风化破碎岩体、断层破碎带等透水性较强的岩体，则可按下式进行计算：

$$k = \frac{16.67Q}{AS} \qquad (6.2-3)$$

式中 k——试验土层渗透系数，cm/s；

       A——形状系数，cm，按表 6.2-1 选用；

       Q——稳定注水量，m³/d；

       S——孔中试验水头高度，m。

（3）当注水试验段位于地下水位以上，且 $50 < H/r < 200$，$H \leqslant l$ 时，渗透系数数宜采用下式进行计算：

$$k = \frac{7.05Q}{lH}\lg\frac{2l}{r} \qquad (6.2-4)$$

式中 k——试验土层渗透系数，cm/s；

       r——钻孔或过滤器内半径，cm；

       H——孔中试验水头高度，m；

       l——注水试段长度或过滤器长度，cm；

       Q——稳定注水量，m³/d。

6.2.2 钻孔降水头注水试验

钻孔降水头注水试验适用于地下水位以下粉土、黏性土层或渗透系数较小的岩层。

1. 基本要求

试验应符合下列规定：

（1）试验结构简图按图 6.2-1 布置。

（2）试验装置好，确认试段已隔离后，向孔内注入清水至一定高度或至孔口并保持稳定作为初始水头值，停止供水。

（3）开始间隔时间为 1min，连续观测 5 次；然后间隔为 10min，观测 3 次；后期观测间隔时间应根据水位下降速度确定，可每隔 30min 量测一次。并在现场绘制 $\ln(H_t/H_0)-t$ 关系曲线（图 6.2-2），当水头下降比与时间关系不呈直线时说明试验不正确，应检查重新试验。

（4）当试验水头下降到初始试验水头的 0.3 倍或连续观测点达到 10 个以上时，可结束试验。

　　2. 渗透系数计算公式

　　渗透系数可按下式进行计算：

$$k = \frac{0.0523r^2}{AT} \qquad (6.2-5)$$

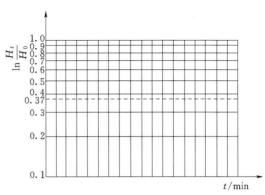

图 6.2-2　钻孔降水头注水试验

$\ln \dfrac{H_t}{H_0} - t$ 曲线图

式中　k——试验土层渗透系数，cm/s；

　　　　r——套管内半径，cm；

　　　　A——形状系数，cm，按表 6.2-1
选用；

　　　　T——滞后时间，min，可用式

$T = \dfrac{t_2 - t_1}{\ln \dfrac{H_1}{H_2}}$ 计算或在 $\ln \dfrac{H_t}{H_0} - t$

　　　　关系图上求解；

　　　　t_1、t_2——试验某一时刻的时间，min；

H_1、H_2——在试验时间 t_1、t_2 时的试验水头，cm。

表 6.2-1　　　　　　　　　　钻 孔 形 状 系 数 值 A

试验条件	示　意　图	A 值	备　　注
试段位于地下水位以下，钻孔套管下至孔底，孔底进水		$A = 5.5r$	
试段位于地下水位以下，钻孔套管下至孔底，孔底进水，试验土层顶板为不透水层		$A = 4r$	
试段位于地下水位以下，孔内不下套管或部分下套管，试验段裸露或下花管，孔壁与孔底进水		$A = \dfrac{2\pi l}{\ln \dfrac{ml}{r}}$	$\dfrac{l}{r} > 8$　$m = \sqrt{k_h/k_v}$ 式中 k_h、k_v 分别为试验土层的水平、垂直渗透系数。无资料时，m 值可根据土层情况估算

试验条件	示　意　图	A 值	备　注
试段位于地下水位以下，孔内不下套管或部分下套管，试验段裸露或下花管，孔壁和孔底进水，试验土层顶部为不透水		$A = \dfrac{2\pi l}{\ln \dfrac{2ml}{r}}$	$\dfrac{l}{r} > 8$ $m = \sqrt{k_h / k_v}$ 式中 k_h、k_v 分别为试验土层的水平、垂直渗透系数。无资料时，m 值可根据土层情况估算

6.2.3　西藏某水库冰水沉积物钻孔注水试验

西藏某水库坝基砾石层钻孔揭露最大厚度 84.4m。根据抽、注水试验（表 6.2-2），卵、砾石层各层之间由于密实度及含泥量的不同，在透水性上存在一定差异。上部 $0\sim30$m 渗透系数 $11.73\sim82.62$m/d，为强透水层；$30\sim60$m 渗透系数 $12.53\sim23.07$m/d，为强透水层；60m 以下渗透系数 $4.16\sim19.71$m/d，为中等透水～强透水层。

在坝基渗漏量计算时，由相应公式计算坝基总体渗透系数在水平向计算时取值为：$0\sim30$m 取 46.2m/d，$30\sim60$m 取 17.8m/d，$60\sim84.4$m 取 10.8m/d。

表 6.2-2　　　　　　　　　钻孔抽、注水试验成果表

位置	试验深度/m	试验方法	渗透系数 m/d	渗透系数 cm/s	透水性分级
ZK1	13	钻孔抽水	25.84	2.99×10^{-2}	强透水层
	13	钻孔抽水	19.17	2.22×10^{-2}	强透水层
	21.6	钻孔抽水	11.73	1.36×10^{-2}	强透水层
	36.1	钻孔注水	12.53	1.45×10^{-2}	强透水层
	61.6	钻孔注水	4.16	4.81×10^{-3}	中等透水层
ZK3	12.05	钻孔抽水	47.02	5.44×10^{-2}	强透水层
	18.4	钻孔抽水	82.62	9.56×10^{-2}	强透水层
	31.2	钻孔注水	23.07	2.67×10^{-2}	强透水层
	62	钻孔注水	8.56	9.91×10^{-3}	中等透水层
	72	钻孔注水	19.71	2.28×10^{-2}	强透水层
ZK09-1	11.6	钻孔注水	32.1	3.72×10^{-2}	强透水层
	13.5	钻孔注水	53.0	6.13×10^{-2}	强透水层
ZK09-4	6.0	钻孔注水	50.4	5.83×10^{-2}	强透水层
	9.7	钻孔注水	61.6	7.13×10^{-2}	强透水层
	15.8	钻孔注水	79.0	9.14×10^{-2}	强透水层

6.3 同位素示踪法水文地质测试

放射性同位素测试技术测定含水层水文地质参数的方法是国内外于 20 世纪 70 年代初发展起来的，并于 20 世纪 70 年代后期从实验室逐渐走向生产实践，因此该方法目前已被国外广泛应用。我国自 20 世纪 80 年代开始使用该技术，并在 20 世纪 90 年代得到较大范围应用和推广。

放射性同位素示踪法测井技术在测定含水层水文地质参数方面经过多年理论与实践已取得了长足进展。该方法目前可以测定含水层诸多水文地质参数，例如地下水流向、渗透流速（V_f）、渗透系数（k_d）、垂向流速（V_v）、多含水层的任意层静水头（S_i）、有效孔隙度（n）、平均孔隙流速（u）、弥散率（α_l、α_T）和弥散系数（D_l、D_T）等。

该技术与传统水文地质试验相比具有许多优点，可以解决传统水文地质试验无法解决的实际问题，与传统抽水试验相比主要具有以下特点：①可以测试厚度很大的松散沉积物的地下水参数；②比抽水试验取得的参数质量更高、数量更多，能较大限度地满足地质分析和方案设计要求；③不会对钻孔附近地层的稳定性产生影响，而抽水试验则会影响抽水孔附近地层的稳定性；④可获得用抽水试验不能获得的参数；⑤该方法是利用地下水天然流场来测试地下水参数，而抽水方法则是从钻孔中抽水造成水头或水位重新分布来获得水文地质参数，因此更能反映自然流场条件下的水文地质参数，所获得的参数更能反映实际情况。

目前使用的测试仪器多是在 20 世纪 90 年代由我国自行设计研发的放射性同位素地下水参数测试仪器，该仪器结构如图 6.3 - 1 所示。

6.3.1 基本原理

该方法的基本原理是对井孔滤水管中的地下水用少量示踪剂 I^{131} 标记，标记后的水柱示踪剂浓度不断被通过滤水管的含水层渗透水流稀释而降低。其稀释速率与地下水渗透速度有关，根据这种关系可以求出地下水渗流流速，然后根据达西定理获得含水层渗透系数。

放射性同位素测井技术不受井液温度、压力、矿化度的影响，测试灵敏度高、方便快捷、准确可靠，可测孔径为 50～500mm，孔深超过 500m。根据测试方法以及测试目的，该方法可以分为多种类型（表 6.3 - 1）。

采用同位素示踪法测试沉积物水文地质参数时，当河流水平流速测试范围为 0.05～100m/d，垂向流速测试范围为 0.1～100m/d 时，每次投放量应低于 1×10^8 Bq。当水流 $V_v >$ 0.1m/d 时，相对误差小于 3%；当水流 $V_f >$ 0.01m/d 时，相对误差小于 5%。

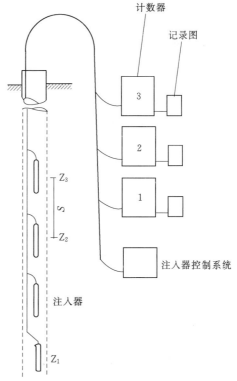

图 6.3 - 1 放射性同位素地下水参数测试仪器结构图

表 6.3－1   同位素示踪法测定沉积物水文地质参数方法分类表

Ⅰ级分类	Ⅱ级分类	可 测 参 数
单孔技术	单孔稀释法	渗透系数、渗透流速
	单孔吸附示踪法	地下水流向
	单孔示踪法	孔内垂向流速、垂向流量
多孔技术	多孔示踪法	平均孔隙流速、有效孔隙度、弥散系数

6.3.2　计算理论与方法

同位素单孔稀释法测试含水层渗透系数的方法可分为公式法和斜率法。

6.3.2.1　公式法

公式法确定含水层渗透系数是根据放射性同位素初始浓度（$t=0$ 时）计数率和某时刻放射性同位素浓度计数率的变化来计算地下水渗流流速，然后根据达西定律求出含水层渗透系数。示踪剂浓度变化与地下水渗流流速之间的关系服从下列公式：

$$V_f = (\pi r_1/2\alpha t) \times \ln(N_0/N) \qquad (6.3-1)$$

式中　V_f——地下水渗透速度，cm/s；

　　　r_1——滤水管内半径，cm；

　　　N_0——同位素初始浓度（$t=0$ 时）计数率；

　　　N——t 时刻同位素浓度计数率；

　　　α——流畅畸变校正系数；

　　　t——同位素浓度从 N_0 变化到 N 的观测时间，s。

根据式（6.3－1）可以获得含水层中地下水渗流流速，然后根据达西定律关系式（6.3－2）可以计算含水层渗透流速。

$$V_f = k_d J \qquad (6.3-2)$$

式中　k_d——含水层渗透系数，cm/s；

　　　J——水力坡度。

根据式（6.3－1）和式（6.3－2）得含水层渗透系数为

$$k_d = [(\pi r_1/2\alpha t) \times \ln(N_0/N)]/J \qquad (6.3-3)$$

应用式（6.3－3）计算含水层渗透系数 k_d，实际上是利用两次同位素浓度计数率的变化来计算含水层渗透系数 k_d。

6.3.2.2　斜率法

斜率法是根据测试获取的 $t-\ln N$ 曲线斜率来确定含水层渗透系数。该方法考虑了某测点的所有合理测试数据，测试成果更具全面性与代表性。从理论上讲，若含水层中的地下水为稳定层流时 $t-\ln N$ 曲线为直线，可以根据曲线斜率计算渗透速度 V_f。因此，若实际测试曲线为直线时说明测试试验是成功的、测试结果是可靠的。

斜率法计算含水层渗透系数的具体方法是：首先根据测试数据绘制 $t-\ln N$ 曲线，通过 $t-\ln N$ 曲线一方面可以分析测试试验是否成功，另一方面能够确定 $t-\ln N$ 曲线斜率，为含水层渗透系数计算提供必要参数；然后应用下列计算公式计算含水层渗透系数：

$$k = \pi r_1/2\alpha V_f \times \ln N_0 - \pi r_1/2\alpha V_f \times \ln N \qquad (6.3-4)$$

式（6.3-4）中的 $\pi r_1/2\alpha V_f \times \ln N_0$ 可以看成常数，则 $t-\ln N$ 曲线的斜率为 $-\pi r_1/2\alpha V_f$。

设曲线的斜率为 m，则

$$m=-3.14r_1/2\alpha V_f \quad \therefore V_f=-3.14r_1/2\alpha m \tag{6.3-5}$$

根据 $t-\ln N$ 数曲线上获得的 m 值，即可获得含水层地下水渗透流速。

在渗透流速测试时，同时测得试验钻孔处的水力坡度，根据达西定律可计算含水层渗透系数。可用式（6.3-6）计算含水层渗透系数：

$$k_d=\frac{-3.14r_1}{2\alpha mJ} \tag{6.3-6}$$

该方法根据测试实验的 $t-\ln N$ 半对数曲线斜率计算含水层渗透系数，它考虑了某测点的所有合理测试数据。

6.3.2.3 计算参数的确定

放射性同位素示踪法测试地下水参数受多种因素的影响。如钻孔直径、滤管直径、滤管透水率、滤管周围填砾厚度、填砾粒径等因素对测试结果都有一定影响，进行试验参数处理时应考虑这些影响因素，以使试验结果更可靠、更合理、更能反映实际情况。

采用该方法计算沉积物渗透系数主要涉及流场畸变校正系数和水力坡度两个参数。通过多年实践总结提出了放射性同位素示踪法测试含水层渗透系数的流场畸变校正系数 α。该参数考虑了多种因素对测试成果的影响，引入该参数可以使获取的渗透系数更能反映实际情况。为了在确定含水层地下水流流速的基础上计算含水层渗透系数，还应通过现场测试确定测试孔附近的地下水同步水力坡度。

6.3.2.4 流场畸变校正系数 α 的确定

流场畸变校正系数 α 是由于含水层中钻孔的存在引起的滤水管附近地下水流场产生畸变而引入的一个参变量。其物理意义是地下水进入或流出滤水管的两条边界流线，在距离滤水管足够远处两者平行时的间距与滤水管直径之比。

（1）流场畸变校正系数 α 的计算理论。流场畸变校正系数 α 受多种因素的影响，主要受测试孔的尺寸与结构影响，一般情况下流场畸变校正系数 α 的计算分两种情况。

1）在均匀流场且井孔不下过滤管、不填砾的裸孔中，取 $\alpha=2$。有滤水管的情况下一般由式（6.3-7）计算获得：

$$\alpha=4\div\{1+(r_1/r_2)^2+k_3/k_1[1-(r_1/r_2)^2]\} \tag{6.3-7}$$

式中　k_1——滤水管的渗透系数，cm/s；

　　　k_2——含水层的渗透系数，cm/s；

　　　r_1——滤水管的内半径，cm；

　　　r_2——滤水管的外半径，cm。

2）对于既下滤管又有填砾的情况下，流场畸变校正系数 α 与滤管内、外半径，滤管渗透系数，填砾厚度及填砾渗透系数等多因素有关。流场畸变校正系数 α 可用式（6.3-8）进行计算：

$$\alpha=8\div\{(1+k_3/k_2)\{1+(r_1/r_2)^2+k_2/k_1[1-(r_1/r_2)^2]\}+(1-k_3/k_2)$$
$$\times\{(r_1/r_3)^2+(r_2/r_3)^2+[(r_1/r_3)^2-(r_2/r_3)^2]\}\} \tag{6.3-8}$$

式中 r_3——钻孔半径，cm；

k_2——填砾的渗透系数，cm/s；

其余符号意义同前。

（2）k_1、k_2 和 k_3 的确定方法。

1）滤水管渗透系数 k_1 的确定。滤水管的渗透系数 k_1 的确定涉及测试井滤网的水力性质，可根据过滤管结构类型通过试验确定，或通过水力试验测得，或类比已有结构类型基本相同的过滤管来确定。粗略的估计是 $k_1 = 0.1f$，f 为滤网的穿孔系数（孔隙率）。

2）填砾渗透系数 k_2 的确定。填砾的渗透系数 k_2 可由式（6.3-9）确定：

$$k_2 = C_2 d_{50}^2 \tag{6.3-9}$$

式中 C_2——颗粒形状系数，当 d_{50} 较小时，可取 $C_2 = 0.45$；

d_{50}——砾料筛下的颗粒重量占全重 50% 时可通过网眼的最大颗粒直径，mm，通常取粒度范围的平均值。

3）含水层渗透系数 k_3 的估算。如果在沉积物钻探时，$k_1 > 10k_2 > 10k_3$，且 $r_3 > 3r_1$，则 α 与 k_3 没有依从关系。但实际上很难实现 $k_1 > 10k_2$，而且只有滤水管的口径很小时才能达到 $r_3 > 3r_1$。虽然 α 依赖含水层渗透系数 k_3，但若分别对式（6.3-7）的条件为 $k_3 \leqslant k_1$ 和对式（6.3-8）的条件为 $k_3 \leqslant k_2$ 时，则 k_3 对 α 的影响很小，可忽略不计，也可参照已有抽水试验资料或由估值法确定，也可由公式估算。

6.3.2.5 地下水水力坡降 J 的确定

水力坡降是表征地下水运动特征的主要参数，它既可以通过试验的方法确定，也可以通过钻孔地下水水位的变化来确定。应用放射性同位素法测试沉积物渗透系数时，应测定与同位素测试试验同步的地下水水力坡降，以便计算测试含水层的渗透系数。

6.3.3 测试方法

测试时首先根据含水层埋深条件确定井孔结构和过滤器位置，选取施测段；然后用投源器将人工同位素放射性 I^{131} 投入测试段，进行适当搅拌使其均匀；接着用测试探头对标记段水柱的放射性同位素浓度值进行测量。人工放射性同位素 I^{131} 为医药上使用的口服液，该同位素放射强度小、衰变周期短，因此使用人工放射性同位素 I^{131} 进行水文地质参数测试不会对环境产生危害。

为了保证放射源能在每段搅拌均匀，每个测试实验段长度一般取 2m，每个测段设置观测 3 个测点，每个测点的观测次数一般为 5 次。在半对数坐标纸上绘制稀释浓度与时间的关系曲线，若稀释浓度与时间的关系曲线呈直线关系，说明测试实验是成功的。

6.3.4 典型工程放射性同位素水文地质测试

四川九龙河某水电站坝址区河床沉积物一般厚度为 30～40m，最厚达 45.5m。从层位分布和物质组成特征上，河床沉积物可分为三大岩组，即上部的 Ⅰ 岩组为河流冲积和洪水泥石流堆积的漂块石、碎石土混杂堆积形成的粗粒土层，中部的 Ⅱ 岩组为堰塞湖相的粉质黏土层及下部的 Ⅲ 岩组为冰水沉积物形成的砂卵砾石层。采用同位素示踪法对 ZK331 进行渗透系数测试。沉积物物质组成见表 6.3-2。

表 6.3 - 2　　　　　　　　　　ZK331 河床沉积物物质组成

孔深/m	沉积物名称	物 质 组 成
0～5.6	含块碎石砂卵砾石层	块石为变质砂岩占 10%；砂砾石中 1～3cm 的砾石占 10%，5～7cm 的砾石占 2%，其余为中粗砂
5.6～20.5	粉质黏土层	呈青灰色及灰白色，中密状态，部分岩芯呈柱状，含有 0.3～1cm 的少量砾石
20.5～24.6	含碎石泥质砂砾石层	青灰色，碎石占 30%～35%，未见砾石

按照测试要求，每个测试点有 5 次读数，根据公式法每个测点可以计算 4 个渗透系数值，根据测试获取的 t - $\ln N$ 半对数曲线应用斜率法可以获得 1 个渗透系数值。

6.3.4.1　计算参数的确定

根据渗透系数测试孔的结构特征、沉积物物质特征等条件，通过计算分析，流场畸变校正系数 α 采用 2.41。根据同期河水面水位测量结果，测试孔附近的同期河水面水力坡度 J 为 6.92‰。

6.3.4.2　ZK331 渗透系数测试成果分析

（1）0～5.6m 段。测试可靠性分析：该段为含块石砂砾石层，厚度为 5.6m。完成了 3.5m 长度段、5 个试验点的测试。该段 4.0m 处测试的 t - $\ln N$ 半对数曲线如图 6.3 - 2 所示，曲线具有良好的线性关系，相关性系数为 0.9877，说明该段测试成果是可靠的。

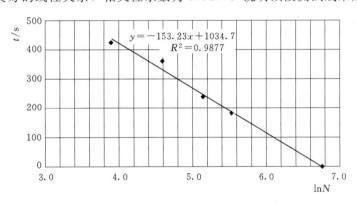

图 6.3 - 2　ZK331 孔深 4.0m 处 t - $\ln N$ 拟合曲线

孔深 0～5.6m 段的测试成果见表 6.3 - 3，渗透系数为 3.151×10^{-2}～1.69×10^{-1} cm/s，两种计算方法获得的测试结果比较接近。从沉积物物质组成特征综合分析，该段同位素法测试的渗透系数是合理的。

表 6.3 - 3　　　　　ZK331 孔深 0～5.6m 段沉积物渗透系数测试成果表

测点位置/m	公式法平均 k_d/(cm/s)	拟合曲线斜率 m	斜率法 k_d/(cm/s)
2.0	1.504×10^{-1}	-31.174	1.691×10^{-1}
3.0	1.381×10^{-1}	-40.652	1.297×10^{-1}
4.0	3.475×10^{-2}	-153.23	3.441×10^{-2}
4.5	9.026×10^{-2}	-59.578	8.849×10^{-2}
5.2	8.057×10^{-2}	-60.839	8.665×10^{-2}

（2）5.6～20.5m 段沉积物渗透系数测试成果。ZK331孔深 5.6～20.5m 为粉质黏土层，微透水弱，用放射性同位素示踪法很难获取该段的渗透系数，根据其物质组成特征将其归为微透水。

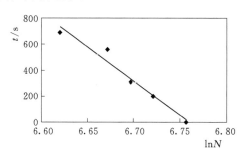

图 6.3-3　ZK331 孔深 23.0m 处 $t-\ln N$
拟合曲线

（3）20.5～24.6m 段测试成果。测试可靠性分析：完成了 4 个测试点。孔深 23m 处测试的 $t-\ln N$ 半对数曲线如图 6.3-3 所示，曲线具有较好的线性关系，说明该段的渗透系数测试是可靠的。

孔深 20.5～24.6m 段测试结果见表 6.3-4，渗透系数为 $6.579\times10^{-4}\sim1.316\times10^{-3}$ cm/s，属于 10^{-4} cm/s$\leqslant k<10^{-2}$ cm/s 的范围，从物质组成特征综合分析，该段的测试成果是合理的。

表 6.3-4　　　ZK331 号钻孔 20.5～24.6m 段沉积物渗透系数测试成果表

测点位置/m	公式法平均 k_d/(cm/s)	拟合曲线斜率 m	斜率法 k_d/(cm/s)
21.0	1.160×10^{-3}	4320.4	1.220×10^{-3}
22.0	7.464×10^{-4}	-6614.4	7.970×10^{-4}
23.0	0.950×10^{-3}	-5249.6	1.004×10^{-3}
24.0	0.997×10^{-3}	-4822.0	1.093×10^{-3}

6.3.4.3　渗透系数测试成果综合分析

通过对 ZK331 河床沉积物各段渗透系数分析汇总，测试成果综合汇总成果见表 6.3-5。

表 6.3-5　　　　　　ZK331 沉积物渗透系数测试综合成果表

层位编号	沉积物名称	孔深/m	公式法平均 k_d/(cm/s)	斜率法平均 k_d/(cm/s)
1	含块碎石砂砾石层	0.0～5.6	9.882×10^{-2}	10.16×10^{-2}
2	粉质黏土层	5.6～20.5	$<1\times10^{-5}$	$<1\times10^{-5}$
3	含碎石泥质砂砾石层	20.5～24.6	9.634×10^{-4}	1.029×10^{-3}

6.3.4.4　渗透系数测试成果可靠性分析

根据《岩土工程试验监测手册》（林宗元，辽宁科学技术出版社）中不同试验状态下土体的渗透系数经验和范围值（表 6.3-6、表 6.3-7），分析对比测试成果的可靠性。

表 6.3-6　　　　　　　不同颗粒组成物的渗透系数经验数值表

岩性	土层颗粒		渗透系数/(m/d)
	粒径/mm	所占比重/%	
粉砂	0.05～0.1	<70	1～5
细砂	0.1～0.25	>70	5～10
中砂	0.25～0.5	>50	10～25

续表

岩性	土 层 颗 粒		渗透系数 /(m/d)
	粒径/mm	所占比重/%	
粗砂	0.5～1.0	>50	25～50
极粗砂	1.0～2.0	>50	50～100
砾石夹砂			75～150
带粗砂的砾石			100～200
砾石			>200

注 此表数据为实验室中理想条件下获得的，当含水层夹泥量多时，或颗粒不均匀系数大于 2～3 时，取小值。

表 6.3-7　　　　　　　　　各类典型室内试验土渗透系数一般范围

土名	渗透系数/(cm/s)	土名	渗透系数/(cm/s)
黏土	$<1.2\times10^{-6}$	细砂	$1.2\times10^{-3}\sim6.0\times10^{-2}$
粉质黏土	$1.2\times10^{-6}\sim6.0\times10^{-5}$	中砂	$2.4\times10^{-2}\sim2.4\times10^{-2}$
粉土	$6.0\times10^{-5}\sim6.0\times10^{-4}$	粗砂	$2.4\times10^{-2}\sim6.0\times10^{-2}$
黄土	$3.0\times10^{-4}\sim6.0\times10^{-4}$	砾石	$6.0\times10^{-2}\sim1.8\times10^{-1}$
粉砂	$6.0\times10^{-4}\sim1.2\times10^{-3}$		

从以上可以看出，沉积物渗透系数具有以下主要特征：

（1）由于沉积物物质组成特征差异大、不同深度、不同层位的渗透系数差异大。孔深 0～5.6m 的浅表层含块碎石砂砾石层的渗透系数较大，斜率法计算的平均值为 1.017×10^{-1}cm/s；渗透系数小的是粉质黏土层，孔深 5.6～20.5m 的粉质黏土层的渗透系数小于 10^{-5}cm/s。

（2）据不同计算方法获得的渗透系数结果分析，一些测试点公式法和斜率法获得的沉积物渗透系数有差异。造成这种现象的原因是多方面的，主要是测试孔结构没有严格按要求实施造成的。总体认为，公式法和斜率法获得的沉积物渗透系数大部分基本一致，说明采用同位素示踪法测试获取的沉积物水文地质参数资料是合理可靠的。

6.3.4.5　沉积物渗透系数合理取值

（1）沉积物各岩组的渗透系数分析。根据测试结果确定的沉积物渗透系数统计结果见表 6.3-8。

表 6.3-8　　　　　　　　　沉积物的渗透系数统计表

沉积物分类	渗透系数 k_d 最大值/(cm/s)	渗透系数 k_d 最小值/(cm/s)	渗透系数范围值 k_d/(cm/s)	k_d 平均值 /(cm/s)
粗粒土（含块碎石砂砾石层）	1.691×10^{-1}	2.177×10^{-2}	$2.177\times10^{-2}\sim1.691\times10^{-1}$	8.23×10^{-2}
细粒土（粉质黏土层）	$<1\times10^{-5}$	$<1\times10^{-5}$	$<1\times10^{-5}$	$<1\times10^{-5}$
粗粒土（泥质砂砾石层）	3.605×10^{-3}	3.90×10^{-4}	$3.90\times10^{-4}\sim3.605\times10^{-3}$	1.43×10^{-3}

注 渗透系数 k_d 为斜率法计算值。

从表 6.3-8 统计结果可以看出，由于沉积物的物质组成、粒度特征差异大，致使各类的渗透系数差异大。从物质组成特征与沉积物渗透系数测试结果看，二者之间具有很好的相关性，即组成沉积物的物质颗粒越大，则其渗透系数越大，反之越小。

（2）渗透系数等级划分。将测试实验结果与《水力发电工程地质勘察规范》（GB 50287—2016）的岩土渗透性等级（表6.3-9）进行对比，以确定沉积物渗透性等级。

表6.3-9　《水力发电工程地质勘察规范》（GB 50287—2016）的岩土渗透性分级表

渗透性等级	标　　准		岩 土 特 征	土类
	渗透系数 k /(cm/s)	透水率 q /Lu		
极微透水	$k<10^{-6}$	$q<0.1$	完整岩石，含等价开度小于0.025mm裂隙的岩体	黏土
微透水	$10^{-6}\leqslant k<10^{-5}$	$0.1\leqslant q<1$	含等价开度0.025~0.05mm裂隙的岩体	黏土~粉土
弱透水	$10^{-5}\leqslant k<10^{-4}$	$1\leqslant q<10$	含等价开度0.05~0.1mm裂隙的岩体	粉土~细粒土质砂
中等透水	$10^{-4}\leqslant k<10^{-2}$	$10\leqslant q<100$	含等价开度0.1~0.5mm裂隙的岩体	砂~砂砾
强透水	$10^{-2}\leqslant k<1$		含等价开度0.5~2.5mm裂隙的岩体	砂砾~砾石卵石
极强透水	$k\geqslant1$	$q\geqslant100$	含连通孔洞或等价开度大于2.5mm裂隙的岩体	粒径均匀的巨砾

表6.3-9根据岩土渗透系数的大小将岩土渗透性分为6级。该表渗透性分级标准主要考虑了渗透系数和透水率指标，其中渗透系数是抽水试验获得的指标，透水率是压水试验获得的指标。

6.4　自由振荡法试验

自由振荡法试验（以下简称自振法试验）具有设备轻便、操作简单、省工省时等优点。当沉积物常规抽水试验受到下列条件限制时可试用自振法试验确定沉积物渗透性参数。主要适应围有：①试验目的层较深，试验段无法达到规定的钻孔孔径要求；②含水层涌水量大，水位降深值不能满足常规抽水试验要求；③含水层涌水量小，或补给不足，钻孔中水容易被抽干；④地下水位埋深大，水泵吸程不能满足常规抽水试验要求。

6.4.1　自振法试验原理

在冰水沉积物钻孔中利用自振法测定含水层的渗透系数是将钻孔内的水体及其相邻含水层一定范围内的水体视为一个系统，向该系统施加一瞬时压力，再突然释放，系统失去平衡，水体开始振荡，测量和分析这个振荡过程，就是自振法试验研究的内容。振荡过程可用以下振荡方程来表述：

$$\frac{\mathrm{d}^2 W_t}{\mathrm{d}t^2} + 2\beta\omega_\mathrm{w}\frac{\mathrm{d}W_t}{\mathrm{d}t} + \omega_\mathrm{w}^2 W_t = 0 \qquad (6.4-1)$$

该振荡方程有两种解：

$\beta\geqslant1$ 时
$$W_t = W_0 \mathrm{e}^{-\omega_\mathrm{w}(\beta-\sqrt{\beta^2-1})t} \qquad (6.4-2)$$

$\beta<1$ 时
$$W_t = W_0 \mathrm{e}^{-\beta\omega_\mathrm{w}t}\cos(\omega_\mathrm{w}\sqrt{1-\beta^2}\,t) \qquad (6.4-3)$$

式（6.4-2）为指数振荡；式（6.4-3）为周期性的指数振荡。相应的水位恢复也有两种方式：式（6.4-2）表明水位随时间的推移而趋向稳定；式（6.4-3）表明水位呈周期性振荡，且随时间的推移而趋向稳定。通过求解这个振荡方程建立起阻尼系数 β 与含水层的渗透系数 k 和固有频率 ω_w 的关系，即可计算含水层的渗透系数。

6.4.2 自振法试验基本要求

6.4.2.1 基本要求

（1）钻进工艺与质量：试验孔应采用清水钻进，试验段的管径应保持一致，孔壁尽量保证规则。

（2）试验段止水：在沉积物中进行自振法试验一般利用套管止水分段。

（3）过滤器安装：过滤器安装要求与常规抽水试验相同，可不填过滤料。

6.4.2.2 设备要求

（1）密封器：是对钻孔孔口进行密封加压的装置。现场测试中除加压外，压力传感器及限位器都需通过密封器放入钻孔中。密封器应设置进气孔、卸压阀、电缆密封孔等。

（2）压力传感器：是用来测量释放压力后钻孔中水位变化值的装置，应确保其灵敏度高，稳定性好，分辨率至少应达到 1cm，量程可选用 0.1MPa。

（3）二次仪表：应具备精度高、稳定性好，二次仪表中水位和时间的采样应同步，时间精度为 1ms，应能及时记录和打印水位变化与时间关系的历时曲线。

（4）气泵：为适应野外使用，容量不宜太大，宜采用气压约 0.8MPa 的小型高压气泵。

（5）限位器：由自控开关和两个电磁阀组成，用以控制激发水位即 W_0 值，即当钻孔中水位下降至 W_0 值时，自控开关的进气阀自动关闭，排气阀自动打开。为确保试验的准确性，试验时应使用限位器。

6.4.3 试验步骤

（1）试验前准备工作：试验前工作应包括洗孔、下置过滤器或栓塞隔离试段、静止水位测量、设备安装及量测等步骤，各项工作要求与常规抽水试验和常规压水试验相同。

（2）压力传感器定位：将压力传感器通过密封器放入钻孔中地下水位以下 2～3m 处。若放置得太浅，在加压过程中压力传感器易露出水面；若放置得太深，会影响压力传感器测试的分辨率。

（3）限位器放置：将限位器的浮子部分通过密封器放入钻孔中水位以下 W_0 值处。向钻孔施压后，W_0 值宜控制在 0.5m。

（4）系统施压泄压：用气泵向钻孔中充气，使地下水位下降。当水位下降至 W_0 值时，自控开关的进气阀自动关闭，排气阀自动开启。泄压后，钻孔中水位开始振荡上升，最终恢复至稳定水位。

（5）试验资料记录：试验前，详细记录试验段含水层特征、试验设备及安装等内容；试验开始时，由仪器记录加压后水位下降，泄压后系统振荡，直至水位恢复到稳定为止的孔内压力变化的全过程。每段试验的测量和记录宜重复 3～5 次。试验完毕后及时检查资料的准确性和完整性，以确保试验资料的可靠性。

6.4.4 试验资料整理

在抽水试验过程中，及时绘制抽水孔的降深-涌水量曲线、降深历时曲线、涌水量历时曲线和观测孔的降深历时曲线，检查有无反常现象，发现问题及时纠正，同时也为室内资料整理打下基础。

自振法试验渗透参数计算方法如下。

（1）用式（6.4-4）计算振荡体在无阻尼状态下自振时的固有频率：

$$\omega_w = (g/H)^{1/2} \qquad (6.4-4)$$

式中 g——重力加速度，m/s²；

$\quad H_0$——承压水头高度或潜水高出试段顶的高度，m。

$\quad \omega_w$——系统的固有频率，1/s，其值只与钻孔中试段顶板以上水柱高度有关，对每段试验而言，ω_w 为一常数。

（2）根据自振法试验的振荡波形，确定振荡曲线的类型，即 $\beta \geqslant 1$ 型或 $\beta < 1$ 型。

（3）当 $\beta \geqslant 1$ 时，计算出 $\lg(W_t/W_0)-t$ 曲线的斜率 m 值。将式（6.4-5）线性化并化简后可知，m 为 $\lg(W_t/W_0)-t$ 直线的斜率，m 值在理论上应为一常数，但实测试验数据计算出的 m 值并不总是一常数，这是因为在停止向孔内加压后，泄压的前一段时间内，孔内气压不可能突变为零，此时压力传感器测得的压力值是气压与水压的叠加值，随着时间的增加，当气压与大气压相等时，孔内水位则按指数规律振荡，此时段后的 m 值从理论上说应是一常数。大量的试验资料证明，此时段后的 m 值在较小范围内变化。整理资料时应选用 m 值变化较小时间段内的数据进行计算，得出平均的 m 值。

用式（6.4-5）计算振荡时介质对水由于摩擦力所产生的阻尼系数：

$$\beta = -\frac{0.215\omega_w^2 + 1.16m^2}{m\omega_w} \qquad (6.4-5)$$

式中 β——阻尼系数；

$\quad m$——$\lg(W_t/W_0)-t$ 直线的斜率；

$\quad$ 其余符号意义同前。

阻尼系数 β 与含水层的水文地质特性密切相关，反映水体在冰水沉积物含水层流动时的阻尼特性，它与含水层渗透系数成反比。

（4）当 $\beta < 1$ 时，不能用一般的代数法求解，使用试算法通过计算机计算效果较好。式（6.4-6）经变化后得

$$\frac{W_t}{W_0}e^{\beta\omega_w t} = \cos(\omega_w\sqrt{1-\beta^2}\,t) \qquad (6.4-6)$$

式中 W_t——振荡时钻孔中水位随时间的变化值，m；

$\quad W_0$——激发时产生的地下水位最大下降值，m。

式中只有 β 是未知数，由于前提条件是 $\beta < 1$，故可通过试算法求得使等式左右两边相等时的 β 值。

（5）用式（6.4-7）计算含水层的渗透系数：

$$k = \frac{\pi r^2(1-\mu)\omega_w}{2\beta l} \qquad (6.4-7)$$

式中 k——含水层的渗透系数，m/s；

$\quad l$——试验段长度，m；

r——钻孔半径，m；

μ——含水层的贮水系数或给水度；

其余符号意义同前。

（6）式（6.4-7）中 μ 为贮水系数或给水度。大部分基岩承压含水层的贮水系数一般在 10^{-3} 到 10^{-5} 之间，对计算结果影响不大，在计算时可以忽略不计。沉积物等潜水含水层的给水度可从表 6.4-1 中查得其经验值。

表 6.4-1　　　　　　　　　沉积物各类岩土给水度经验值

岩土名称	给水度 μ	岩土名称	给水度 μ
卵砾石	0.35～0.30	亚砂土	0.10～0.07
粗砂	0.30～0.25	亚黏土	0.07～0.04
中砂	0.25～0.20	粉砂与亚砂土	0.15～0.10
细砂	0.20～0.15	细砂与泥质砂	0.20～0.15
极细砂	0.15～0.10	粗砂及砾石砂	0.35～0.25

6.4.5　工程实例

西藏某水电站左岸属典型冰水沉积物台地，钻孔揭露的地层上部为 Q_4 冲洪积砂卵砾石层，厚度为 3.3～7.9m；下部为 Q_3 冰水堆积的砂卵砾石层，厚度为 5.1～9.0m。下伏基岩为条带状泥质灰岩。

自振法抽水试验可应用的前提有 4 种，其中与沉积物的砂砾石相关的有两种：①在某些冰水沉积物地区，由于钻探的需要孔内下入套管深度较大，无法安装过滤器；②含水层出水量较大，水泵出力不足，地下水的降深不能满足常规抽水试验的要求。

自振法抽水试验工作时含水层厚度为 13.20m。钻孔开孔孔径为 203.2mm，终孔孔径为 130mm，砂卵砾石层采用管钻，下入 203.2mm 套管护壁，下入深度 1.70m。

自振法抽水试验设备主要包括密封器、压力传感器及二次仪表、气泵、过滤器、止水栓塞等，参见图 6.4-1。

工作步骤主要如下：

（1）用过滤器和止水栓塞等对选定试段进行隔离。

（2）将压力传感器通过密封器放入钻孔中地下水位以下 2～3m。

（3）激发：用气泵向钻孔内充气，对地下水面施加一个压力，使地下水位下降，然后突然释放，使含水层水体产生振荡。

（4）测量：为保证资料的准确性，测量记录须从加压开始，要记录水位下降至水位恢复直至稳定为止，以便计算水文地质参数。该项工作由

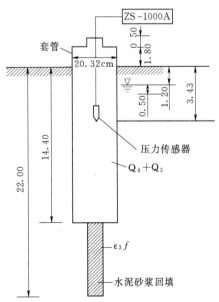

图 6.4-1　自振法抽水试验设备示意图
（单位：m）

钻孔水文地质综合测试仪自动记录。

自振法抽水段孔深为 $1.20 \sim 14.40\text{m}$，按曲线计算出的渗透系数值为 50m/d，即 $5.788 \times 10^{-2}\text{cm/s}$，为强透水性。

自振法抽水成果见表 6.4-2、表 6.4-3 和图 6.4-2。

表 6.4-2   钻孔自振法抽水试验综合表

H/m	t (h: min: s)*	W_t/W_0	$\lg(W_t/W_0)$	t/s
1.20	16: 31: 33	—	—	—
1.03	16: 31: 34	0.8583	-0.06634	1
0.55	16: 31: 35	0.4583	-0.33880	2
0.91	16: 31: 36	0.7583	-0.12010	3
0.84	16: 31: 37	0.7000	-0.15490	4
0.57	16: 31: 38	0.4750	-0.32330	5
0.49	16: 31: 39	0.4083	-0.38900	6

*　为试验起止时刻。

表 6.4-3   计 算 参 数 表

物理量	参数值	物理量	参数值	物理量	参数值
H_0/m	0.500	m	0.1488	π	3.1416
$g/(\text{m/s}^2)$	9.810	μ	$0.35 \sim 0.30$	$k_f/(\text{cm/s})$	0.05788
$\omega_w/(1/\text{s})$	4.420	β	6.440	$k_f/(\text{m/d})$	50.0
r/m	0.1015	d/m	13.20		

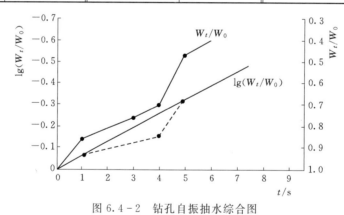

图 6.4-2　钻孔自振抽水综合图

6.5　典型工程不同方法的水文地质试验适宜性对比分析

6.5.1　试验地层

依托新疆某水利工程场址区地质环境特殊，物理地质作用及第四纪冰川活动强烈，造成河谷冰水沉积物、结构复杂。

根据地质勘察资料，河床沉积物厚 150m 左右，由上而下可分为 4 大层：

（1）冲洪积及坡积层：一般厚 3~20m，主要为砂卵砾石，局部含漂石及夹有薄层粉砂质壤土，成分复杂，结构松散，粒径大小不均，一般粒径 2~10cm，最大可达 40cm 左右。

（2）冰碛层：一般厚 26~88m，主要为漂、块石层，颗粒大小不均，无分选，一般粒径 10~50cm，最大可达 7m 左右。钻探过程中浆液漏失严重，局部产生塌孔掉块现象。

（3）冰水沉积的粉细砂层：分布于冰碛层之中，呈透镜体状，埋深一般厚 18~30m，最大可达 43m 左右，主要为粉细砂层夹薄层粉砂质黏土，具水平层理，干密度在 1.50~1.60g/cm³ 之间。

（4）冰水沉积卵砾石层：分布于河床基底部，埋藏深，厚度 20~58m，一般粒径 2~8cm，较密实。

为了有效地获取该工程冰水沉积物的水文地质参数值，采用了浅井抽水试验、自振法试验和同位素示踪法测试三种方法。

6.5.2 浅井抽水及自振法抽水试验

根据抽水试验成果，计算其渗透系数为 17.4m/d。该方法为常规试验方法，其成果较准确，也较符合实际，但受探井开挖深度限制仅反映沉积物浅部的渗透性，对其深部的渗透系数无法取得。

先造一小口径钻孔，然后利用仪器在孔内分段阻塞，通过对阻塞段加压与释放使孔内水位回升，自动监测系统将记录水位回升与时间的关系，从而测定出其渗透系数。试验每 5~10m 为一段，分段进行自振法抽水，测试的各段渗透系数见表 6.5-1。

由表 6.5-1 可知，沉积物渗透系数在 6.5~20.4m/d 之间，平均值为 14.1m/d，属强透水层，上部 20m 的值与浅井抽水试验结果基本一致。

表 6.5-1 自振法抽水试验测试成果表

测试深度/m	地层岩性	渗透系数/(m/d)	测试深度/m	地层岩性	渗透系数/(m/d)
0~20	漂卵砾石层	15.4	67~90	漂石层	20.5
21~40	粉细砂层上部	10.8	91~120	含块卵石层	11.4
45~57	粉细砂层下部	14.4	121~147	砂卵石层	16.6

6.5.3 同位素示踪法

在钻孔地下水中利用微量的放射性同位素标记滤水管中的水柱，被标记的地下水浓度被流过滤水管的水稀释，稀释速度与地下水渗透流速符合一定的关系，从而测定出地下水的渗流流速、流向、渗透系数和水力梯度等动态参数。每 2~5m 为一测试段，分段进行，测试成果见表 6.5-2。

表 6.5-2 同位素示踪法测试成果表

测试深度/m	地层岩性	渗透流速/(m/s)	渗透系数/(m/d)
0~20	漂卵砾石层	0.04	2.74
21~40	粉细砂层	0.05	1.21
65~90	漂石层	17.3	205
91~120	含块卵石层	1.1	63
121~140	砂卵砾石层	0.38	26.3

由表 6.5-2 可知，该测试成果与前面两种方法获取的结果差异较大，从上至下测试的渗透系数也不均一，最大达 205m/d，最小仅 1.21m/d，其不均一性基本符合冰碛层的特点，但个别孔段由于钻进中塌孔而进行了泥浆及水泥封堵，因此造成所测之值偏小。

6.5.4   三种方法获得的渗透系数对比分析

由于三种方法测试结果存在差异，因此结合地层的结构特征，对三种方法测试成果进行了综合相关分析，得出如下结论：

（1）0～20m 漂卵砾石层。开挖的竖井较直观，采用抽水试验测的渗透系数较符合实际，渗透系数值为 17.4m/d，而同位素示踪法受钻孔上部护壁的影响所测值偏小。

（2）21～40m 粉细砂层。砂层较均一，结构稍密，渗透系数室内试验值仅 10^{-4}cm/s，自振法测值偏大，而同位素示踪法测值为 1.21m/d，较符合地层结构特点，所以宜采用渗透系数 $k=1.21$m/d。

（3）41～120m 冰碛漂块石层。颗粒粗大，钻进中浆液漏失严重，自振法抽水受孔深及压力影响所测值偏小，同位素示踪法测量仪所测之值较符合实际，因此宜采用渗透系数 $k=205$m/d。

（4）121～140m 砂卵砾石层。地层相对较密实，自振法抽水及同位素示踪法测量仪二者测值均较符合地层结构特点，建议采用其平均值 $k=26.3$m/d。

综上可知，在水利水电工程中，对于冰水沉积物水文地质参数的测试，其不同的方法均有其优越性和适宜的条件。一般认为抽水试验在冰水沉积物浅部试验时比较适宜，获得的渗透系数值比较准确。自振法抽水及同位素示踪法可在任意深度获得冰水沉积物的水文地质参数，更适宜于冰水沉积物地层。但由于自振法仪器设备尚少，所以不能在水利水电行业普及使用。同位素示踪法需采用 I^{131} 放射性物质，需要特殊审批，加之其衰变周期短，不能较长时间的储存，所以使用单位也不多。

7 冰水沉积物工程地质特性及建坝适宜性 [*]

7.1 冰水沉积物的物理力学参数

冰水沉积物的物理力学性质参数是水利水电工程设计的基础，其可靠性和适用性是对地质参数的基本要求。所谓可靠性是指参数能正确反映冰水沉积物在规定条件下的性状，能比较有把握地估计参数值所在的区间。所谓适用性是指参数能满足设计假定条件和要求。

冰水沉积物岩土参数的可靠性和适用性，首先取决于试样结构的扰动程度，不同的取样器和取样方法对试样的扰动程度不同，测试试验结果也不同；其次，试验方法和取值标准对冰水沉积物参数取值也有重要的影响，对同一岩土层的同一指标用不同的试验标准所得的结果会有很大差异。

冰水沉积物不同岩组物理力学性质参数有标准值和地质建议值两种。标准值是试验成果经过分析整理、统计修正或考虑概率、岩土强度破坏准则等经验修正后的参数值，仅反映冰水沉积物试件的特性；地质建议值是地质人员根据试件所在岩组的总体地质条件对标准值进行调整后提出的，比标准值更符合于冰水沉积物所处的地质环境，具有更好的地质代表性，其目的是使参数的取值更加合理。

冰水沉积物的物理力学性质参数既要能反映岩土体客观存在的自然特性，又要能反映不同工程荷载作用下的力学性质。因此，进行冰水沉积物力学试验时，要求所施加的试验荷载要与工程附加给冰水沉积物的实际荷载相同；从安全角度出发，试验荷载要大于工程荷载，其加载方向也要与工程施力的方向一致；在提出冰水沉积物物理力学参数值时，不仅要掌握冰水沉积物参数的数据，而且要了解测试试验方法和标准，并对参数的可靠性和适用性进行评价。

7.1.1 物理力学参数取值原则

（1）掌握工程所在地区冰水沉积物成因类型、物质组成和水文地质条件等地质资料，分析冰水沉积物的均质和非均质特性。

（2）了解枢纽布置方案、工程建筑类型、工程荷载作用方向与大小、冰水沉积物坝基设计要求。

（3）冰水沉积物的物理力学性质参数应以室内试验为依据，当土体具有明显的各向异性或工程设计有特殊要求时应以Ⅰ级原状试样测试成果为依据。

（4）掌握冰水沉积物试样的原始结构、天然含水量、试验加载方式和具体试验方法等控制试验质量的因素，分析成果的可信程度。

---

[*] 本章由赵志祥、王有林、陈楠、王文革执笔，白云校对。

（5）物理力学性质参数应根据有关试验的规定分析研究确定，当不具备试验条件时也可通过工程类比、经验判断等方法确定。试验成果可按冰水沉积物类别、岩组划分、区段或层位分类，分别用算术平均法、最小二乘法、图解法、数值统计法进行整理，并舍去不合理的离散值。

（6）应采用整理后的试验值作为标准值，再根据冰水沉积物工程地质条件进行调整，在试验标准值基础上提出土体物理力学参数地质建议值。当采用结构可靠度分项系数及极限状态设计方法时，其标准值应根据试验成果的概率分布的某一分位值确定。

（7）试验成果经过统计整埋并考虑保证率、强度破坏准则后确定土体物理力学参数标准值。强度破坏是指试件的破坏形式属脆性破坏、弹塑性破坏或塑性破坏，根据抗剪试验时的剪切位移曲线判定。

7.1.2 试验数据整理分析

按照冰水沉积物岩组划分及分层、分类等具体工程地质条件的差别，对冰水沉积物进行分区，把工程地质条件相似地段或小区划为一个单元或区段。根据工程地质单元或区段进行选点、试验和整理的冰水沉积物试验标准值，能真实地反映试验值的代表性，消除离散性。

7.1.2.1 数据统计与经验分布

为了掌握冰水沉积物岩组的性状，需要通过原位试验或室内试验获得大量的数据，而这些数据往往是分散的、波动的。因此必须经过处理才能显示出它们的规律性，得到其有代表性的特征值。通常更加行之可靠的做法是根据获取的数据归纳出一个合适的经验分布公式并进行分析。

7.1.2.2 数据分布的特征

反映数据分布规律的特征值有两类：①位置特征参数，代表总体的平均水平，如均值、众数和中值；②散度特征参数，衡量波动大小、反映绝对波动大小的指标极差和标准差（或方差），其中反映相对波动大小的是变异系数。

7.1.2.3 最少试验数量的确定

由于冰水沉积物岩组存在试样和材料的不均匀性和试验随机误差、系统误差等造成试验数据的离散性。为了抽样所得的地质参数能可靠地反映出冰水沉积物岩组的主要特性，应根据不同等级水工建筑物对地质参数可靠度的要求做出规定。按概率统计法和相关规范要求，参加统计的样本数不宜少于6件。

7.1.3 冰水沉积物参数统计要求

（1）物理力学指标应按不同岩组和层位分别统计。

（2）主要参数的平均值、标准差和变异系数为

$$\phi_m = \frac{\sum\limits_{i-1}^{n} \phi_i}{n} \qquad (7.1-1)$$

$$\sigma_f = \sqrt{\frac{1}{n-1}\left[\sum\limits_{i-1}^{n} \phi_i^2 - \frac{\left(\sum\limits_{i-1}^{n} \phi_i\right)^2}{n}\right]} \qquad (7.1-2)$$

$$\delta = \frac{\sigma_{\mathrm{f}}}{\phi_{\mathrm{m}}} \tag{7.1-3}$$

式中 ϕ_{m}——岩土参数的平均值；

$\qquad \sigma_{\mathrm{f}}$——岩土参数的标准差；

$\qquad \delta$——岩土参数的变异系数。

（3）分析数据的分布情况并说明数据的取舍标准。

（4）冰水沉积物的主要参数宜绘制沿深度变化的图件，并按变化特点划分相关性和非相关性，分析参数在不同方向上的变异规律。

相关性参数宜结合冰水沉积物参数与深度的经验关系确定剩余标准差，并利用剩余标准差确定变异系数，即

$$\sigma_{\mathrm{r}} = \sigma_{\mathrm{f}} \sqrt{1 - r^2} \tag{7.1-4}$$

$$\delta = \frac{\sigma_{\mathrm{r}}}{\phi_{\mathrm{m}}} \tag{7.1-5}$$

式中 σ_{r}——剩余标准差；

$\qquad r$——相关系数；对非相关型，$r = 0$。

（5）冰水沉积物参数的标准值 ϕ_{k} 为

$$\phi_{\mathrm{k}} = \gamma_{\mathrm{s}} \phi_{\mathrm{m}} \tag{7.1-6}$$

$$\gamma_{\mathrm{s}} = 1 \pm \left\{ \frac{1.704}{\sqrt{n}} + \frac{4.678}{n^2} \right\} \delta \tag{7.1-7}$$

式中 γ_{s}——统计修正系数。

注：式中正负号按不利组合考虑。

统计修正系数 γ_{s} 也可按冰水沉积物的类型和水工建筑物重要性、参数的变异性和统计数据的个数，根据经验选用。

7.1.4 物理力学参数取值方法

7.1.4.1 物理参数

（1）冰水沉积物不同岩层、不同岩组的物理性质参数应根据统计方法，取其平均值作为物理参数标准值。

（2）数据统计的重要原则是，参加统计计算的数据应属同一岩组，非同一岩组的数据不能一起参加统计。

（3）同一岩组的数据应逐个进行检查，对由于过失误差而造成的试验数据应予剔除。

（4）当现场描述为两层或多层岩土，但物理指标值比较接近时应进行显著性检验。若检验通过，可以作为一个岩层统计；若检验未通过，说明它们不属同一岩组，应单独统计。

（5）大样本容量可进行分段统计，将冰水沉积物试验数据的变化范围分成间隔相等的若干区段，编制区段频数统计表计算其平均值，即直接将平均值用作地质参数。小样本容量的试验数据变异系数往往较大，此时地质参数宜采用最小或最大平均值，以保证安全。

7.1.4.2 力学强度参数

（1）冰水沉积物的抗剪强度可以采用试验峰值的小值平均值作为标准值；也可采用概率分布的 0.1 分位值作为标准值；当采用有效应力进行稳定分析时，对三轴压缩试验成果，采用试验的平均值作为标准值。在此基础上再结合试验点所在层位的地质条件，并与已建工程类比，对标准值做必要的调整后提出地质建议值。

（2）混凝土坝、闸基础底面与冰水沉积物的抗剪强度可采用以下方法：对细粒土坝基，内摩擦角标准值可采用室内饱和固结快剪试验内摩擦角值的 90%，黏聚力标准值可采用室内饱和固结快剪试验黏聚力值的 20%－-30%；对粗粒土坝基，内摩擦角标准值可采用内摩擦角试验值的 85%～90%，不计黏聚力值。

（3）当采用总应力进行稳定分析时，标准值可采用以下方法：①当坝基为细粒土层且排水条件差时，宜采用饱和快剪强度或三轴压缩试验不固结不排水抗剪强度；②对软土可采用原位十字板剪切强度；③当坝基细粒土层薄而其上下土层透水性较好或采取了排水措施时，宜采用饱和固结快剪强度或三轴压缩试验固结不排水剪切强度；④当坝基土层能自由排水，透水性能良好，不容易产生孔隙水压力，宜采用慢剪强度或三轴压缩试验固结排水剪切强度。

当冰水沉积物坝基采用拟静力法进行总应力分析时，宜采用总应力强度，并采用动三轴压缩试验测定总的应力强度。

当采用有效应力进行稳定分析时，对于黏性土类坝基，应测定或估算孔隙水压力，以取得有效应力强度。当需要进行有效应力动力分析时，应测定饱和砂土的地震附加孔隙水压力，地震有效应力强度可采用静力有效应力强度作为标准值：①对于液化性砂土，应以专门试验的强度作为标准值；②对粉土和紧密砂砾等非液化土的强度，宜采用三轴压缩饱和固结不排水剪切试验测定的总强度和有效应力强度中的最小值作为标准值；③具有超固结性的细粒土，承受荷载时呈渐进破坏，宜根据超固结细粒土和建筑物在施工期、运行期的干湿效应等综合分析后选取小值平均值作为标准值；④软土宜采用流变强度值作为标准值；⑤对高灵敏度软土，应采用专门试验的强度值作为标准值。

7.1.4.3 变形参数

1. 压缩模量、变形模量、弹性模量的区别及适用范围

（1）压缩模量的室内试验操作比较简单，但要得到保持天然结构状态的原状试样很困难。更重要的是，试验在土体完全侧向受限的条件下进行，试验得到的压缩性规律和指标理论上只适用于刚性侧限条件下的沉降计算，其实际运用具有很大的局限性。现行规范中，压缩模量一般用于分层总和法、应力面积法的地基最终沉降计算。

（2）变形模量是根据现场载荷试验得到的，它是指土在侧向自由膨胀条件下正应力与相应的正应变的比值。相比室内侧限压缩试验，现场载荷试验排除了取样和试样制备等过程中应力释放及机械人为扰动的影响，更接近于实际工作条件，能比较真实地反映土在天然埋藏条件下的压缩性。该参数用于弹性理论法最终沉降估算中，但在载荷试验中所规定的沉降稳定标准有很大的近似性。

（3）弹性模量的概念在实际工程中有一定的意义。再比如，在计算饱和黏性土坝基上瞬时加荷所产生的瞬时沉降时，同样也应采用弹性模量。该常数常用于弹性理论公式估算

建筑物的初始瞬时沉降。

根据上述三种模量适宜性的论述可看出，压缩模量和变形模量的应变为总的应变，既包括可恢复的弹性应变，又包括不可恢复的塑性应变，而弹性模量的应变只包含弹性应变。在一般水利水电工程中，冰水沉积物弹性模量就是指土体开始变形阶段的模量，因为土体发生弹性变形的时间非常短，土体在弹性阶段的变形模量等于弹性模量，变形模量更适用于土体的实际情况。常规三轴试验得到的弹性模量是轴向应力与轴向应变曲线中开始的直线段，即弹性阶段的斜率。

这些模量各有适用范围，本质上是为了在实验室或者现场模拟实际工况而获取的值。一般情况下冰水沉积物土体的弹性模量是压缩模量、变形模量的十几倍或者更大。

2. 变形模量的取值

（1）土体的压缩模量可从压缩试验的压力-变形曲线上，以水工建筑物最大荷载下相应的变形关系选取标准值，或按压缩试验的压缩性能并根据其固结程度选取标准值；土体的压缩模量、泊松比亦可采用算数平均值作为标准值。

（2）对于冰水沉积物高压缩性软土，宜以试验所得压缩量的大值平均值作为标准值。在此基础上，结合地质实际情况并与已建工程类比，对标准值作适当调整，提出变形模量、压缩模量的地质建议值。

（3）坝基变形模量、压缩模量宜通过现场原位测试和室内试验取得，试验方法和试验点的布置应结合坝基的性状和水工建筑物部位等因素确定。对于漂卵石、砂卵石、砂砾石和超固结土坝基，应以钻孔动力触探试验、现场载荷试验为主，有条件时取原状样进行室内力学性试验；对于砂性土、黏性土坝基，宜采用钻孔标准贯入试验、旁压试验、静力触探试验与室内原状样压缩试验相结合的方法进行测定。

7.1.4.4 冰水沉积物承载力的取值

坝基承载力不仅取决于冰水沉积物的性质，还受到建筑物基础形状、荷载倾斜与偏心、冰水沉积物抗剪强度、地下水、持力层深度等因素的影响，基底倾斜和地面倾斜、坝基土压缩性和试验底板与实际基础尺寸比例、相邻基础的影响，以及加荷速率、坝基土与上部结构共同作用的影响等。确定冰水沉积物坝基承载力标准值时，应根据水工建筑物的等级按下列方法综合考虑：

（1）对于一级水工建筑物，应根据冰水沉积物室内试验成果或采用载荷试验、动力试验、旁压试验等，采用理论计算和原位试验方法，经分析后取平均值作为冰水沉积物承载力标准值；或经过统计分析，在考虑保证率及强度破坏准则基础上综合确定。

（2）对于二级水工建筑物，可根据室内物理力学试验成果，按原位试验、物理力学性质试验或有关规范查表后确定；较重要的二级建筑物尚应结合理论计算确定。

（3）对三级建筑物，可根据冰水沉积物室内试验成果或相关规范、经验等确定。

（4）地基土的承载力特征值，可根据现场载荷试验的比例界限荷载的压力值确定，或根据钻孔标准贯入、动力触探的锤击数或静力触探的贯入阻力值，按有关规程规范换算选取。

7.1.4.5 水文地质参数

（1）冰水沉积物的渗透系数可根据土体结构、渗流状态，采用室内试验或抽水、注水、微水试验的平均值作为标准值；用于水位降落和排水计算的渗透系数，应采用试验的大值平均值作为标准值。坝基土体的渗透性参数取值方法见表 7.1－1。

表 7.1－1　　　　　　　　　　坝基土体的渗透性参数取值方法

渗透性参数	取　值　方　法
渗透系数	①可根据土体结构、渗流状态，采用室内试验或抽水试验大值平均值作为标准值。 ②用于水位降落和排水计算的渗透系数，应采用试验的小值平均值作为标准值。 ③用于供水工程计算的渗透系数，应采用抽水试验的平均值作为标准值
允许坡降值	①允许坡降值应以土的临界水力坡降为基础，再除以安全系数确定。安全系数的取值，一般情况下取 1.5～2.0，即流土型通常取 2.0，对特别重要的工程也可取 2.5；管涌型一般可取 1.5。临界水力坡降值等于或小于 0.1 的土体，安全系数可取 1.0。 ②允许坡降值也可参照现场及室内渗透变形试验过程中，细颗粒移动逸出时的前 1～2 级坡降值选取其允许坡降值，不再考虑安全系数。 ③当渗流出口有反滤层保护时，应考虑反滤层的作用，这时土体的水力坡降值应是反滤层的允许坡降值

（2）冰水沉积物允许水力坡降值的选取，应以土的临界水力坡降为基础，除以安全系数确定。安全系数的取值，一般可取 1.5～2.0；对水工建筑物危害较大时取 2.0；特别重要的工程可取 2.5。当冰水沉积物渗透性具有明显的各向异性时，应分别考虑水平与垂直向允许渗透坡降。

7.2　冰水沉积物渗流规律

渗流是指地下水在岩土体孔隙中流动的一种现象。水利水电工程上一般用渗透系数描述岩土体的渗透性能，用破坏坡降描述冰水沉积物岩土体渗流稳定性。

对于冰水沉积物土体的渗流特性，最主要的一点是它的渗流本构方程，即描述渗流速度与水力梯度之间关系的数学表达方程。目前国内外对冰水沉积物渗流本构关系的研究鲜见，但许多学者在黏性土、粗颗粒土渗流方面进行了大量的研究工作，取得了丰硕成果，其方法和思路可以为开展冰水沉积物渗流本构关系研究提供借鉴和参考。

早在 19 世纪 50 年代，法国科学家达西通过对非黏性、颗粒组成均匀但偏粗的砂进行了大量的试验工作，得出单位时间通过单位面积的渗水量与有效水头成正比，与渗流直线路径成反比，建立了砂土的线性渗流本构方程，即著名的达西定律：

$$v = kJ \tag{7.2－1}$$

式中　　v——渗流速度；

　　　　k——渗透系数；

　　　　J——水力坡降。

自此以后，许多学者对达西定律的正确性、适用条件进行了深入的研究，且公认是达西首次揭示并且建立了地下水在岩土体中的运移规律和本构方程，但同时也认为自然界中岩土体的物质组成、结构特征千差万别，而达西定律是建立在砂土渗流试验结果上的，许多岩土体并不适合用达西定律解释其渗流特征和规律。

巴普洛夫斯基研究指出，地下水与地表水一样，有层流和紊流之分，并给出了达西定律适用的临界流速，即

$$v_{kp} = \frac{1}{6.5}(0.75n + 0.23)\frac{\mu N}{d} \qquad (7.2-2)$$

式中　v_{kp}——适用于达西定律的临界流速，cm/s；

　　　n——土体孔隙率，%；

　　　d——土的平均粒径，mm；

　　　μ——流体的黏滞系数；

　　　N——常数，取值为 50～60。

同时巴普洛夫斯基建议在紊流状态下渗流定律修改为

$$v = AnJ^{0.5} \qquad (7.2-3)$$

式中　v——渗流速度，cm/s；

　　　J——水力坡降；

　　　n——孔隙率，%；

　　　A——经验系数。

Nagy 等于 1961 年在试验的基础上根据渗流过程中雷诺数的变化提出地下水的流动状态可根据雷诺数判别：

当 $Re < 5$ 时，地下水处于层流状态，满足达西定律，$v = kJ$。

当 $5 < Re < 200$ 时，地下水处于层流—紊流过渡状态，$v = kJ^{0.74}$。

当 $200 < Re$ 时，地下水处于紊流状态，$v = kJ^{0.5}$。

以上式中　k——广义渗透系数，cm/s；

　　　　　Re——雷诺数；

　　　　　v——渗流速度，cm/s；

　　　　　J——水力坡降。

此外还有研究者给出了普遍适于线性、非线性渗流区域的渗流经验公式：

$$v = 173\left(\frac{J^2}{90}\right)^m \qquad (7.2-4)$$

$$m = \frac{0.8 + d}{0.8 + 2d} \qquad (7.2-5)$$

式中　d——土的平均粒径；

　　　v——渗流速度；

　　　J——水力坡降。

郭庆国等通过对粗颗粒土渗流特性的大量试验认为，一般粗颗粒土中渗流速度和水力坡降呈幂函数关系：

$$v = kJ^m \qquad (7.2-6)$$

式中　v——渗流速度；

　　　J——水力坡降；

　　　k——广义渗透系数；

　　　m——渗流指数，一般取 0.5～1。

通过对青藏高原地区两个典型水电站冰水沉积物进行渗流试验，发现地下水在冰水沉

积物内的渗流速度与水力坡降的关系具有以下特征:

(1) 当水力坡降较小时（一般小于 2），渗流速度-水力坡降大多呈线性关系。

(2) 当水力坡降较大时，渗流速度-水力坡降关系曲线明显偏离直线，表现出非线性特点。通过对渗流速度-水力坡降关系曲线的拟合可以得到冰水沉积物渗流关系方程见表 7.2-1。

表 7.2-1   典型冰水沉积物渗流关系拟合方程

工程名称	土层（试样）	渗流速度-水力坡降关系方程
西藏尼洋河某水电站	碎块石卵砾石土	$v=0.0025J^{0.7021}$
	碎块石土	$v=0.0059J^{0.6643}$
四川九龙河某水电站	碎块石卵砾石土	$v=0.0023J^{0.7056}$
	角砾土	$v=0.0031J^{0.6963}$

从试验结果来看，冰水沉积物这种特殊岩土体在水力坡降较大条件下的渗流本构关系可以归纳为

$$v=kJ^{0.7} \tag{7.2-7}$$

式中符号意义同前。

(3) 根据试验过程中雷诺数的变化情况来看，各土层渗流特点存在一定的差别。如西藏尼洋河某水电站的碎块石卵砾石土在 $Re>5$ 时就表现出较明显的非线性，而碎块石土在 $Re>20$ 时才表现出非线性特点；四川九龙河某水电站冰水沉积物在 $Re>10\sim15$ 时表现出较明显的非线性特点。

7.2.1 渗透系数的确定

渗透系数是工程上评价岩土体渗透性能最重要的指标之一。目前，学术界研究渗透系数 k 的方法虽然很多，但还没有完全探明它的内在关系，因而工程中多采用试验方法获得。

一般认为在层流状态下，土体渗透系数主要与结构特征、颗粒组成、孔隙特性等因素有关，根据这些关系很多学者提出了针对不同土体渗透系数的计算方法，最有代表性的如太沙基于 1955 年提出砂土在层流条件下的渗透系数计算公式：

$$k=2d_{10}^2e^2 \tag{7.2-8}$$

近年来国内许多学者在研究粗颗粒土渗透系数计算方面做出了卓越贡献，其中比较有代表性的是 20 世纪 90 年代刘杰提出的粗颗粒土渗透系数计算公式：

$$k_{10}=234n^3d_{20}^2 \tag{7.2-9}$$

式中 k_{10}——温度为 10℃时的渗透系数，cm/s；

n——土的孔隙率；

d_{20}——等效粒径，累计百分含量为 20% 时的颗粒粒径，cm。

本书通过详细分析研究冰水沉积物的颗粒组成及渗透试验结果，认为对于冰水沉积物的渗透系数可按下式估算：

$$k=0.5\frac{C_c}{C_u}e^2 \tag{7.2-10}$$

式中　k——渗透系数，cm/s；

　　　C_c——曲率系数；

　　　C_u——不均匀系数；

　　　e——土的孔隙比。

表7.2-2是按照本书作者提出的式（7.2-10）及其他方法计算所得冰水沉积物渗透系数的比较。

表 7.2-2　　　　　　　　　典型冰水沉积物渗透系数比较

工程名称	土层	渗 透 系 数/(cm/s)				
		室内试验	现场试验	太沙基 $k=2d_{10}^2e^2$	刘杰 $k_{10}=234n^3d_{20}^2$	本书 $k=0.5\dfrac{C_c}{C_u}e^2$
西藏尼洋河某水电站	碎块石卵砾石土	$(2.3\sim3.1)\times10^{-3}$	$(4\sim4.6)\times10^{-3}$	6.1×10^{-1}	1.5×10^2	3.1×10^{-3}
四川九龙河某水电站	碎块石卵砾石土	2.5×10^{-3}		3.7×10^{-1}	1.5×10^2	2.0×10^{-3}
	角砾土	5.9×10^{-3}		1.2×10^{-2}	2.4	4.3×10^{-3}
青海某水库工程	第二岩组碎块石土		$(2.2\sim5.1)\times10^{-5}$	1.7×10^{-4}	9.2×10^{-1}	5.9×10^{-5}
	第三岩组卵砾石土		$(2.3\sim5.9)\times10^{-4}$	1.3×10^{-2}	3.5	7.3×10^{-4}
	第四岩组卵砾石土		$(1.3\sim7.1)\times10^{-3}$	5.4×10^{-2}	1.1×10^1	5.1×10^{-3}

从计算结果来看，采用适合于砂土的太沙基公式和适合于堆石坝粗颗粒土的刘杰公式的计算结果与试验数据存在较大偏差，而采用本书提出的计算公式获得的计算结果与试验结果大致相当，说明公式在缺乏试验的条件下，用于估算冰水沉积物渗透系数是可行的，诚然由于目前著者获得的样本数量有限，该公式的适用性如何还需进一步研究和探讨。

7.2.2　渗透破坏坡降

根据多项冰水沉积物渗流试验结果，以及著者收集的相关试验资料，冰水沉积物大多具有较好的抗渗能力，临界水力坡降一般在1.08以上，破坏坡降一般在2以上，远高于一般具有相似颗粒组成的第四系松散沉积物的临界水力坡降和破坏坡降。

通过对典型冰水沉积物渗流特性和规律的分析和研究，可以得出以下基本认识：

（1）冰水沉积物大多具有相对较好的抗渗能力，粗颗粒、巨颗粒含量较高的碎块石土层和角砾土层，渗透系数一般在$10^{-3}\sim10^{-4}$cm/s之间，属中～弱透水介质；细颗粒含量较高的黏土质角砾、粉质壤土等渗透系数一般在$10^{-4}\sim10^{-7}$cm/s之间，属微透水介质。

（2）从现有的试验成果来看，地下水在冰水沉积物中的渗流速度与水力坡降呈近似线性关系，可以认为此时地下水的流态处于层流—紊流过渡状态。

（3）由于冰水沉积物所具有的特殊颗粒组成和结构特征，传统的粗颗粒土渗透系数估算公式，如适合砂土的太沙基公式、适合堆石坝粗颗粒土的刘杰公式，已不再适用于估算深厚冰水沉积物的渗透系数；而本书提出的渗透系数估算公式（7.2-10）计算结果与试验结果较为一致，当然该公式是作者在现有试验样本的基础上提出的，还需进一步检验。

（4）据各方试验成果，深厚冰水沉积物大多具有较好的抗渗能力，其临界水力坡降一般在 1.08 以上，而破坏坡降一般在 3 以上。

7.3 冰水沉积物变形及强度特性

目前对冰水沉积物的物理力学性质展开专门研究的文献资料较少，很多工程在面临冰水沉积物问题时，常常将其考虑成普通第四系沉积物，其结果往往与实际情况有较大出入。

著者将结合几个典型冰水沉积物坝基工程实例，在其物理力学性质的基本物性指标、强度特性、变形特性等三个主要方面展开较深入的研究和探讨，以期为相关工程提供参考。

7.3.1 基本变形参数分析

（1）高承载能力。除表层受扰动的土层外，冰水沉积物中呈中密状的巨颗粒、粗颗粒土承载能力一般为 50～65MPa；密实状态的巨颗粒、粗颗粒土承载能力一般为 55～80MPa；有些具有较好钙质胶结的，其承载能力甚至可达到 90MPa 以上；冰水沉积物中细颗粒含量较高的土层，其承载力一般也可达到 24～30MPa 以上。

（2）变形模量高。中密状的粗颗粒土变形模量 $E_{0(0.1～0.2)}$ 一般为 25～40MPa，压缩模量 $E_{s(0.1～0.2)}$ 一般为 35～55MPa。

（3）低压缩性。冰水沉积物的压缩系数 $\alpha_{1～2}$ 一般小于 0.2MPa^{-1}，属中～低压缩性土类。

7.3.2 强度代表体积数值方法研究

冰水沉积物在工程中表现为软弱的基质材料中镶嵌硬质岩块，其中的不同尺度块石具有明显的不均匀性和随机性，有学者对其成因分类做了归纳。鉴于成因和内部结构的复杂性，冰水沉积物的力学特征较传统土力学和岩石力学复杂。对于二元介质试件模型的力学参数研究，利用数值模拟获得其力学参数的方法越来越受到关注。随着数字图像处理技术在岩土工程中的发展，数值模型可以基于相应的原位图像建立起来，以此对冰水沉积物进行数值模拟研究，分析评价其力学参数。也有学者基于元胞自动机模型的沉积物数值试样制备方法，研究冰水沉积物的等效力学参数。选取的试件中含石量不同，石块粒径不同，得到的力学参数也不同，即存在统计均匀性。强度代表体积是岩土体力学性质尺寸效应的客观反映，是工程中岩土体力学参数选取的一个基本问题。从理论上讲，进行现场试验或数值模拟试验时，只有所研究的工程岩土体范围大于等于这个体积时，现场或数值模拟试验成果才能反映真实岩土体的性质。针对某大型滑坡沉积物中的典型颗粒组分，考虑含石量以及粒径含量比率，利用随机集合体构造（Random Aggregate Structure，RAS）方法生成冰水沉积物概念模型，编制程序实现几何模型并最终生成数值模型，分析其强度REV 尺度，并在此基础上得出等效强度参数。

该方法也可以为室内缩尺试验、大尺度试验及原位现场试验提供可靠借鉴和参考。采用该方法，可以对应实际研究对象的颗粒级配组成、相应的等效强度参数、变形模量及弹性模量等变形参数和水文地质参数，也可求得对应的代表体积，为宏观尺度计算分析和评价提供有益支撑和参考。

7.3.2.1 随机模型的建立

以青海某大型水电工程为例，沉积物由典型灰褐色碎石质砂土、粉土，碎石、块石组成，主要成分为变质砂岩、板岩，块石呈棱角或微圆状，碎石呈近似圆状；含石量约为 50%，直径 5～20cm，含少量直径小于 5cm 的碎石，局部约 30cm 直径的块石呈现，其间主要由砂粉土及少量黏土充填，呈稍密～中密状。

通过 RAS 方法编制程序，首先生成域边界，按块体粒度分布特征进行排列，设定块体的最大边数和最小边数，以随机生成的半径 r_i、初始角度 θ_i 及角度增量 φ_i 来构造颗粒轮廓，在极坐标中实现颗粒构成，如图 7.3-1 所示，可以反映块体形状、边界大小及含石量情况，细节参数包括块体间夹层率、角度变幅，粒径分布及各粒径块体所占块体总量比例设定等。

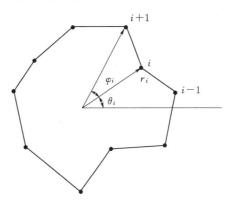

图 7.3-1 颗粒轮廓极坐标示意图

设定试件的含石量为 50%，粒径为 0.03～0.05m 的石块占石块总量的 20%，粒径 0.05～0.20m 的石块占 70%，粒径 0.20～0.30m 的石块占 10%。在 1.0m×1.0m 边界范围内随机生成的四个模型试件如图 7.3-2 所示；也可生成不同边界尺寸的模型，方便进行 REV 尺度计算，如图 7.3-3 和图 7.3-4 所示，边界尺寸分别为 0.5m×0.5m、1.0m×1.0m、2.0m×2.0m 及 3.0m×3.0m，并通过程序编制，直接生成对应的划分好网格的数值模型。

7.3.2.2 强度代表体积

模型中土体和岩块均选用莫尔-库仑弹塑性本构模型，岩块与土体参数如表 7.3-1 所示。

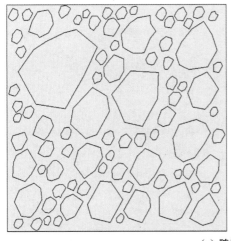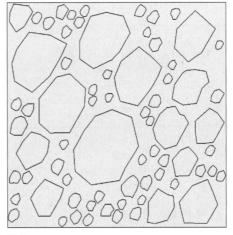

(a) 随机模型 1

图 7.3-2（一） 随机生成的模型试件

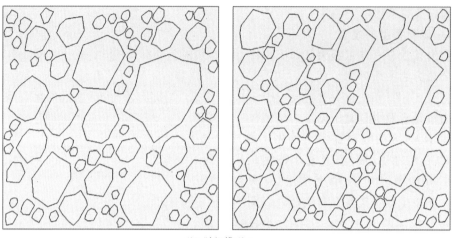

（b）随机模型2

图 7.3－2（二） 随机生成的模型试件

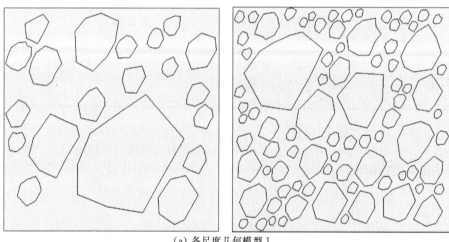

（a）各尺度几何模型1

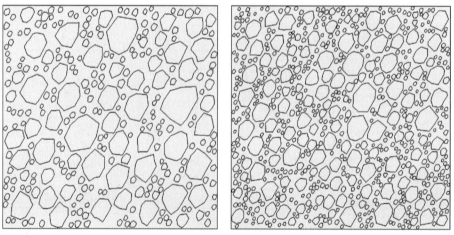

（b）各尺度几何模型2

图 7.3－3 几何模型尺寸选取及程序生成

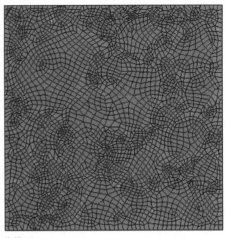

（a）对应数值模型 1

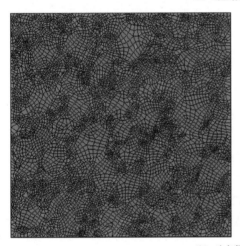

（b）对应数值模型 2

图 7.3-4　程序生成对应的数值模型

表 7.3-1　　　　　　　　　　　材 料 力 学 参 数 选 取

岩土类别	力 学 参 数				
	密度 /(kg/m³)	体积模量 K/MPa	剪切模量 G/MPa	黏聚力 c/kPa	摩擦角 φ/(°)
土体	1800	7.3	3.4	22.3	16.3
岩块	2200	34.0	11.3	45.0	33.0

　　针对该研究对象，选取边长分别为 0.2m、0.3m、0.4m、0.5m、0.6m、0.8m、1.0m、1.2m 共 8 个尺度的模型，每个尺度模型生成 5 个随机试件，基本能够反映本试件尺度强度特性，同时分别进行 0MPa、0.5MPa、1MPa、3MPa 和 5MPa 共 5 组不同围压下的三轴压缩试验，共进行 8×5×5＝200 组三轴压缩试验，统计不同围压下破坏强度值与试件尺寸的关系。

通过计算发现，试件尺寸越小，强度离散性越大，当尺寸到 0.8m×0.8m 时强度离散性变小，继续增大试件尺寸离散性则进一步减小，当增大到 1.0m×1.0m 和 1.2m×1.2m 时，强度值差别可以忽略，此时随机冰水沉积物破坏强度值基本一致。各围压情况下规律均是如此，故认为其强度代表体积尺度为 1.0m×1.0m。以单轴情况下破坏强度与试件尺寸关系为例，如图 7.3-5 所示，当试件边长大于强度代表体积 1m 时，试件破坏强度值基本不发生变化。

如果不考虑强度代表体积，选取试件边界尺寸小于 1.0m×1.0m，可能会造出较大误差。针对本研究情况，同样以单轴情况为例，试件边长选取 0.2m、0.3m 及 0.5m时，破坏强度均值较 1.0m 时分别增大 39.4%、28.9% 和 9.2%，误差曲线如图 7.3-6所示。

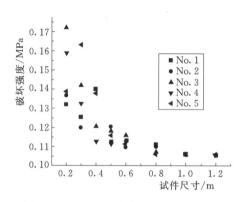 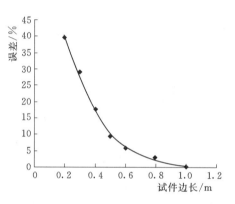

图 7.3-5　破坏强度与试件尺寸的关系　　　　图 7.3-6　误差随试件边长变化曲线

7.3.2.3　强度参数分析

在低围压条件下，岩土体强度包络线为直线，此时等效强度参数为

$$
\left.
\begin{aligned}
\varphi_e &= \arcsin\frac{(\sigma_1-\sigma_3)_{i+1}-(\sigma_1-\sigma_3)_i}{(\sigma_1+\sigma_3)_{i+1}-(\sigma_1+\sigma_3)_i} \\
c_e &= \frac{\sigma_1-\sigma_3}{2\cos\varphi_e}-\frac{\sigma_1+\sigma_3}{2}\tan\varphi_e
\end{aligned}
\right\}
\tag{7.3-1}
$$

式中　φ_e、c_e——冰水沉积物等效摩擦角和黏聚力；

　　　$i+1$、i——两次围压不同的三轴强度试验模拟计算；

　　　σ_1、σ_3——每个莫尔圆中最大正应力和最小正应力。

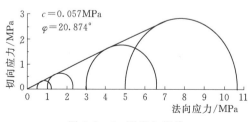

$c=0.057\text{MPa}$
$\varphi=20.874°$

图 7.3-7　强度包络线

如图 7.3-7 所示，基于强度代表体积，选用 1.0m×1.0m 尺寸，5 个随机试件计算得到的强度参数。

通过代表尺度和强度包络线，抗剪强度参数选取具有代表性。试件在不同围压下应力-应变关系曲线如图 7.3-8 所示，基本表现出理想弹塑性规律，且随着围压的增大，有整体硬化趋势。

对比塑性区分布（图 7.3 - 9），计算
15000 步时块石基本未出现塑性区，发生屈
服的基本为石块间填充的土体，表现出
"欺软怕硬"的特性，塑性区有明显绕过坚
硬石块的趋势，应力传递规律复杂，土体
和石块同时承受相应的应力，土体会首先
发生屈服，石块与土体接触部位构成其内部
的薄弱地带，会发生滑移错动。计算至
30000 步时，塑性区进一步扩大，塑性区斜
向贯穿部分石块，中部块体产生屈服，产生
了连续贯通的塑性区，直至延伸所有块体。

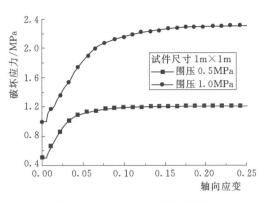

图 7.3 - 8　应力-应变关系曲线

强度代表体积数值方法研究在不同粗颗粒含量和粒径分布情况下冰水沉积物具有不同
的强度、变形特性。针对具体工程地质情况应分析相应的代表体积，等效力学参数应基于
代表尺度进行研究，所得结论才有意义。

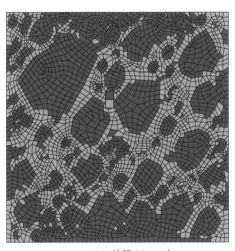

（a）计算 15000 步

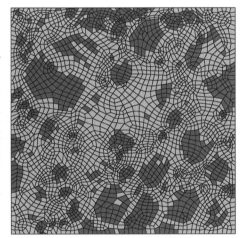

（b）计算 30000 步

图 7.3 - 9　塑性区分布图

7.3.3　强度特性及强度参数分析

根据典型工程试验结果，在每级不同围压下试样的轴向峰值强度（没有明显峰值强度
时，取轴向应变为 15％对应的轴向应力值），可绘制试样在不同围压条件下的极限莫尔应
力圆，然后绘制出与各莫尔应力圆相切的强度包络线，如图 7.3 - 10 和图 7.3 - 11 所示。

从天然样和饱水样的强度包络线特点来看，冰水沉积物在较低的应力条件下强度包络
线近似呈直线，符合莫尔-库仑强度理论，通过对包络线直线段的拟合，可达得出天然样
和饱水样在较低应力条件下的强度方程。

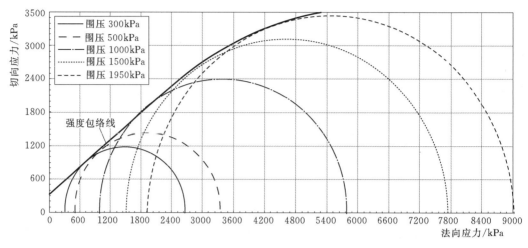

图 7.3-10 天然状态试样极限莫尔应力圆及强度包络线

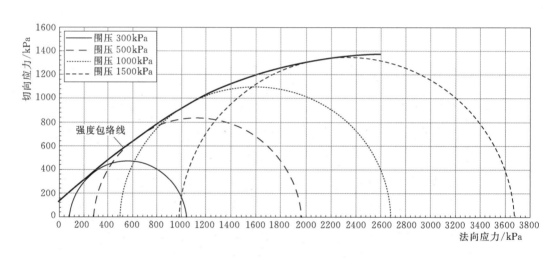

图 7.3-11 饱水状态试样极限莫尔应力圆及强度包络线

天然样:

$$\tau = 0.7262\sigma + 307.17 \tag{7.3-2}$$

饱水样:

$$\tau = 0.6511\sigma + 127.52 \tag{7.3-3}$$

由此可推算出天然样和饱水样在较低应力水平下的抗剪强度参数 c 和 φ 分别为:天然样的黏聚力 $c = 307.17\text{kPa}$,内摩擦角 $\varphi = 36°$;饱水样的黏聚力 $c = 127.52\text{kPa}$,内摩擦角 $\varphi = 33.1°$。

当试样所受的应力水平较高时,无论是天然样还是饱水样的强度包络线均向下弯曲,呈下凹形状,说明在较高的应力水平下该类冰水沉积物剪切破坏时并不遵从莫尔-库仑强度理论。

对于这种具有非直线形强度包络线的岩土体，如何评价其抗剪强度，如何确定其抗剪强度参数，一直以来都是学术界研究的热点。

对于具有非直线形包络线的岩土体，可根据实际法向应力的大小，作强度包络线的切线，然后根据该切线与纵坐标轴的交点和倾角确定岩土体在该法向应力下的抗剪强度参数。这种方法实际上认为，具有非直线形强度包络线的岩土体在剪切过程中仍然服从莫尔-库仑理论，只是随着法向应力的变化，岩土体的黏聚力和摩擦角也随之发生变化；但是这种方法难以解释为何随着法向应力的增大，岩土体黏聚力也随之增大。

郭国庆（1985）通过对粗颗粒土的研究，认为这种非直线形包络线对应的抗剪强度与法向应力呈幂函数关系，即

$$\tau = c + aP_a(\sigma/P_a)^b \tag{7.3-4}$$

式中　P_a——大气压；

a、b——强度参数。

但这种方法没有给出参数 a、b 的明确的物理力学意义。

通过对剪切破坏试样的进一步分析，在高围压条件下，试样破坏时其内部存在较明显的粗颗粒被剪碎现象，这一事实已被众多学者研究证实。

这似乎可以用来解释上述试验所获得的强度包络线在较高应力条件下偏离直线的原因：高应力条件下，随着粗颗粒被剪碎，试样的内摩擦角减小，试样的抗剪强度也相应降低，反映在强度包络线上就是偏离初始直线（莫尔-库仑强度包络线），呈下凹形。

根据上述认识，对冰水沉积物这种具有非线性强度包络线的岩土体，在评价其抗剪强度、确定强度参数时可按如下方法考虑：①在较低应力条件下，强度包络线呈直线形，其强度参数可按莫尔-库仑理论求解；②在较高应力条件下，如果忽略粗颗粒的剪碎对其黏聚力的影响，则仍然可以按照强度包络线在纵坐标轴上的截距确定其黏聚力，而内摩擦角应是一个随着应力水平的变化而变化的变量，它应是法向应力与强度包络线交点处切线的倾角。

根据上述方法，通过对强度包络线的拟合，可以得到该工程场址冰水沉积物在较高应力水平下的抗剪强度参数：

天然状态黏聚力为 $c = 307.17\text{kPa}$，内摩擦角为 $\varphi = \arctan(1.1513 - 1.8 \times 10^{-4}\sigma)$；适用于 $6000\text{kPa} > \sigma > 3000\text{kPa}$ 条件。

饱水状态黏聚力为 $c = 127.52\text{kPa}$，内摩擦角为 $\varphi = \arctan(0.7732 - 2 \times 10^{-4}\sigma)$；适用于 $3000\text{kPa} > \sigma > 800\text{kPa}$ 条件。

通过上述分析，可以对该工程场址冰水沉积物的力学特性得出以下认识：

（1）在低荷载作用下，大多试样的应力-应变曲线呈直线状，表现出弹性变形的特点，随着荷载的进一步增大，试样迅速屈服，应力-应变曲线下凹。但是在大多试样整个破坏过程中一般不存在明显的峰值强度，试样表现出应变强化的特点。

（2）发生剪切破坏时，试样大多表现出较明显的剪胀现象，并且围压越低，剪胀现象越明显。

（3）围压对试样刚度的影响，在弹性变形阶段表现甚微，一旦进入屈服阶段，随着围压的增大，刚度也随之增大。

（4）在较低的应力条件下，天然样和饱水样的强度包络线均呈直线状，符合莫尔-库仑强度理论，其强度参数可按莫尔-库仑理论求解；当试样所受的应力水平较高时，无论是天然样还是饱水样的强度包络线均向下弯曲，呈下凹形状，并不遵从莫尔-库仑强度理论，此时试样的剪切包含有粗颗粒的剪碎过程，试样的内摩擦角是一个随剪切面上法向应力增大而减小的变量。

（5）从工程实际情况来看，河谷冰水沉积物的厚度一般不超过100m，因此在一般条件下沉积物所处应力环境很难超过1MPa，根据试验结果，可以认为在一般工程条件下冰水沉积物的力学性质符合莫尔-库仑强度理论。

（6）水对冰水沉积物的黏聚力的影响较大，饱水条件下黏聚力不足天然状态下的1/2，而对内摩擦角的影响较小，饱水条件下内摩擦角减小值小于3°。

7.4 典型工程冰水沉积物的物理力学特性

以西藏帕隆藏布某水电站工程场址冰水沉积物为例，研究其物理力学特性。

7.4.1 冰水沉积物的变形模量

为查明该水电站冰水沉积物变形强度特征，开展了四组现场载荷试验。同时，在砂卵砾石层中进行重型圆锥动力触探试验，采用经验公式计算变形模量，与载荷试验结果进行对比分析。

7.4.1.1 载荷试验结果

载荷试验是一种较接近于实际基础受力状态和变形特征的现场模拟性试验。冰水沉积物四组现场载荷试验成果见表7.4-1。从试验结果可以看出，变形模量 E_0 的低值为12MPa，高值为149MPa，舍去三个高值149.53MPa、69.56MPa、75.17MPa，其变形模量平均值为19.85MPa，小值平均值为16.4MPa。

表7.4-1　　　　　冰水沉积物砂卵砾石现场载荷试验成果表　　　　　单位：MPa

试验序次	第一组试验		第二组试验		第三组试验		第四组试验	
	压应力	变形模量	压应力	变形模量	压应力	变形模量	压应力	变形模量
1	0	0	0	0	0	0	0	0
2	0.262	69.56	0.140	30.14	0.140	16.83	0.140	149.53
3	0.610	39.56	0.314	25.57	0.314	16.64	0.314	75.17
4	0.785	29.18	0.488	23.78	0.488	16.51	0.401	37.12
5	0.959	27.83	0.576	20.35	0.663	12.68	0.488	22.62
6	1.046	24.12	0.663	17.30	0.837	13.11	0.576	17.29
7	1.134	19.91	0.750	17.39	0.924	12.51	0.663	16.25
8	1.221	17.39	0.882	15.33			0.689	13.19
9			0.837	15.68			0.750	12.45
10			0.874	13.57				
11			0.924	11.74				

为进一步分析变形模量相差较大的原因，分组建立压力-变形模量关系曲线。但回归分析仅能建立第一组、第四组的曲线（图7.4-1、图7.4-2），第二组、第三组无明显规律。除去两个高点，将所有压力-变形模量对应值纳入散点图（图7.4-3），发现砂卵砾石的变形模量与压力的相关性很差，这是因为卵砾石层性状或岩性差异很大。

7.4.1.2 利用钻孔动力触探资料获得砂卵砾石层的变形模量

卵石、砾石土的变形模量是主要的工程特性参数之一，该项指标在工业与民用建筑中研究较多，特别是川西部分河流有大量的研究，用表7.4-2（图7.4-4）中的资料建立的关系式有很好的相关性：

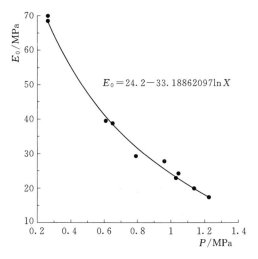

图7.4-1 第一组试验的压力-变形模量
关系曲线

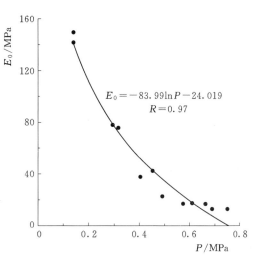

图7.4-2 第四组试验的压力-变形模量
关系曲线

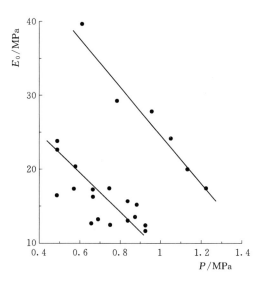

图7.4-3 第一～四组试验压力-变形
模量散点图

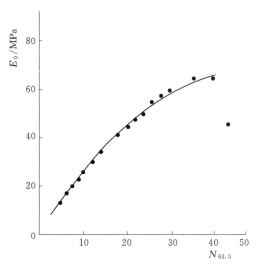

图7.4-4 卵石土、砾石土变形模量（E_0）
与动探击数（$N_{63.5}$）的关系曲线

表 7.4－2　　　　　　　　砾石土、卵石土变形模量 E_0 与 $N_{63.5}$ 的关系

击数平均值 $N_{63.5}$	3	4	5	6	7	8	9	10	12	14
E_0/MPa	10	12	14	16	18.5	21	23.5	26	30	34
击数平均值 $N_{63.5}$	16	18	20	22	24	26	28	30	35	40
E_0/MPa	37.5	41	44.5	48	51	54	56.5	59	62	64

$$E_0 = 4.224 N_{63.5}^{0.774} \tag{7.4-1}$$

式中　E_0——卵石、砾石土变形模量，MPa；

　　　$N_{63.5}$——动探击数；

　　　r——相关系数，$r=0.99$。

将 E_0 与表 7.4－2 的值进行对照可以看出，用动探获得 E_0 的最高值为 64MPa，而用现场载荷试验获得的变模达到 100～165MPa，高值比动探确定的高值要高出许多，这是由于在卵石层中动探遇大的卵石、漂砾时击数很高，而穿过其间的孔隙时击数又变小，借助动探击数评价变形模量须留有较大的安全系数。

表 7.4－3 是勘探孔 ZK110、ZK112 不同深度动探 $N_{63.5}$ 的击数和由经验公式确定的砂卵砾石层变形模量。从表中可以看出：第二层（含碎石的砂卵砾石）的变形模量 $E_0 =$ 14～15MPa；第三层（砂卵砾石）的变形模量 $E_0 =$ 26～40MPa；第四层（砂卵砾石）的变形模量 $E_0 =$ 32MPa。

表 7.4－3　　　　　　　　河床砂卵砾石层动探击数与变形模量

钻孔号	试验深度/m	$N_{63.5}$（击数）	孔隙比	变形模量 E_0/MPa	所在层位	平均变形模量/MPa
ZK112	9.05	5	0.53	14	第二层：含碎石的砂卵砾石	14
	13.9	5	0.53	14		
	20	18	0.29	41	第三层：砂卵砾石	40
	25	19	0.29	42.75		
	30.2	16	0.29	37.5		
	35.5	14	0.3	34	第四层：砂卵砾石	32
	41	12	0.32	30		
ZK110	5	4	0.59	12	第二层：含碎石的砂卵砾石	15
	10.8	5	0.53	14		
	15.1	8	0.41	21		
	20	10	0.37	26	第三层：砂卵砾石	26
	25	10	0.35	26		
	30	10	0.31	26		

前述载荷试验获得的变形模量小值平均值 $E_0 = 16.4$MPa，比动探 $N_{63.5}$ 获得的变形模量 $E_0 = 14$MPa 稍高一些。因此，只有当无载荷试验时才可以用动探 $N_{63.5}$ 获取变形模量。

三层卵砾石土的变形模量建议值见表 7.4-4。

表 7.4-4   河床砂卵砾石层变形模量建议值

层 位	变形模量/MPa	层 位	变形模量/MPa
第二层（含碎石的砂卵砾石）	14	第四层（砂卵砾石）	32
第三层（砂卵砾石）	26		

7.4.2 冰水沉积物的抗剪强度参数

7.4.2.1 三轴成果分析

三轴剪切试验是土样在三轴压缩仪上进行剪切的试验。将圆柱体试样用橡皮膜套住放入密闭的压力筒中，通过液体施加围压，并由传力杆施加垂直方向压力，逐渐增大垂直压力直至剪坏。根据莫尔强度理论，利用应力圆做出极限应力圆的包络线，即为土的抗剪强度曲线，进而求得抗剪强度指标内摩擦角（φ）和黏聚力（c）。

7.4.2.2 冰水沉积物力学参数试验成果

针对冰水沉积物钻孔所取试样进行了抗剪强度试验，试验结果见表 7.4-5。

表 7.4-5   冰水沉积物抗剪强度试验成果表

值别	抗剪强度指标	
	黏聚力/kPa	摩擦角
最大值	69	35°56'
最小值	55	32°37'
平均值	61	33°42'

7.4.3 冰水沉积物的承载力

根据动力触探试验成果，统计分析冰水沉积物物理性质及承载力标准值，见表 7.4-6。从统计结果可以看出，第二层含碎石的卵砾石的承载力为 200kPa 左右，第三层为 400~600kPa，第四层为 470~540kPa。

表 7.4-6   坝基 ZK110、ZK112 钻孔的 $N_{63.5}$ 及承载力

钻孔编号	层位名称	试验深度/m	$N_{63.5}$	孔隙比	密实度	承载力标准值 f_k/kPa
ZK112	第二层（含碎石的砂卵砾石）	9.05	5	0.59	松散	200
		13.9	5	0.59	稍密	200
	第三层（砂卵砾石）	20	18	0.29	密实	700
		25	19	0.29	密实	750
		30.2	16	0.29	密实	630
	第四层（砂卵砾石）	35.5	14	0.3	密实	550
		41	12	0.32	密实	480

钻孔编号	层位名称	试验深度 /m	$N_{63.5}$	孔隙比	密实度	承载力标准值 f_k/kPa
ZK110	第二层（含碎石的砂卵砾石）	5	4	0.59	松散	170
		10.8	5	0.53	稍密	200
	第三层（砂卵砾石）	15.1	8	0.41	中密	320
		20	10	0.37	密实	400
		25	10	0.35	密实	400
		30	10	0.31	密实	400

7.5 冰水沉积物工程地质分级

7.5.1 工程地质分级原则

根据冰水沉积物的工程地质特征和岩土质量分级经验，冰水沉积物的工程地质分级应遵循以下原则：

（1）科学性原则：必须抓住控制和影响冰水沉积物工程地质性质的关键或主要因素，如堆积时代、粒径大小、密实程度、颗粒级配和粒度组成等。

（2）简单有效原则：分级方法和分级指标必须简单明了，即便于记忆和操作，便于推广应用，便于工程评价。

（3）兼顾传统原则：为了便于工程应用，对冰水沉积物岩组划分等传统分级方案中有价值的方法、名称和指标应尽量采用。

（4）普适性原则：分级标准应充分适用于不同地区、不同流域冰水沉积物地区地质体的工程分级。

7.5.2 工程地质分级（粒度组成分级）

7.5.2.1 分级方法

对于冰水沉积物来说，由于颗粒组成对其工程地质特性有重要的影响和控制作用，因此工程地质分级的理论基础便是粒度组成与工程地质性质的相关关系。

根据已有研究成果，冰水沉积物的分级按照规范规定，其土体按粒组划分为巨粒岩组、粗粒岩组及细粒岩组等3个一级单元，又可进一步划分为漂石、卵石、粒砾、砂砾、粉粒、黏粒等6个二级单元。

根据沉积物土体划分标准，土的工程分级标准中将巨粒、砾粒和砂砾含量作为粗粒混合土的划分标准，亦即将其作为粗粒土分级体系的判别标准。

工程实践经验表明，对宏观上"不含"黏土的冰水沉积物，它们仍然有少量黏土矿物的分布，因此存在着量变到质变的临界值。在冰水沉积物的工程地质分级中，主要控制因素为巨粒类土和碎石类土两大类。

7.5.2.2 分级步骤

（1）岩组划分。分析冰水沉积物的粒组、堆积时代、颗粒粒径、成因类型、工程地质特性，确定岩组划分。

（2）岩土分级。根据粒度组成和工程地质特性，判定岩土等级为一级岩土或二级岩土。

一级岩土的粒组是漂石（块石）粒、卵石（碎石）粒、粗砾、中砾和细砾等。堆积时代是中更新统、上更新统或全更新统；颗粒粒径不小于2mm，成因类型为冰碛堆积、冰水堆积、冲积、洪积、古崩滑或古泥石流堆积等多种成因；土的分类主要为漂石（块石）、卵石（碎石）、混合土漂石（块石）、混合土卵石（碎石）、漂石（块石）混合土、卵石（碎石）混合土、粗砾、中砾和细砾等。

二级岩土的粒组粗砂、中砂、细砂、粉粒或黏粒等，堆积时代为中更新统、上更新统或全更新统；颗粒粒径小于2mm，成因类型为冰碛堆积、冰水堆积、冲积、洪积或堰塞相河湖积；土的分类为粗砂、中砂、细砂、高液限黏土、低液限黏土、高液限粉土和低液限粉土等。

（3）承载力分级。根据冰水沉积物岩土分级结果判断岩土的承载力，一级岩土的承载力较好，二级岩土的承载力较差。一级岩土分为一级岩土IV_1和一级岩土IV_2，其中一级岩土IV_1的承载力好，一级岩土IV_2的承载力较好。二级岩土分为二级岩土V_1和二级岩土V_2，其中二级岩土V_1的承载力中等，二级岩土V_2的承载力差。

（4）冰水沉积物岩土质量工程地质分级。根据地质因素、堆积时代、颗粒粒径、密实程度等及其工程特性等，提出了冰水沉积物初步的工程地质分类方案（表7.5-1）。

1）一级岩土IV_1的粒组为漂石（块石）粒和卵石（碎石）粒，堆积时代为中更新统和上更新统，颗粒粒径大于60mm，成因类型为冰碛堆积、冰水堆积、冲积、洪积、古崩滑及古泥石流堆积，工程地质特性为漂石（块石）、卵石（碎石）、混合土漂石（块石）、混合土卵石（碎石）、漂石（块石）混合土和卵石（碎石）混合土。

2）一级岩土IV_2的粒组为粗砾、中砾和细砾，堆积时代为中更新统、上更新统或全更新统，颗粒粒径介于2mm与60mm（含）之间，成因类型为冰碛堆积、冰水堆积、冲积、洪积，工程地质特性为粗砾、中砾和细砾。

3）二级岩土V_1的粒组为粗砂、中砂、细砂，堆积时代为中更新统、上更新统或全更新统，颗粒粒径介于0.075mm与2mm（含）之间，成因类型为冰碛堆积、冰水堆积、冲积、洪积、堰塞相河湖积，工程地质特性为粗砂、中砂和细砂。

4）二级岩土V_2的粒组为粉粒或黏粒土，堆积时代为中更新统和上更新统，颗粒粒径不大于0.075mm，成因类型为冰碛堆积、冰水堆积、冲积、堰塞相河湖积，工程地质特性为粉质黏土、粉土、淤泥质黏土。

这一分级与当前岩土工程勘察中碎石土分类和巨粒土分类相比，突出了小于0.075mm细粒土指标，把漂（块）石含量小于50%的冰水沉积物进一步细化，将巨粒或碎石混合土纳入了统一的分级体系，充分体现了其科学性和实用性。

7.5.3 岩土质量分级实例

以西藏尼洋河某水电站为例，该场址冰水沉积物的厚度大、层次多、物质成分不均匀、埋深各异，沉积时代不同，物理力学性质差异较大。尽管如此，冰水沉积物各岩组仍可以根据其沉积时代、颗粒组成与粒径大小、成因类型、密实程度等几方面对冰水沉积物的岩土体质量进行工程地质分级。在各项指标分析论证的基础上，类比冰水沉积物工程常规物理力学指标值经验适当折减调整，提出了表征坝基冰水沉积物不同质量级别岩土体的参数值（表7.5-2）。

表 7.5-1　　　　　　　　　　　冰水沉积物岩土质量分级表

一级	二级	一级粒组统称	二级粒组名称		堆积时代	粒径/mm	成因类型	工程地质特性	工程地质问题
IV	IV₁	巨粒	漂石（块石）、混合土漂石（块石）、漂石（块石）混合土		Q₂、Q₃	>200	冰碛物、冰水堆积、冲积、古崩滑及古泥石流堆积	颗粒粗大、块、磨圆度较好的漂石、卵砾石类；透水性很大，无黏性，无毛细水，力学强度高	渗漏损失、渗透稳定、压缩与沉降变形
			卵石（碎石）、混合土卵石（碎石）、卵石（碎石）混合土		Q₂、Q₃、Q₄	200~60	冰碛物、冰水堆积、冲积、洪积	块、磨圆度较好的漂石、卵砾石类；透水性较大，无黏性，无毛细水，力学强度较高	渗漏、渗透变形、压缩与沉降变形、抗滑稳定
	IV₂		粗砾、中砾、细砾	粗	Q₂、Q₃、Q₄	60~20	冰碛物、冰水堆积、冲积	砾石类。透水性大，无黏性，毛细水上升高度不超过粒径大小，力学强度较高	渗漏、渗透变形、压缩与沉降变形、抗滑稳定
				中		20~5			
				细		5~2			
V	V₁	粗粒	砂粒	粗	Q₂、Q₃、Q₄	2~0.5	冰水堆积、冲积、洪积、堰塞相河湖积	颗粒细小的粗~细砂类。易透水，当混入云母等杂质时透水性减小，压缩性增强；无黏性；毛细水上升高度不大，随粒径变小而增大，力学强度中等	渗漏、渗透变形、压缩与沉降变形、砂土振动液化、抗滑稳定
				中	Q₂、Q₃、Q₄	0.5~0.25			
				细	Q₂、Q₃、Q₄	0.25~0.075			
	V₂	细粒	粉粒、黏粒类土		Q₂、Q₃	<0.005	冰水堆积、冲积、堰塞相河湖积	粉质黏土、粉土、黏土、淤泥质黏土类。透水性很小，可塑性；毛细水上升高度大，但速度慢	压缩与沉降（固结）变形、振陷、抗滑稳定

表 7.5-2　　　　　　典型工程冰水沉积物岩土质量级别与物理力学参数值

岩土质量分级		岩组名称	密度/(g/cm³)		孔隙比	抗剪强度		变形（压缩）模量/MPa	允许承载力/MPa	允许水力坡降	渗透系数/(cm/s)
			天然	干		f	c/kPa				
IV	IV₁	含漂块石碎石土	2.2	2.1	0.30~0.35	0.60~0.65	45~55	50~60	0.60~0.65	0.30~0.35	1×10⁻⁴
	IV₂	漂块石卵砾碎石土	2.05	2.0	0.37~0.40	0.55~0.60	30	40~50	0.55~0.60	0.15~0.20	4×10⁻²
V	V₁	含卵砾中细砂层	2.0	1.9	0.40~0.45	0.40~0.45	30~40	20~30	0.35~0.40	0.35~0.40	2×10⁻⁴
	V₂	粉砂质黏土	1.9	1.7	0.65~0.75	0.30~0.35	40~50	15~25	0.25~0.30	6	1×10⁻⁶

本书仅对河床复杂深厚冰水沉积物岩土体质量工程地质分级方法进行总结，从实际的工程地质工作需要、工程设计需要出发对该方法进行研究，可为工程勘察、设计人员提供有益参考。

7.6 冰水沉积物地基的坝型适应性

受地形地质条件的影响，尤其是冰水沉积物问题的制约，国内外许多大型水利水电工程不得不放弃重力坝、拱坝等高坝方案，而采用高土石坝、面板坝、闸坝等方案。

冰水沉积物坝基的厚度、层次结构、组成物质及其性状特征等均是制约坝型选择的重要因素。冰水沉积物坝基对土石坝坝型的设计和施工均有着相应的影响和制约作用，均需在冰水沉积物工程特性和主要工程地质问题的详细勘察论证后，才能提出坝型适宜性的评价及建议。根据目前已建、在建高坝坝基冰水沉积物的利用和处理现状看，高混凝土坝和超高土石坝（>150m）坝基一般均建在基岩上，经详细论证后，当地材料坝部分坝基可放置在结构密实的 IV_1 级冰水沉积物上。一般而言，冰水沉积物坝基的坝型以心墙土石坝为主，因其适应性更好。

7.6.1 坝型对冰水沉积物的适应性

冰水沉积物坝基条件常常是影响坝型比选的重要因素，坝基条件对坝体的设计和施工有着影响和制约的一面，但也不是唯一的限制条件，还与大坝的类型、自然环境条件、施工和运行条件等多种因素有关。不同坝型对冰水沉积物的适应性要求如下：

（1）土石坝、低混凝土坝、闸坝等，其持力层可建在冰水沉积物上。

（2）高混凝土坝原则上应挖除冰水沉积物，将坝基建于基岩上。

（3）高面板堆石坝趾板一般建在基岩上，经论证后可建在冰水沉积物上。

（4）避免坝基中存在厚的粉细砂层、淤泥、软土层等特殊不良土层，经过处理后的冰水沉积物坝基应满足变形、抗滑稳定、抗渗透和抗液化稳定等要求，同时坝基不应产生较大的震陷。

总体来说冰水沉积物坝基上的心墙堆石坝适应变形能力较强，目前是在冰水沉积物上建造中、高坝的主要坝型。

7.6.2 不同冰水沉积物对大坝规模的适宜性

（1）以砂卵砾石层岩组为主的 IV_1、IV_2 级冰水沉积物一般适合于修建高土石坝，但存在一些工程地质问题仍需要进一步分析研究。

（2）冰水沉积物 IV_2、V_1 级土体可满足低水头、中小型水利水电工程建基持力层的需要。大型土石坝或面板坝工程若要利用冰水沉积物，必须更深入地研究其物理力学性质指标，提出切合工程实际的处理方案和措施。

7.7 冰水沉积物坝基利用及处理

冰水沉积物作为坝基时，土体利用和持力层选择应充分依据土体物理力学特性，结合大坝结构特点综合考虑。一般认为冰水沉积物沉积时代越早、埋深越大和在有上覆盖重情况下力学性能和抗渗性能明显更好，这为冰水沉积物土体利用和持力层选择提供了充分的技术支撑。

根据国内外冰水沉积物地基筑坝土体利用经验，本节分别按照闸坝、心墙堆石坝及混凝土面板堆石坝三种坝型进行阐述。

由于在冰水沉积物坝基上筑坝的主要工程地质问题包括承载及变形、抗滑稳定、渗透及渗透变形、砂层液化和软土震陷等问题，相关研究就从解决这些问题开始。下面从大坝持力层选择、软弱土体利用及不同工程地质问题处理措施等方面阐述冰水沉积物土体利用原则。

7.7.1 冰水沉积物持力层选择原则

根据党林才等的研究成果，水工建筑物持力层一般置于粗粒土构成骨架的较密实土体上，其力学强度高，可满足高坝坝基承载及变形要求。持力层一定深度影响范围内不能有软弱土层（如砂层及软、淤泥质土等）存在，软弱土体不能满足承载及变形要求时则需采取工程处理措施。不同的坝型持力层选择有所不同，同一种坝型不同部位也不完全相同。

7.7.1.1 心墙坝

不同坝高、不同部位持力层选择有所不同。对坝高超过250m的土石坝，由于无成熟经验，一般挖除心墙、反滤、过渡部位的冰水沉积物，其余部位坝基可置于粗颗粒为主、较密实土体上，表面1～2m的粗粒土予以挖除，对坝基应力影响范围（一般小于20～25m，需经计算确定）内砂层及粉黏土层也予以挖除。

坝高70～250m的心墙土石坝，持力层可置于以粗颗粒为主、力学强度较高的土体上，心墙基底下一般需要进行5m深的固结灌浆；表层1～2m粗粒土予以挖除，对坝基应力影响范围（一般小于15～20m，需经计算确定）内砂层及粉黏土层也予以挖除。

坝高小于70m的心墙土石坝，持力层可置于以粗颗粒为主的力学强度较高的土体上，对坝基应力影响范围（一般小于10～15m，需经计算确定）内砂层及粉黏土层也予以挖除。

7.7.1.2 面板堆石坝

坝高小于70m的面板堆石坝，冰水沉积物中以粗颗粒为主的土体基本满足坝基承载及变形要求，表面1～2m表层粗粒土予以挖除，经论证趾板也可以置于冰水沉积物上，通过防渗墙与趾板连接。

坝高大于70m的面板堆石坝，其持力层选择在坝轴线以上与坝轴线以下有所不同。位于坝轴线至趾板间的冰水沉积物，结构松散至较松散的崩坡积块碎石土必须予以清除；表部冲积漂卵砾石层结构较松散，不能满足坝基要求时应予以清除；结构密实～较密实的底部冲积、冰水堆积漂卵砾石层可作为坝基予以保留；坝基下存在软弱不良夹层如砂层、粉黏土层、淤泥质土层等予以挖除。目前尚无坝高超过135m的面板坝趾板置于冰水沉积物上的经验，故坝高超过135m的面板坝趾板宜置于基岩上，坝高小于135m的面板坝趾板经论证可置于冰水沉积物上，通过防渗墙与基岩连接。坝轴线以下坝基冰水沉积物要求可适当放松，将崩坡积块碎石土及表层较松散的冲积漂卵砾石层清除即可，坝基下软弱夹层如砂层、粉黏土层应予以挖除或采取工程处理措施，如采用振冲或灌浆方法进行处理，以增加坝基承载力和抗滑稳定，并消除砂土液化。

7.7.1.3　闸坝

闸坝坝基可置于以粗颗粒为主的力学强度较高的冰水沉积物上，对坝基应力影响范围（一般小于10m，需计算确定）内的砂层及粉黏土层、淤泥质土层也应予以挖除。

高闸坝（坝高大于30m）对坝基承载力要求较高，即使是以粗粒土为主的土体，有些也不能满足要求，因此经承载及变形验算不能满足要求时，可进行固结灌浆。

7.7.2　坝基软弱土体利用与处理原则

坝基软弱土体一般存在承载力不足、变形较大、抗剪强度不足的问题，部分存在砂土液化和软土震陷等工程地质问题；但同时，大部分软弱土体也具有渗透系数小、抗渗性能较好的特点。不同坝型、不同坝高、甚至不同部位坝基软弱土体利用及处理有所不同。

7.7.2.1　心墙坝

坝高超过250m时，由于心墙、反滤及过渡部位冰水沉积物被挖除，其余部位坝基砂层及粉黏土层如埋深浅（一般小于15~20m），则可予以挖除；如埋深较大、挖除困难，经抗滑、抗液化、沉降验算满足要求时可采用增加压重的处理方式，增加其抗滑、抗液化等性能，否则须采取抗液化措施，如振动碎石桩、高压旋喷等。

坝高70~250m的土石坝对埋深较浅的砂层可进行挖除及置换处理，对位于持力层以下深度超过20m的砂层，经抗滑、抗液化、沉降验算，满足要求时可不作处理，否则需采取设置压重区、振动碎石桩、高压旋喷等处理方法。

坝高小于70m的心墙土石坝，埋深较浅的砂层可进行挖除及置换处理，位于持力层以下深度超过10m的砂层，经抗滑、抗液化、沉降验算，满足要求时可不作处理，否则需采取设置压重区、振动碎石桩、高压旋喷等处理方法。

在渗透稳定及渗透量计算时，可选择分布连续且具有一定厚度的细粒土作为坝高小于70m的心墙坝基防渗依托层。

7.7.2.2　面板堆石坝

坝高小于70m的面板堆石坝，冰水沉积物坝基软弱土体埋深较浅时，应予以清除或采取加固措施；埋深较深时，经论证对坝体变形、抗滑、抗液化稳定影响不大时可不进行处理或采用增加压重等处理措施；如单纯增加压重方式不能满足时，则需增加振动碎石桩、高压旋喷等处理方法。

坝高大于70m的面板堆石坝，坝轴线至趾板间冰水沉积物坝基下软弱土层（如砂层、粉黏土层等）应予以挖除，坝轴线下游坝基下软弱土层（如砂层、粉黏土层等）应予以挖除或采取工程处理措施，如采用振冲或灌浆等处理方法，以增加坝基承载力和抗滑稳定并消除砂土液化。

7.7.2.3　闸坝

砂层、粉质黏土层等软弱坝基其力学性能较差，存在承载力不足、液化、抗滑稳定等工程地质问题，可采取置换（埋深浅）、振冲碎石桩等处理措施。如软弱坝基位于闸坝轴线下游，则振冲碎石桩桩体填料需为起反滤保护作用的级配填料。埋深较大的软弱坝基，经计算满足闸坝坝基抗滑稳定、抗液化、沉降变形要求时可不作处理。

在冰水沉积物上建闸坝，可选分布连续且具有一定厚度的细粒土作为防渗依托层，其垂直防渗深入到防渗依托层一定深度即可，可采用悬挂式防渗墙。如果防渗依托层分布于坝基表层，也可采用水平铺盖为主的形式防渗，以充分利用浅表细粒土防渗层。

7.7.3 冰水沉积物坝基渗漏及渗透变形处理

粗粒土一般渗透系数大，抗渗性能差，存在渗透及渗透变形问题；细粒土则一般渗透系数小，抗渗性能较好。冰水沉积物坝基防渗处理可根据冰水沉积物土体特点、坝型、坝高等采取不同的处理方案。

7.7.3.1 心墙坝

坝高超过 250m 时，由于心墙部位冰水沉积物挖除，不存在冰水沉积物坝基渗漏及渗透变形问题。

坝高 150～250m 的心墙土石坝，一般采取两道全封闭防渗墙＋墙下帷幕灌浆进行防渗，坝轴线下游冰水沉积物设水平反滤层以增加抗渗性能。

坝高 70～150m 的心墙土石坝，一般采取一道全封闭防渗墙＋墙下帷幕灌浆进行防渗，如果下伏冰水沉积物为 Q_3 及以前的地层，且存在弱胶结及抗渗性能较好时，经计算也可采用悬挂式防渗墙。坝轴线下游冰水沉积物设水平反滤层以增加抗渗性能。

坝高小于 70m 的心墙土石坝，一般采取一道全封闭防渗墙＋墙下帷幕灌浆进行防渗，经抗渗计算满足要求时可采用悬挂式防渗墙，坝轴线下游冰水沉积物设水平反滤层以增加抗渗性能。

7.7.3.2 面板坝

对坝高小于 135m 的面板堆石坝，可采用防渗墙防渗，趾板坐落在冰水沉积物上，防渗墙与趾板采用连接板连接。对坝高大于 135m 的面板堆石坝，由于无成熟工程经验，原则上将趾板处冰水沉积物挖除。

7.7.3.3 闸坝

冰水沉积物上修建闸坝，根据渗透稳定及渗透量计算一般可采取悬挂式防渗，可选分布连续且具有一定厚度的细粒土作为防渗依托层。当闸坝坝基下部无分布连续且具有一定厚度的细粒土层时，根据渗透稳定及渗透量计算可选取晚更新世（Q_3）冰积漂（块）卵石层作为防渗依托层。该层虽为粗粒土层，但由于其一般埋深大、形成时代较早、结构较密实，经现场试验证实其抗渗性一般较好。

冰水沉积物在埋深较大及与上覆土层联合防渗或有反滤保护作用下，其抗渗性能有大幅提高。在有试验论证的情况下，可提高下伏一定深度粗粒土层抗渗性能指标，以减少悬挂式防渗深度，充分利用闸坝基土体，节约工期及降低造价。

8 冰水沉积物砂层地震液化判定及防治措施[*]

8.1 砂层地震液化影响因素

饱水砂土在地震、动力荷载或其他外力作用下，受到强烈振动而失去抗剪强度，使砂粒处于悬浮状态，致使坝基失效，这种作用或现象称为砂土液化。砂土液化的危害性主要有地面下沉、地表塌陷、坝基土承载力丧失、地面流滑等。

在高地震烈度地区建设水利水电工程，由于冰水沉积物地基多分布有可能液化的砂层，易产生砂土液化问题，对坝基稳定及坝体变形产生不利影响。对其可液化性的判别、分析对工程的影响程度、提出合理的工程处理或防液化措施是冰水沉积物上筑坝的主要问题之一。

由饱和砂土组成的冰水沉积物坝基，在地震时并不都会发生液化。必须了解影响砂土液化的主要因素，才能做出正确的判断。

8.1.1 砂土性质

对产生砂土液化具有决定性作用的是砂土在地震时易于形成较大的超孔隙水压力。较大的超孔隙水压力形成的必要条件是：①地震时砂土必须有明显的体积缩小从而产生孔隙水的排泄；②由砂土向外排水滞后于砂体的振动变密，即砂体的渗透性能不良，不利于超孔隙水压力的迅速消散，于是随着荷载循环次数的增加，孔隙水压力不断累积升高。

（1）砂土的相对密度。动三轴试验表明，松砂极易完全液化，而密砂则经多次循环的动荷载后也很难达到完全液化。也就是说，砂的结构疏松是液化的必要条件之一。表征砂土的疏与密界限的定量指标，过去采用临界孔隙度，这是从砂土受剪后剪切带松砂变密而密砂变松导出的一个界限指标，即经剪切后即不变松也不变密的孔隙度。目前以砂土的相对密度和砂土的粒径和级配来表征砂土的液化条件。

（2）砂土的粒度和级配。砂土的相对密度低并不是砂土地震液化的充分条件，有些颗粒比较粗的砂，相对密度虽然很低但却很少液化。分析邢台、通海和海城砂土液化时喷出的 78 个砂样表明，粉、细砂占 57.7%，塑性指数小于 7 的粉土占 34.6%，中粗砂及塑性指数为 7~10 的粉土仅占 7.7%，而且全发生在Ⅺ度地震烈度区。所以，具备一定粒度成分和级配是很重要的液化条件。

8.1.2 初始固结压力（埋藏条件）

当孔隙水压力大于砂粒间的有效应力时才产生液化，而根据土力学原理，土粒间有效应力由土的自重压力决定，位于地下水位以上的土体某一深度 Z 处的自重压力 P_Z 为

$$P_Z = \gamma Z \qquad (8.1-1)$$

---

* 本章由赵志祥、焦健、任苇执笔，狄圣杰校对。

式中 γ——土的容重，kN/m^3。

如地下水埋深为 h，Z 位于地下水位以下，由于地下水位以下土的悬浮减重，Z 处自重压力则应按下式计算：

$$P_z = \gamma h + (\gamma - \gamma w)(Z - h) \qquad (8.1-2)$$

如地下水位位于地表，即 $h = 0$，则有

$$P_z = (\gamma - \gamma w)Z \qquad (8.1-3)$$

显然，最后一种情况自重压力随深度增加最小，亦即直接在地表出露的饱水砂层最易于液化。而液化的发展也总是由接近地表处逐步向深处发展。如液化达某一深度 Z_1，则 Z_1 以上通过骨架传递的有效应力即由于液化而降为零，于是液化又由 Z_1 向更深处发展而达 Z_2，直到砂粒间的侧向压力足以限制液化产生为止。显然，如果饱水砂层埋藏较深，以至上覆土层的盖重足以抑制地下水面附近产生液化，液化就不会向深处发展。

饱水砂层埋藏条件包括地下水埋深及砂层上的非液化黏性土层厚度。地下水埋深越浅，非液化黏性土盖层越薄，则越易液化。

已知饱水砂层的抗剪强度 τ 为

$$\tau = (\sigma_0 - P_w)\tan\varphi \qquad (8.1-4)$$

式中 P_w——砂层孔隙水压力；

$\quad\quad \sigma_0$——砂粒间有效正压力；

$\quad\quad \varphi$——摩擦角，(°)。

在地震前，外力全部由砂骨架承担，此时孔隙水压力称为中性压力，只承担本身压力即静水压力。令此时的孔隙水压力为 P_{w0}，振动过程中的超孔隙水压力为 ΔP_w，则振动前砂的抗剪强度为

$$\tau = (\sigma - P_{w0})\tan\varphi \qquad (8.1-5)$$

振动时： $\quad\quad \tau = [\sigma - (P_{w0} + \Delta P_w)]\tan\varphi \qquad (8.1-6)$

随 ΔP_w 累积性增大，最终 $(P_{w0} + \Delta P_w) = \sigma_0$，此时砂土的抗剪强度降为零，完全不能承受外部荷载而达到液化状态。

8.2 砂层液化判别方法

8.2.1 常用判别方法

砂土发生地震液化的基本条件取决于饱和砂土的结构疏松、渗透性相对较低，以及振动的强度大小和持续时间长短。是否发生喷水冒砂还与盖层的渗透性、强度、砂层厚度以及砂层和潜水的埋藏深度有关。因此，对砂土液化可能性的判别一般分两步进行：①根据砂层时代、工程区地震烈度、颗粒粒径、地下水位和剪切波速进行初判，以排除不会发生液化的土层，初判的目的在于排除一些不需要再进一步考虑液化问题的土，以减少勘察工作量；②对已初步判别为可能发生液化的砂层再作进一步判定。

砂土液化的判定工作可分初判和复判两个阶段：初判应排除不会发生液化的土层，对初判可能发生液化的土层应进行复判。

8.2.1.1 砂土地震液化初判

《水力发电工程地质勘察规范》（GB 50287—2016）中附录 Q "土的地震液化判别"

内容如下：

(1) 地层年代为第四纪晚更新世 Q_3 或以前时，设计地震烈度小于Ⅸ度时可判为不液化。

(2) 土的粒径大于 5mm 颗粒含量的质量百分率大于或等于 70% 时，可判为不液化。

(3) 对粒径小于 5mm 颗粒含量的质量百分率大于 30% 的土，其中粒径小于 0.005mm 的颗粒含量质量百分率相应于地震动峰值加速度 $0.10g$、$0.15g$、$0.20g$、$0.30g$ 和 $0.40g$ 分别不小于 16%、17%、18%、19% 和 20% 时，可判为不液化。

(4) 工程正常运用后，地下水位以上的非饱和土可判为不液化。

(5) 当土层的剪切波速大于式（8.2-1）计算的上限剪切波速时，可判为不液化。

$$V_{st} = 291(K_H Z \gamma_c)^{1/2} \tag{8.2-1}$$

式中 V_{st}——上限剪切波速，m/s；

K_H——地面水平地震动峰值加速度系数，为水平地震动峰值加速度与重力加速度 g 之比；

Z——土层深度，m；

γ_c——深度折减系数。

深度折减系数为

$Z=0\sim10m$ 时，$\quad\quad\quad \gamma_c = 1.0 - 0.01Z \tag{8.2-2}$

$Z=10\sim20m$ 时，$\quad\quad\quad \gamma_c = 1.1 - 0.02Z \tag{8.2-3}$

$Z=20\sim30m$ 时，$\quad\quad\quad \gamma_c = 0.9 - 0.01Z \tag{8.2-4}$

8.2.1.2 砂土的地震液化复判

(1) 标准贯入锤击数复判法。当 $N_{63.5} < N_{cr}$ 时判为液化，其中 $N_{63.5}$ 为标准贯入锤击数；N_{cr} 为液化判别标准贯入锤击数临界值。

在地面以下 20m 深度范围内，液化判别标准贯入锤击数临界值 N_{cr} 按式（8.2-5）计算：

$$N_{cr} = N_0 \left[\ln(0.6d_s + 1.5) - 0.1d_w \right] \sqrt{\frac{3\%}{\rho_c}} \tag{8.2-5}$$

式中 ρ_c——土的黏粒含量质量百分率，%，当 $\rho_c < 3\%$ 或为砂土时，取 3%；

N_0——液化判别标准贯入锤击数基准值，在设计地震动加速度为 $0.10g$、$0.15g$、$0.20g$、$0.30g$、$0.40g$ 时分别取 7、10、12、16、19；

d_s——标贯贯入点深度，m；

d_w——地下水埋深，m。

(2) 相对密度复判法。当饱和无黏性土，包括砂和粒径大于 2mm 的砂砾的相对密度不大于表 8.2-1 中的液化临界相对密度时可判断为可能液化土。

表 8.2-1   饱和砂土的液化临界相对密度

设计地震动峰值加速度	$0.05g$	$0.10g$	$0.20g$	$0.40g$
液化临界相对密度	65%	70%	75%	85%

(3) 相对含水量和液性指数复判法。当饱和少黏性土的相对含水量大于或等于 0.9 时，或液性指数大于或等于 0.75 时，可判为可能液化土。

（4）静力触探贯入阻力法。根据静力触探试验对饱和无黏性土或少黏性土实测计算比贯入阻力 P_s 与液化临界静力触探比贯入阻力 P_{scr} 相对比，判别其地震液化的可能性。

1）地面下 15m 深度范围内的饱和无黏性土或少黏性土液化临界静力触探比贯入阻力 P_{scr} 可按式（8.2-6）估算：

$$P_{scr} = P_{s0}\alpha_p[1-0.065(d_w-2)][1-0.05(d_0-2)] \qquad (8.2-6)$$

式中 P_{scr}——临界静力触探液化比贯入阻力，MPa；

P_{s0}——$d_w=2m$、$d_0=2m$ 时饱和无黏性土或少黏性土的临界贯入阻力，MPa，可按地震设防烈度Ⅶ度、Ⅷ度和Ⅸ度分别选取 5.0～6.0MPa、11.5～13.0MPa 和 18.0～20.0MPa；

α_p——土性综合影响系数，可按表 8.2-2 选值；

d_w——地下水位埋深，若地面淹没于水面以下，$d_w=0$；

d_0——上覆非液化土层厚度，m。

表 8.2-2　　　　土性综合影响系数 α_p 值

土　性	无黏性土	少　黏　性　土	
塑性指数 I_p	$I_p\leqslant3$	$3<I_p\leqslant7$	$7<I_p\leqslant10$
α_p	1.0	0.6	0.45

2）当 $P_s>P_{scr}$，不易液化；当 $P_s\leqslant P_{scr}$，可能或容易液化。

（5）动剪应变幅法。根据钻孔跨孔法试验测定的横波（剪切波）速度 V_s，估算距地面以下某深度饱和无黏性土动剪应变幅 γ_e，判别其地震液化的可能性。

1）地面以下某深度饱和无黏性土动剪应力变幅 γ_e 可按式（8.2-7）或式（8.2-8）估算：

$$\gamma_e = 0.87\frac{a_{max}Z}{V_s^2(G/G_{max})}\gamma_c \qquad (8.2-7)$$

或

$$\gamma_e = 0.65\frac{a_{max}Z}{V_s^2}\gamma_c \qquad (8.2-8)$$

式中 γ_e——地震力作用下地层 Z 深度的动剪应变幅，%；

a_{max}——地面最大水平地震加速度，可根据坝基设计地震动参数确定，也可按地震设防烈度Ⅶ度、Ⅷ度和Ⅸ度分别选取 0.10g、0.20g 和 0.40g（$g=9.80665m/s^2$）；

Z——估算点距地面的深度，m；

V_s——饱和无黏性土实测横波速度，m/s；

G/G_{max}——动剪模量比，近似等于 0.75；

γ_c——深度折减系数，见表 8.2-3。

2）地震液化可能性判别：$\gamma_e<10^{-2}\%$，不易液化；$\gamma_e\geqslant10^{-2}\%$，可能或易液化。

（6）Seed 剪应力对比判别法。

1）确定现场抗液化剪应力。现场抗液化剪应力 τ_l 为

表 8.2 - 3　　　　　　　　　　**地震剪应力随深度折减系数 γ_c 值**

深度/m	0	1	2	3	4	5	6	7	8
γ_c	1.00	0.996	0.990	0.982	0.978	0.968	0.956	0.940	0.930
深度/m	9	10	12	16	18	20	24	26	30
γ_c	0.917	0.900	0.856	0.74	0.68	0.62	0.55	0.53	0.50

$$\tau_1 = C_r \left(\frac{\sigma_d}{2\sigma_0'} \right) \sigma' \tag{8.2-9}$$

式中　C_r——修正系数，可综合取为 0.6；

$\left(\dfrac{\sigma_d}{2\sigma_0'} \right)$——室内三轴液化试验的液化应力比；

　　σ_d——动应力，动剪应力 τ_d 由 $\tau_d = \sigma_d/2$ 确定；

　　σ_0'——固结压力；

　　σ'——初始有效土重压力。

2）确定地震引起的等效剪应力。根据西特 Seed-Idriss 的简化估算方法，采用最大剪应力的 65% 作为等效应力，由设计地震引起的周期应力 τ_{av} 即为

$$\tau_{av} = 0.65 \gamma_d \left(\frac{a_{max}}{g} \right) \sigma_0 \tag{8.2-10}$$

式中　σ_0——总上覆压力；

　　a_{max}——地震动峰值加速度；

　　g——重力加速度；

　　γ_d——应力折减系数。

3）液化判别。确定了现场抗液化剪应力和地震引起的等效剪应力后，就进行液化判别：$\tau_1 > \tau_{av}$，不液化；$\tau_1 < \tau_{av}$，液化。

8.2.2 剪切波速判别新方法

剪切波速作为一种地震液化判别指标具有明显的优势，原因在于：

（1）在一定程度上，冰水沉积物地层液化阻抗指标和剪切波速分布是类似的，均是由相同的影响因素决定，如颗粒组构状态、孔隙比、应力状态等。

（2）剪切波传播及扩散原理与地震横波规律类似，物理概念清晰。

（3）剪切波速稳定且易于测试。

（4）剪切波速判定地震液化具有理论依据和试验基础，根本区别于以标准贯入试验为代表的经验方法。

汪闻韶专门验证过用剪切波速作为判别场地液化指标的可能性，提出了一种用剪切波速鉴别饱和土层是否考虑液化问题的初判方法：当剪切波速 V_s 大于计算的上限剪切波速 V_{st} 时，即可不考虑液化，否则应进行复判。上限剪切波速 V_{st} 的计算公式为

$$V_{st} = 291 \sqrt{K_H Z \gamma_c} \tag{8.2-11}$$

式中　K_H——地面最大水平地震加速度系数；

　　Z——土层深度，m；

　　γ_c——深度折减系数，可由式（8.2-2）～式（8.2-4）计算，但 γ_c 值不小于 0.5。

由于钻孔 3（ZK3）测试数据与整体测试数据规律性最为接近，故以 ZK3 剪切波速测试数据为例，按照式（8.2-11）进行计算分析，场区地层中 5～14m 的层状粉土层存在液化可能性。

8.3 典型工程冰水沉积物砂土液化判定

以西藏尼洋河某水电站为例来阐述砂土液化判定方法。

8.3.1 砂层液化初判

8.3.1.1 地质年代初判

坝址冰水沉积物除分布于现代河床、漫滩及Ⅰ级阶地的砂卵砾石层所夹的含砾粉细砂为第四纪全新世沉积物（Q_4）外，其余均为晚更新世以前冰水沉积物（Q_3）；因此，根据地质年代法判别，第 6 层和第 8 层不会发生砂层液化。

8.3.1.2 颗粒级配及运行工况初判

当土粒粒径大于 5mm，颗粒含量不小于 70% 时，可判为不液化；当土粒粒径小于 5mm，颗粒含量不小于 30% 时，且黏粒（粒径小于 0.005mm）含量满足表 8.3-1 时，可判为不液化。

表 8.3-1 黏粒含量判别砂液化标准

地震动峰值加速度	0.10g	0.15g	0.20g	0.30g	0.40g
黏粒含量/%	≥16	≥17	≥18	≥19	≥20
液化判别	不液化	不液化	不液化	不液化	不液化

根据颗粒级配，对比第 6 层和第 8 层砂层粒径判别结果见表 8.3-2。

表 8.3-2 颗粒级配液化判别结果

岩 组	第 6 层	第 8 层
地震设防烈度	Ⅷ	
大于 5mm 颗粒含量/%	1.8	0.0
小于 5mm 颗粒含量	98.2	100.0
黏粒含量/%	<0.8	<0.9
液化判别	可能液化	可能液化

由表 8.32 可以看出，第 6 层和第 8 层砂层中粒径小于 5mm 颗粒含量均在 90% 以上，而黏粒含量远小于地震动峰值加速度 0.20g 的黏粒含量（18%），另外，在坝体正常运行期，冰水沉积物第 6 层和第 8 层砂层均处于饱和状态，因此颗粒级配及运行工况初判判断第 6 层和第 8 层存在砂层液化的可能性。

综上所述，第 6 层和第 8 层砂层地质年代法初判不会发生砂层液化，但根据其颗粒级配组成及后期均处于饱和状态下运行，存在在地表动峰值加速度为 0.206g（Ⅷ度）时发生砂层液化的可能性，因此需进行复判。

8.3.2 砂层液化复判

8.3.2.1 标准贯入锤击数复判

根据勘察资料，坝体建基面持力层高程为 3052m，因此工程正常运用时 d_s 取标准贯入试验点离坝体持力层 3052m 高程的距离，当距离不足 5m 时取 5m 进行计算；工程正常运用时整个冰水沉积物均在水下，因此取 $d_w=0$。标准贯入锤击数基准值按地震动峰值加速度 0.20g 取 12 击。

试验成果表明，第 6 层的 38 组标贯试验在地表动峰值加速度为 0.206g（Ⅷ度）时有 34 组的 $N_{63.5}<N_{cr}$，均产生了砂层液化，占试验组数的 89.5%。因此通过标贯试验复判，在地表动峰值加速度为 0.206g（Ⅷ度）时第 6 层砂层发生液化的可能性较大。

8.3.2.2 相对密度复判

当饱和无黏性土（包括砂和粒径大于 2mm 的砂砾）的相对密度不大于表 8.2-1 中的液化临界相对密度时可判断为可能液化土。根据表 8.2-1 得到的第 6 层相对密度液化判别结果见表 8.3-3。

表 8.3-3 相对密度液化判别结果

试验编号	取样高程 /m	天然含水量 /%	密度/(g/cm³)				相对密度	液化判别 地震设防烈度为Ⅷ度
			天然密度	天然干密度	最大干密度	最小干密度		
TC1	3054	3	1.58	1.53	1.61	1.3	0.78	不液化
TC2	3053	3.2	1.6	1.55	1.62	1.33	0.8	不液化
TC3	3052	3.1	1.6	1.55	1.61	1.32	0.82	不液化
TC4	3051	3.7	1.71	1.65	1.72	1.49	0.74	液化
TC5	3050	4.1	1.6	1.54	1.62	1.32	0.77	不液化
TC7	3048	4	1.64	1.58	1.64	1.36	0.81	不液化
TC8	3031	2.9	1.55	1.51	1.53	1.28	0.94	不液化
TC9	3031	4.1	1.58	1.52	1.54	1.3	0.93	不液化
TC14	3050	3.6	1.66	1.6	1.66	1.39	0.8	不液化
TC20	3048	3.8	1.65	1.59	1.67	1.42	0.73	液化
TC21	3047	3.3	1.6	1.55	1.63	1.35	0.75	不液化
TC22	3046	2.9	1.62	1.57	1.63	1.36	0.8	不液化
TC25	3052	3.1	1.68	1.63	1.7	1.45	0.74	液化
TC28	3049	4.3	1.62	1.55	1.61	1.35	0.81	不液化

表 8.3-3 判别结果：第 6 层共进行了 14 组相对密度试验，在地震动峰值加速度为 0.206g（Ⅷ度）时有 3 组产生了砂层液化，占试验组数的 21.4%。因此通过相对密度试验复判，在地震动峰值加速度为 0.206g（Ⅷ度）时第 6 层河床部位砂层有发生液化的可能性。

8.3.2.3 Seed 剪应力对比法复判

第 6 层埋深范围为 5.29～29.4m，厚度范围 6.35～16.13m，取平均厚度 11.06m；第 8 层的埋深范围为 35.38～52.3m。由于 Seed 简化公式中的应力折减系数取值范围不超过 40m，因此该法适用于埋深不超过 40m 的砂层的液化判定。液化判定时对第 6 层范围取 5～30m；对于第 8 层，已超过 40m，判定时取 35～40m（偏保守埋深）进行判定。

根据地质资料，第 6 层的干密度取 1.57g/cm^3，比重取 2.69；第 8 层的干密度取 1.60g/cm^3，比重取 2.69。得到第 6 层和第 8 层的饱和容重分别为 19.9kN/m^3 和 20.1kN/m^3；$\sigma_d/2\sigma_0'$ 由三轴动强度试验确定，具体取值时取 10 周和 30 周振次下液化的平均值（表 8.3 - 4）；修正系数 C_r 综合取为 0.6；应力折减系数 γ_d：人工读取 0~30m 的中线值；30~40m 时，30m 取 0.5，深度每增加 2m γ_c 减少 0.02；当深度为 40m 时 γ_c 为 0.4；a_{max} 地震烈度为 Ⅷ度时为 $0.206g$。

表 8.3 - 4　　　　　　　　不同地震烈度下动强度试验值

砂层分层	$\sigma_d/2\sigma_0'$（地震烈度Ⅷ度破坏振次 $N_f=30$ 周）
第 6 层	0.221
第 8 层	0.271

由上述内容，根据室内三轴动力试验，对砂土液化进行了复判，结果见表 8.3 - 5。

表 8.3 - 5　　　根据室内动力试验判别坝基砂土液化（Ⅷ度地震设防烈度）

层号	密度 /(g/cm³)	深度 /m	三轴液化应力比（30 周）	现场抗液化剪应力 /kPa	地震引起的等效剪应力 /kPa	是否可能液化
6	1.57	5	0.221	8.91	15.09	液化
		10	0.221	15.45	26.14	液化
		15	0.221	21.99	32.14	液化
		20	0.221	28.53	33.91	液化
		25	0.221	35.07	37.89	液化
8	1.60	30	0.221	41.61	41.09	不液化
		35	0.271	62.30	44.41	不液化
		40	0.271	70.47	44.84	不液化

图 8.3 - 1 和表 8.3 - 5 表明：地表动峰值加速度为 $0.206g$（Ⅷ度）时，通过 Seed 剪应力对比判别法复判表明：第 6 层河床部位砂层在 25m 埋深范围内发生了液化；第 8 层在地表动峰值加速度为 $0.206g$（Ⅷ度）时没有发生砂层液化。

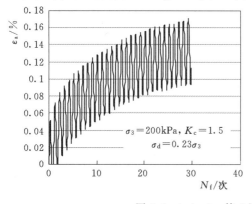 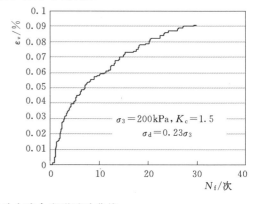

图 8.3 - 1（一）　第 6 层动力残余变形试验曲线

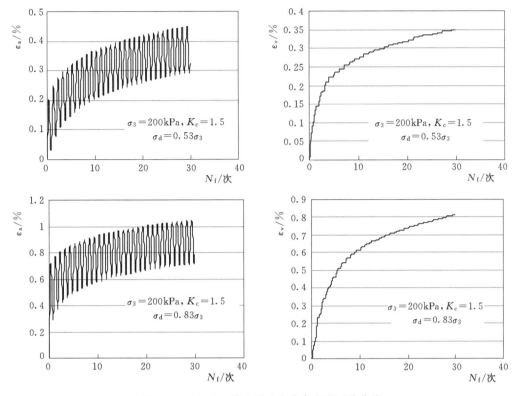

图 8.3 - 1（二） 第 6 层动力残余变形试验曲线

经多因素、多项特征性指标值综合复判，第 2 层（Q_4^{al} - Sgr_2）、第 3 层（Q_4^{al} - Sgr_1）岩组中夹粉细砂层透镜体（Q_4^{al} - Ss）可能发生震动液化；但其埋深浅，厚度薄，且呈透镜状不连续分布，其对工程危害性相对较小，工程开挖遇见时清除即可。第 6 层（Q_3^{al} - $Ⅳ_1$）在地表动峰值加速度为 $0.206g$（Ⅷ度）时河床部位第 6 层（Q_3^{al} - $Ⅳ_1$）发生砂层液化的可能性较大；需做工程处理。而第 8 层（Q_3^{al} - Ⅱ）在地表动峰值加速度为 $0.206g$（Ⅷ度）时不液化。

8.4 坝基液化处理安全标准及防治措施

根据现行国家和行业标准规定："对判定为可能液化的土层，应挖除、换土。在挖除比较困难或很不经济时，可采取人工加密措施。对浅层宜用表面振动压密法，对深层宜用振冲、强夯等方法加密，还可结合振冲处理设置砂石桩，加强坝基排水，以及采取盖重等防护措施。"水利水电工程砂土地震液化主要防治处理措施有：

（1）采用桩基础。桩基端部进入液化深度以下稳定土层的长度应按计算确定，对于碎石土、砾、粗、中砂，坚硬黏土和密实粉土不应小于 0.5m，对其他非岩石土不应小于 1.5m。

（2）采用深基础。基础底面应埋入液化深度以下稳定土层中，深度不小于 0.5m。

（3）采用挤密法。振冲法、砂石桩法、强夯置换法、灰土或土挤密桩法等，处理深度应至液化深度下界，同时桩间土的标贯击数应大于液化判别标贯击数临界值。

（4）把液化土层全部挖除，用非液化土替换。

8.4.1 坝基液化处理安全标准

我国土石坝抗震设计时，考虑到绝大多数为中小型水库，无法广泛采用动力分析，且其需要的计算参数及工程安全判据方面尚不充分，因此《碾压式土石坝设计规范》（DL/T 5395—2007）仍规定以拟静力法作为抗震设计的主要方法，仅对高烈度区大型土石坝和地基中存在可液化土的土石坝，提出了动力计算综合判断的要求。本书根据分析，提出以下两种计算方法及安全标准。

8.4.1.1 三维动力法计算

首先通过三轴固结排水试验获得土石坝各分区邓肯-张 E－B 模型参数，建立基于土石坝邓肯-张 E－B 的三维动力法模型。其中，混凝土结构和土工膜均采用线弹性模型，该工程土工膜单元不考虑抗弯曲变形能力，只考虑抗拉能力，防渗结构与周围土体之间的相互作用采用接触摩擦单元进行模拟。

计算方法为动力时程法，模型采用等价黏弹性模型，地震动输入采用以场地反应谱为目标谱的人工合成地震波，动水压力采用附加质量模拟，地震永久变形和振动孔隙水压力均按沈珠江提出的经验模式考虑。在得出正常蓄水位情况下坝体的应变、应力分布后，假定某一时刻发生地震，把地震持续时间分成数个时段，对每一时段先进行动力分析，动力方程采用 Wilson－θ 的逐步积分法求解；每一时段结束后，求出各点的加速度和动应力、动应变，并用经验公式求得残余应变增量和剪应变增量；把应变增量作为初应变，然后再进行一次静力计算，从而得出变形的发展，再转入下一时段的动力计算分析；如此反复进行直到地震结束。

砂土液化的研究方法大致可分为总应力法和有效应力法。总应力法不考虑孔隙水压力增长时砂土剪切刚度特性的变化，以 Seed 法为代表，主要通过对比现场动剪应力和试验测定的抗液化剪切能力的方法进行液化判别。有效应力法则考虑振动孔压的变化规律，典型的孔隙水压力模式有 Seed 等的孔隙水压力应力模型，Martin 等的孔隙水压力体变模型，Finn 等的孔隙水压力内时模型，以及汪闻韶的孔压发展模式，谢定义的孔压模式，沈珠江的孔压模式等。

本书分析判别按照 Seed 等的孔隙水压力应力模型，分别采用总应力法和有效应力法进行砂土液化分析与判别。根据计算求得的各单元动剪应力过程线找出峰值，按等效值 $(\tau_d)_{eff}=0.65(\tau_d)_{max}$ 和等效振动次数来判断某一单元是否液化。同一振次可以做出一组试验曲线，从试验曲线可以查出液化时的 $(\tau_d)_l$，如果计算得到的 $(\tau_d)_{eff}>(\tau_d)_l$，该单元发生液化。当 $(\tau_d)_{eff}/(\tau_d)_l$ 小于 0.7 时可认为不液化，大于 0.7 时存在液化可能，该部位砂层的抗液化安全度较低，需采取一定的抗液化工程措施，提高安全度。

在拟定液化处理方案后，对推荐方案进行静动力应力应变分析，进一步评价推荐方案应力应变情况，确保工程安全。

8.4.1.2 二维拟静力法计算思路及安全标准

1. 液化的微观理论

《碾压式土石坝设计规范》（DL/T 5395—2007）具体规定为：

土石坝的各种计算工况。土体的抗剪强度均应采取有效应力法，即

$$\tau=c'+(\sigma-u)\tan\varphi'=c'+\sigma'\tan\varphi' \tag{8.4-1}$$

式中　τ——土体的抗剪强度；

　c'、φ'——有效应力抗剪强度指标，对于液化砂土，$c'=0$；

　σ、σ'——土体法向总应力、有效应力；

　u——孔隙水压力。

实际上，土体液化的发生，就是因为在地震情况下砂土中排水不畅，孔隙水压力不断上升，形成超净孔隙水压力 u，当其大于土体法向总应力 σ 时，有效应力为零，出现土体颗粒悬浮，这就是液化产生的微观理论，实际中即发现冒砂、液化等现象。

2. 二维拟静力法抗滑稳定计算

二维拟静力法抗滑稳定计算时，往往采用圆弧条分法，以简化毕肖普法为例，《碾压式土石坝设计规范》（DL/T 5395—2007）附录 E 推荐公式见式（8.4-2），计算简图见图 8.4-1。

$$k=\frac{\sum\{[(W\pm V)\sec\alpha-ub\sec\alpha]\tan\varphi'+c'b\sec\alpha][1/(1+\tan\alpha\tan\varphi/k)]\}}{\sum[(W\pm V)\sin\alpha+M_c/R]} \tag{8.4-2}$$

式中　W——土条重力；

　V——垂直惯性力；

　u——作用于土条底面的孔隙水压力或超静孔隙水压力；

　α——条块重力线与通过此条块底面中点的半径之间的夹角；

　b——土条宽度；

　c'、φ——土条底面的有效应力抗剪强度指标；

　M_c——地震水平惯性力对圆心的力矩；

　R——滑弧半径。

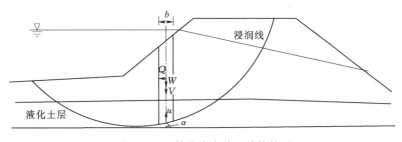

图 8.4-1　简化毕肖普法计算简图

地震土体液化时，如果考虑超静孔隙水压力对计算浸润线的影响，则难以进行准确分析。本书提出以下三种思路进行分析，单独进行处理。

（1）计算滑面各土条中液化土层的孔隙水压力，作为该层土重的反向荷载分土条施加，则公式中的 u 应为计入超静孔隙水压力的实际值。

（2）内摩擦角等效替换法。设 $\sigma\tan\varphi'_0=(\sigma-u)\tan\varphi'$，则 $\tau=c'+\sigma\tan\varphi'_0$。

即条分计算时，计算公式不变，将超静孔隙水压力影响包含在液化层土体内摩擦角中，仅改变计算参数即可，此时，液化层土体计算内摩擦角为

$$\varphi_0' = \frac{\sigma - u}{\sigma}\arctan\varphi' = \zeta\arctan\varphi' \tag{8.4 - 3}$$

式中　ζ——有效应力与总应力之比。

（3）基于液化度理论的计算方法。砂层液化后的残余强度与上部土体应力的关系可按 $(0.05 \sim 0.15)\sigma_v$ 考虑，其中 σ_v 为上覆有效荷载。对于具有不同液化度的砂层，假定其剩余强度为 $\beta\sigma_v/D$（β 取 $0.05 \sim 0.15$），D 为液化度，当 $D = 1$ 即完全液化。静力状态下砂土内摩擦角为 φ，稳定分析时其抗剪强度为 $\sigma_n\tan\varphi$，采用静力状态下砂土内摩擦角进行坝坡拟静力法分析时，为了考虑砂土液化引起的强度降低，折减系数按下式考虑 $k = (\beta\sigma_v/D)/\sigma_n\tan\varphi'$。坝基砂层中，近似认为 σ_v 与 σ_n 相等，则 $k = (\beta/D)\tan\varphi'$。按照此折减系数公式可反算出液化后计算需要的内摩擦角：

$$\varphi' = \arctan(k\tan\varphi) \tag{8.4 - 4}$$

以上方法均需得到计算滑面各土条中液化土层的孔隙水压力或液化度，该值一般需要通过建立三维动力模型进行分析，因此，采用以上方法时，均需在三维动力模型计算基础上方能进行。其中方法（1）需要计算该液化砂层的孔隙水压力，并分条块计入，计算过程较为复杂，不易利用已有计算软件进行分析计算；方法（2）、方法（3）则在三维计算成果基础上，将液化土层按照有效应力与总应力之比或液化度分区，按照等效抗剪参数进行简化计算，目前，可利用河海大学的"土石坝边坡稳定分析系统"HH—SLOPE R1.2 或其他计算程序直接输入计算，操作性较强。

《碾压式土石坝设计规范》（DL/T 5395—2007）规定，地震工况下，上下游边坡稳定安全系数采用计及条块间作用力的毕肖普法计算，规范要求，有效应力法的安全系数不小于 1.15。

8.4.2 可能发生地震液化的坝基防治措施及评价

以下以西藏尼洋河某工程坝基冰水沉积物砂层地震液化的防治措施为例说明。

8.4.2.1 左副坝

工程左副坝斜坡建基面及基础面主要坐落于含块石砂（碎石）卵砾石层（$Q_4^{al} - Sgr_1$）和第 6 层冲积含砾中细砂（$Q_3^{al} - IV_1$）。基础开挖后，边坡部位的砂层进行了回填砂卵砾石层置换，分层碾压夯实。基础部位进行了防渗墙施工，增强其基础的完整性和均一性，防止砂层地震液化和不均匀沉陷。处理后的地基基础满足设计要求。

8.4.2.2 厂房部位

厂房中心位于坝轴线下游 29m，主厂房长 70m，宽 56.5m，高 47.3m，建基面高程 3032.7m。主安装间长 30m。

厂房建基面埋深 53~60m。厂房基础持力层为第 7 层含块石砂卵砾石层（$Q_3^{al} - III$）底部，该岩组承载力和变形模量相对较高，地基允许承载力一般为 550~600kPa，变形模量 50~55MPa；但厂房建基面以下 1~6m 为第 8 层中~细砂层（$Q_3^{al} - II$），厂房基础可能产生地震液化。厂房基础开挖后，对基础进行了灌注桩、旋喷桩、换填置换等方法，形成复

合地基,消除了地震液化危害。

8.4.2.3 泄水闸部位

1. 泄洪闸上游段(闸前引水渠)

引水渠底板高程3058m,建基面高程3056~3057m,持力层主要为含砾中细砂层(Q_3^{al}-IV_1),该层承载力基本可满足建筑物要求,但该层组成物质主要为含砾中细砂,抗冲能力较差,有地震液化可能,施工中进行了灌注桩等必要的处理措施。

2. 泄水闸段

泄洪闸坝段长109.0m、宽30m,底板建基高程3054.5m,上、下游齿槽建基高程3052.5m。建基面主要位于冲积含砾中细砂层(Q_3^{al}-IV_1)上,该岩组承载力和变形模量相对较低,透水性中等。闸基可能存在地震液化、地基承载力不足、不均匀沉降变形、抗滑稳定、渗漏、渗透稳定等问题。施工中对闸基进行了加密振冲桩加固处理,对挡墙基础布设灌注桩,并在上游侧布设了防渗墙。振冲桩和灌注桩深度均穿透冲积含砾中细砂层(Q_3^{al}-IV_1),避免了地震液化对基础的破坏。

3. 泄洪闸下游段(护坦、海漫及尾水渠)

护坦段长87m(闸0+030~闸0+117),底板高程3058~3049.5m;海漫底板高程3052.5m;尾水段长224.5m,底板高程3053m。下游河水位3055.31m。

沿线地面高程3077~3088m,地下水埋深2226m,建基面高程3046.6~3051m,埋深26~40m,地下水位高出建基面4~9m。

基础面岩层为含砾中细砂层(Q_3^{al}-IV_1),透水性较强,易产生地震液化、流土破坏,承载力和变形模量较低。施工中布设了灌注桩加固基础,有效解决了地震液化等问题,满足设计要求。

8.4.2.4 右岸河床坝基部位

地震液化影响最大部位主要是河床坝基,也是较难处理的部位。以下主要对河床坝基可能地震液化部位进行计算分析和方案比较。

根据工程土工膜防渗砂砾石坝坝基砂层地震液化判断结果,"在地表动峰值加速度为0.206g(Ⅷ度)时河床部位第6层(Q_3^{al}-IV_1)发生砂层液化的可能性较大;第8层(Q_3^{al}-Ⅱ)在Ⅶ度地震及地表动峰值加速度为0.206g(Ⅷ度)时均没有发生砂层液化",对坝基冰水沉积物第6层(Q_3^{al}-IV_1)进行地震液化处理是有必要的。

第6层含砾中细砂层(Q_3^{al}-IV_1),主要分布在河床及左岸台地中上部,河床平均厚11.4m,河床顶板埋深2.5~13.25m。坝基设计高程为3052.00m,高于第6层含砾中细砂层(Q_3^{al}-IV_1)顶面高程,因此采用挖除、换土方法工程量较大且不经济。根据规范规定,并参考相关工程实例,采用了规范规定的盖重法设置反压平台,结合振冲法,设置砂石桩等。

初拟坝基地震液化处理方案为:反压平台加振冲桩。反压平台设置在坝下0+060.00~坝下0+080.00范围内,正三角形布设桩径1m、间距3m×3m、桩深15m的振冲碎石桩,形成复合地基。

砂砾石坝坝基地震液化处理方案采用振冲桩加固,振冲碎石桩布置于坝排水体及下游地基上顺河向20m的范围内,穿过冲积中细中粗砂层Q_3^{al}-IV_1,正三角形布设,桩径1m,

间距 3m×3m，桩深 15m，桩数量 720 根，总桩长 15840m。

8.4.2.5 反压平台

为防止局部地震液化，在土工膜防渗砂砾石坝下游坡脚部位设置顶宽为 25m 的反压平台，平台顶高程为 3062m，其底部为水平排水体、反滤保护层，上部填筑砂砾石料。

反压平台填筑工程量为：反滤层 6166m³，排水体 12980m³，砂砾石料 51596m³。反压平台填筑工程量已计入水电站可行性研究报告中。

9 冰水沉积物坝基渗流特性及防渗处理 [*]

9.1 渗流场及渗漏损失估算

9.1.1 渗漏损失计算方法

20世纪五六十年代前，以电网络为代表的模拟技术逐渐成为研究地下水渗流问题的主要手段。

9.1.1.1 流网图解法

流网图解法计算各项渗流指标，是一种近似求解方法，比较简便，在均质和层状地层中，在有压和无压渗透条件下均可应用。

（1）流网图形绘制。由流线和等势线（即等水头线）组成的图形即为流网。流线必须与代表相同势能的等势线互相正交。

绘制时，首先确定渗透区域，一般情况下边界面如基础底面，上、下游护底，防渗板墙，板桩及下部不透水层面等是可以确定的（图9.1-1）。当坝基为厚层透水层时，也可用建筑物基底最大宽度的1.5～2.0倍为渗透区域，如图9.1-2所示。其次在确定范围内绘制等势线：画流线时应注意划出的网格须近似正方形或曲面正方形，挡水建筑坝基渗透的代表性流网图见图9.1-3和图9.1-4。

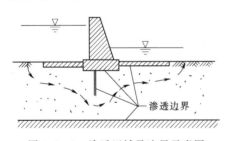

图9.1-1 渗透区域及边界示意图

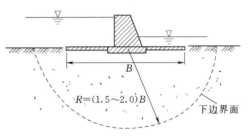

图9.1-2 厚层渗水层时的渗透边界面确定方法

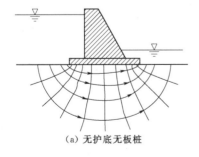

（a）无护底无板桩

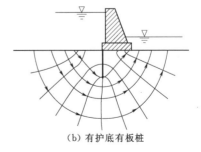

（b）有护底有板桩

图9.1-3 无限厚度透水层流网图

---

* 本章由赵志祥、白云、王有林、李积锋执笔，焦健校对。

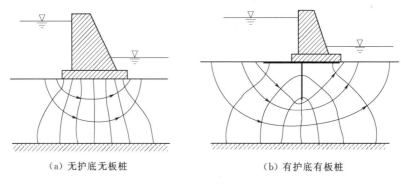

(a) 无护底无板桩	(b) 有护底有板桩

图 9.1-4　有限厚度透水层流网图

（2）按流网图形确定渗透指标，见表 9.1-1。

表 9.1-1　　　　　　　　　　渗透指标的确定

项目	确定方法	计算式	符号说明
水头	坝基中某点处的水头压力	$P = \gamma_0 (h \pm y)$	P—水头压力 γ_0—水的容重 h—水头高度 y—计算点的深度 I_i—水力坡降 Δh—相邻等水头线之间的等水头差 Δl—相邻等水头线之间的距离 V_i—渗透速度 k—渗透系数 Δl_i—相邻流线之间的距离 q—单位渗透流量
水力坡降	渗透区中任意点处的水力坡降等于该点沿流线方向上前后两侧等水头线之差与距离之比值	$I_i = -\dfrac{\Delta h}{\Delta l}$	
渗透速度	渗透地层的某点渗透速度，为该点水力坡降与渗透系数之间的乘积	$V_i = k I_i$	
单位渗透流量	建筑物单宽断面渗透流量等于某两条等水头线之间各流线分割成的单元渗流量之代数和	$q = k \Delta h \displaystyle\sum_{i=1}^{n} \dfrac{\Delta l_i}{\Delta S_i}$	

9.1.1.2　数值模拟分析

20 世纪后期，以计算机为基础的数值模拟技术使地下水运动问题的分析能力获得了突破性进展，即以数值模拟技术为主要研究手段的深化阶段。

数值分析法就是将渗流运用的控制方程和已知定解条件（初始条件、边界条件）相结合，构成一个完整的渗流数学模型，用数值方法得到求解区域内的离散点在一定精度要求上的近似解。数值分析的方法包括有限差分法、有限单元法、边界元法和无网格法，其中有限单元方法应用得最为广泛。

（1）有限差分法是最早出现的数值解法，该法是用差分方程代替微分方程和边界条件，从而把微分方程的求解转变为线性代数方程组的求解。有限差分法的优点在于其原理易懂、形式简单；缺点在于它往往局限于规则的差分网格，针对曲线边界和各向异性的渗透介质时模拟起来比较困难。

（2）有限单元法则是对古典近似计算的归纳和总结，它吸收了有限差分法离散处理的思想，继承了变分计算中选择试探函数的方法，同时对区域进行合理的积分并充分考虑了各单元对节点的贡献。

（3）边界元法则只在渗流区域边界上进行离散，采用无限介质中点荷载或点源的理论解为基本公式。其优点在于模拟结果精度高、计算工作量少，且可直接处理无限介质问题，边界元法尤其适用于无限域或半无限域问题。它的缺点在于对多种介质问题及非线性问题的处理不方便；代数方程组系数矩阵为满阵（单一介质）和块阵（多种介质），当渗流介质具有非均质各向异性特性时边界元法应用起来不灵活。

（4）无网格法是一种新型的数值模拟方法，它的基本思想是用计算域上一些离散的点通过移动最小二乘法来拟合场函数，从而摆脱了单元的限制。可以解决自由面渗流计算中网格在计算中的修改问题，实现网格在全域的固定。然而无网格法在渗流研究中的应用并不成熟。

9.1.1.3 坝基渗流公式计算

根据相关规范、手册推荐内容，水利水电工程坝基渗流计算见表 9.1 - 2。

表 9.1 - 2   冰水沉积物坝基渗流计算公式

示 意 图	边界条件	计 算 公 式	说明
	均质透水层，无限深，坝底为平面	$Q = BkHq_{\mathrm{r}}$，$q_{\mathrm{r}} = \dfrac{1}{x}\mathrm{arcsh}\dfrac{y}{b}$	y—计算深度
	均质透水层，无限深，平面护底	$Q = BkHq_{\mathrm{r}}$，$\dfrac{q_{\mathrm{r}}}{H} = \dfrac{1}{x}\mathrm{arcsh}\dfrac{S+b}{b}$	S—上游有限段渗漏长度
	均质透水层，有限深，平面护底 $M \leqslant 2b$	层流：$Q = BkH\dfrac{M}{2b+M}$ 紊流：$Q = BkH\sqrt{\dfrac{H}{2b+M}}$	
	均质透水层，有限深，平面护底 $\dfrac{b}{M} \geqslant 0.5$	$Q = BkHq_{\mathrm{r}}$，$q_{\mathrm{r}} = \dfrac{MH}{2\times(0.441H+b)}$	
	透水层双层结构 $k_1 < k_2$，$M_1 < M_2$	$Q = \dfrac{BH}{\dfrac{2b}{M_2 k_2} + 2\sqrt{\dfrac{M_1}{k_1 k_2 M_2}}}$	

示 意 图	边界条件	计 算 公 式	说明
	均质透水层，有限深，有悬挂式帷幕	层流：$Q = kBH \dfrac{M-T}{2b+M+T}$ 紊流：$Q = kB(M-T)\sqrt{\dfrac{H}{2b+M+T}}$	

注　Q 为渗漏量；q_r 为单宽流量；B 为坝底长度；k 为渗透系数。

9.1.2　渗漏损失孔渗流场模拟工程实例

金沙江某水电站，坝基为冰水沉积物，应用 3D - Modflow 软件对河床坝基地下水渗流场特征进行数值模拟研究。

9.1.2.1　计算模型的建立

（1）模型范围。根据设计方案，模型范围为电站坝址区，Z 轴方向的数值和海拔高度相同，底部取 2250m 高程，表面为地表，山体最高为 2945m。模型范围如图 9.1 - 5 所示。

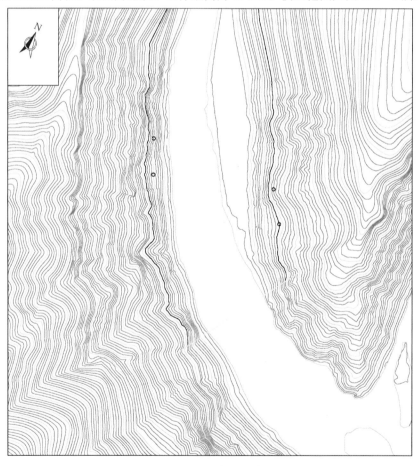

图 9.1 - 5　坝址区渗流场模型范围

（2）模型空间离散。模型空间范围：X 轴方向宽度为 1100m，Y 轴方向宽度为 1180m；垂向上，坝基部位的松散层主要为冰水沉积物的第四系冲洪积砂卵砾石层（Q_4^{al}），下部基岩为黑云母石英片岩（Sc）。

建模所有分层界限（层顶标高、层底标高）均按模拟范围内的钻探、水文地质纵横剖面数据提取，并恢复为三维空间数据。由此建立的三维含水系统空间物理模型，自然状态下模型的三维网格剖分见图 9.1-6，图 9.1-7 为筑坝后模型的三维网格剖分图。

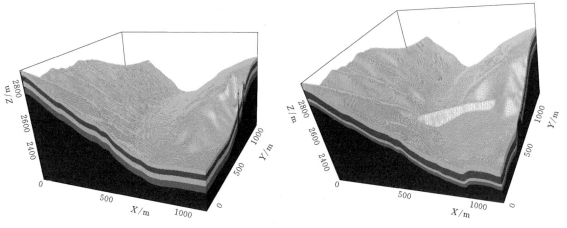

图 9.1-6 自然状态下模型的三维网格剖分图　　图 9.1-7 筑坝后模型的三维网格剖分图

9.1.2.2 参数选取

参数的选取主要涉及各分层渗透系数，降雨量与蒸发量等几个重要指标。

（1）渗透系数。渗透系数的取值按冰水沉积物试验及工程经验类比的基础上经反复试算确定的，各层的参数见表 9.1-3。

表 9.1-3　　　　　　　　　模 拟 计 算 选 用 参 数

透水强度	岩层	分类	k_X /(cm/s)	k_Y /(cm/s)	k_Z /(cm/s)	备注
强透水层	第四系沉积物（Q_4^{al}）	1	1.5×10^{-3}	1.5×10^{-3}	1.2×10^{-2}	钻孔＋类比
	强风化＋强卸荷岩层	2	2.1×10^{-4}	2.1×10^{-4}	1×10^{-4}	钻孔＋类比
	强风化岩层	3	5×10^{-5}	5×10^{-5}	2×10^{-5}	钻孔＋类比
中等透水层	弱风化岩层	4	3×10^{-6}	3×10^{-6}	1×10^{-6}	钻孔＋类比
弱透水层	微新岩体	5	1.2×10^{-7}	1.2×10^{-7}	1.2×10^{-7}	钻孔＋类比

（2）降雨量与蒸发量。区内多年平均降雨量为 467mm 左右，雨季主要集中在 6—9 月，多年平均年蒸发量为 900~1200mm。

9.1.2.3 计算结果及分析

模型计算主要考虑三种方案：天然状态、水库蓄水后无防渗墙及水库蓄水后有防渗墙的状态。

（1）天然渗流场分析。坝址区河段金沙江水位为 2480m，为了对现状条件下岸坡渗流场特征进行较全面的了解，模拟中考虑了极端的情况，即模拟区在自然状态下河水位较难保持为 2480m。天然状态下，坝址区年蒸发量大于年降雨量，导致地下水位埋藏较深，水位线趋势平缓，金沙江是区内的最低排泄面。模拟计算的天然状态下河谷岸坡渗流场特征见图 9.1-8。

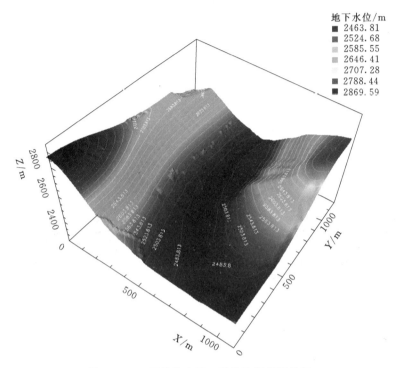

图 9.1-8 天然状态下三维渗流场模拟特征

从图 9.1-8 可见，天然状态下坝址区地下水补给符合从两岸山坡向河流方向补给的特征，且地下水位随地形的起伏而相应地变化。河流水位 2480m 时，坡体内地下水位最大值为 2870m，变化幅度略小于地形，这是符合自然界中地下水的分布规律的。图 9.1-9 为天然状态渗流场平面图。

从图 9.1-8 可见，地下水由山体补给河流，等水头线分布变化相对较大，变化差值约为 235m；图 9.1-10 是天然状态下坝轴线位置渗流场剖面图。

（2）水库蓄水后渗流场特征。图 9.1-11 为水库蓄水后三维渗流场图。对比天然状态下渗流场可见，渗流场在大坝前后部位变化最大，这是由于水库蓄水后（2545m），库区水位大幅抬升，河谷两岸地下水受河水的抬升而壅高，在库水位巨大的静水压力作用下，地下水渗流能力较天然条件下明显增强。

图 9.1-12 为水库蓄水后无防渗措施状态下基岩层的渗流场平面图。显然，水库蓄水后坝址上、下游水位相差较大，靠近库区等水位线变化明显，分布较密，水头差较大。

图 9.1-13 为水库蓄水后设置趾板状态下坝轴线位置的渗流场图。与未进行防渗处理相比，两岸边坡和河床底部水头值均明显提高，坝体上、游水位落差近 80m，坝体上游部位形成了高水压区，水位变化大，等水位线分布密集，中部因为做了防渗处理而出现水位急降区。

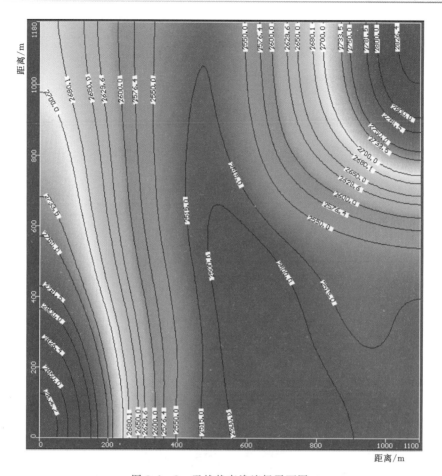

图 9.1-9 天然状态渗流场平面图

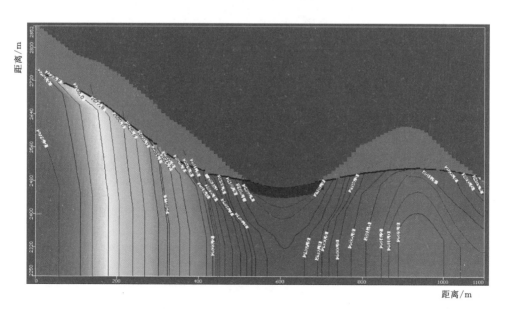

图 9.1-10 天然状态下坝轴线位置渗流场剖面图

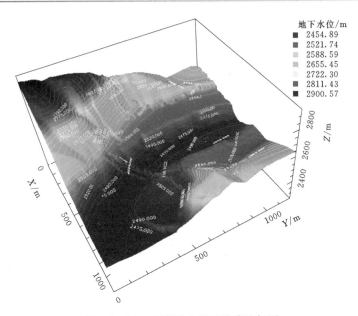

图 9.1-11 水库蓄水后三维渗流场图

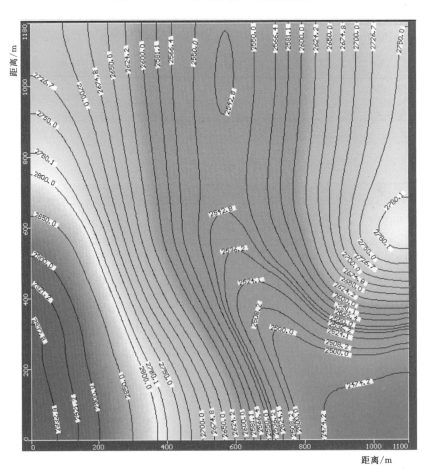

图 9.1-12 水库蓄水后无防渗措施状态下基岩层的渗流场平面图

图 9.1-13　水库蓄水后设置趾板状态下坝轴线位置的渗流场图

9.1.3　渗漏损失量

根据冰水沉积物各岩组的渗透特征，冰水沉积物Ⅱ、Ⅳ岩组是砂卵砾石层，Ⅰ、Ⅲ岩组为砂层，总体渗透性较强。

9.1.3.1　计算原理

根据达西定律计算冰水沉积物渗透流量：

$$Q = qt = k_d JAt \qquad (9.1-1)$$

式中　　Q——渗透流量，$\mathrm{cm^3/s}$；

　　　　k_d——冰水沉积物岩组的渗透系数，$\mathrm{cm/s}$；

　　　　J——水力坡降；

　　　　A——过水断面，$\mathrm{cm^2}$；

　　　　t——计算的时间，s。

冰水沉积物渗透流量计算中涉及的参数较易确定，如 k_d（渗透系数）和 J（水力坡度）通过试验与水位变化情况可以获得，A（过水断面）和 t（计算时间）根据计算的实际情况确定。因此，利用达西定律可以简单方便地获得不同断面冰水沉积物的渗透流量。

天然状态下冰水沉积物往往由渗透性不同的土层组成，宏观上具有非均质性。对于平面问题，即与土层平面平行或垂直的简单渗流情况，可以求出整个土层与层面平行或垂直的平均渗透系数作为进行渗流计算的依据。与层面平行的平均渗透系数为

$$k_x = \frac{1}{H} \sum_{i=1}^{n} k_{ix} H_i \qquad (9.1-2)$$

因此，对于冰水沉积物成层状土的渗透流量可以根据分层总和法和等效系数法计算渗流量，等效系数法的等效渗透系数根据式（9.1-1）计算。

9.1.3.2 坝基冰水沉积物渗漏公式计算

以坝轴线剖面作为坝基渗漏量的计算模型如图 9.1-14 所示。根据图 9.1-14 剖面，考虑无防渗条件下综合选取的计算参数，计算的坝基坝轴线部位的渗漏损失量见表 9.1-4，总的渗漏量达 35013.22m³/d。

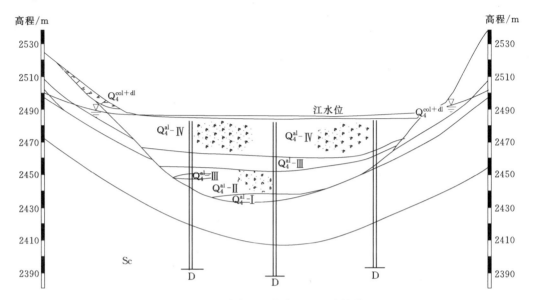

图 9.1-14　冰水沉积物渗漏量的计算模型

表 9.1-4　　　　　无防渗条件下冰水沉积物渗流量公式计算结果

岩组	渗透系数 k_d/(m/d)	水力坡降 J	过水断面 A/m²	渗透流量 Q/(m³/d)	渗透总量 /(m³/d)
I	10	0.2	277.31	554.62	
II	30	0.15	1718.06	7731.27	35013.22
III	15	0.2	1214.15	3642.45	
IV	40	0.15	3847.48	23084.88	

9.1.3.3 河床坝基渗漏量的三维数值模拟分析

防渗措施为混凝土防渗墙和帷幕灌浆的组合形式。混凝土防渗墙厚 1m，垂直贯穿冰水沉积物嵌入强风化岩体，垂直高度为 95m（图 9.1-15）。根据计算模型和防渗措施，坝基渗漏量的模拟计算按水库蓄水后无防渗体和有防渗体两种工况进行。类比其他工程经验，趾板及其防渗体的渗透系数取 10^{-8}m/d，两种工况下的渗漏量计算结果见表 9.1-5。

表 9.1-5　　　　蓄水后不同防渗处理条件的三维数值模拟渗漏情况

工况条件		分层渗漏量				总渗漏量 /(m³/d)
		层1	层2	层3	层4	
无防渗墙	渗漏量/(m³/d)	572.5797	7397.26	3835.616	21369.86	33175.3
	占总量百分比	1.7%	22.3%	11.6%	64.4%	

续表

工况条件		分层渗漏量				总渗漏量 /(m³/d)
		层 1	层 2	层 3	层 4	
有防渗墙	渗漏量/(m³/d)	170.88	534.33	270.41	1269.10	2173.5
	占总量百分比	7.6%	23.8%	12.1%	56.5%	

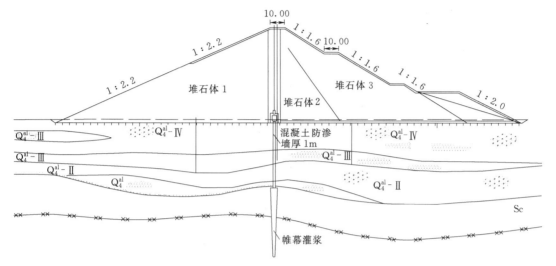

图 9.1-15 坝址沥青混凝土心墙堆石坝标准剖面图

由表 9.1-5 可见，水库蓄水后坝体无防渗墙条件下，坝轴处冰水沉积物渗流量公式计算结果（表 9.1-4）与三维数值分析结果（表 9.1-5）接近，防渗墙对于阻止水库渗漏起了十分关键的作用。布设防渗墙的情况下，每天通过坝体的总渗漏量仅为 2173.5m³，对水库影响不明显。

9.2 渗透稳定评价

渗透变形的类型主要有管涌、流土、接触冲刷和接触流失四种类型。冰水沉积物砂卵石为强透水层，存在着坝基渗漏、基坑涌水及临时边坡稳定等问题。由于渗漏还会产生渗透变形，影响坝基的稳定，故应查明冰水沉积物各层的透水性及渗透变形的问题，以便对坝基渗漏损失及渗透稳定进行评价。

9.2.1 渗透稳定性评价方法

渗透稳定性评价工作对于水利水电工程来说尤为重要。渗透稳定性评价主要包括以下三方面的内容：①根据土体的类型和性质，判别产生渗透变形的形式；②流土和管涌的临界水力坡降的确定；③土的允许水力坡降的确定。

9.2.1.1 渗透变形类型的判别

流土和管涌主要出现在单一坝基中，接触冲刷和接触流失主要出现在双层坝基中。对黏性土而言，渗透变形主要为流土和接触流失。

1. 流土和管涌的判别方法

（1）不均匀系数小于和等于 5 的土，其渗透变形为流土。

（2）不均匀系数大于 5 的土，可根据土中的细粒颗粒含量进行判别；

流土：

$$P_c \geqslant 35\% \tag{9.2-1}$$

过渡型取决于土的密度、粒级、形状：

$$25\% \leqslant P_c < 35\% \tag{9.2-2}$$

管涌：

$$P_c < 25\% \tag{9.2-3}$$

式中　P_c——土的细粒颗粒含量，以质量百分率计，%。

（3）土的细粒含量判定破坏类型的计算方法。级配不连续的土，级配曲线中至少有一个以上的粒径级的颗粒含量小于或等于 3% 的平缓段，粗细粒的区分粒径 d_f 是以平缓段粒径级的最大和最小粒径的平均粒径区分，或以最小粒径为区分粒径，相应于此粒径的含量为细颗粒含量。对于天然无黏性土，不连续部分的平均粒径多为 2mm。

对于级配连续的土，区分粗粒、细粒粒径的界限粒径 d_f 为

$$d_f = \sqrt{d_{70} d_{10}} \tag{9.2-4}$$

式中　d_f——粗细粒的区分粒径，mm；

　　　d_{70}——小于该粒径的含量占总土重 70% 的颗粒粒径，mm；

　　　d_{10}——小于该粒径的含量占总土重 10% 的颗粒粒径，mm。

2. 接触冲刷的判定方法

对双层结构的坝基，当两层土的不均匀系数均等于或小于 10，且符合下式条件时不会发生接触冲刷：

$$\frac{D_{20}}{d_{20}} \leqslant 8 \tag{9.2-5}$$

式中　D_{20}——较粗一层土的土粒粒径，mm，小于该粒径的质量占土的总质量的 20%。

　　　d_{20}——较细一层土的土粒粒径，mm，小于该粒径的质量占土的总质量的 20%。

3. 接触流失的判定方法

对于渗流向上的情况，符合下列条件时不会发生接触流失：

（1）不均匀系数等于或小于 5 的土层：

$$\frac{D_{15}}{d_{85}} \leqslant 5 \tag{9.2-6}$$

式中　D_{15}——较粗一层土的土粒粒径，mm，小于该粒径的土重占总土重的 15%；

　　　d_{85}——较粗一层土的土粒粒径，mm，小于该粒径的土重占总土重的 85%。

（2）不均匀系数等于或小于 10 的土层：

$$\frac{D_{20}}{d_{70}} \leqslant 7 \tag{9.2-7}$$

式中　D_{20}——较粗一层土的土粒粒径，mm，小于该粒径的土重占总土重的 20%；

　　　d_{70}——较粗一层土的土粒粒径，mm，小于该粒径的土重占总土重的 70%。

9.2.1.2　无黏性土渗透变形的临界水力坡降确定方法

（1）流土型：

$$J_{cr}=(G_s-1)(1-n) \tag{9.2-8}$$

式中　J_{cr}——土的临界水力坡降；

　　　G_s——土粒密度与水的密度之比；

　　　n——土的孔隙率（以小数计）。

（2）管涌型或过渡型：

$$J_{cr}=2.2(G_s-1)(1-n)^2\frac{d_5}{d_{20}} \tag{9.2-9}$$

式中　d_5、d_{20}——占总土重的5%和20%的土粒粒径，mm。

（3）管涌型计算式也可以为

$$J_{cr}=\frac{42d_3}{\sqrt{\dfrac{k}{n^3}}} \tag{9.2-10}$$

式中　d_3——占总土重3%的土粒粒径，mm；

　　　k——土的渗透系数，cm/s。

土的渗透系数应通过渗透试验测定。若无渗透系数试验资料，《水力发电工程地质勘察规范》（GB 50287—2016）推荐近似值计算公式为

$$k=2.34n^3d_{20}^2 \tag{9.2-11}$$

式中　d_{20}——占总土重20%的土粒粒径，mm。

考虑到C_u容易获得，当缺少孔隙率试验数据时，也可根据不均匀系数按公式$k=6.3C_u^{-3/8}/d_{20}^2$近似计算。但根据近年的有关工程经验，其计算的结果误差较大。因此，规范推荐采用根据孔隙率n来计算k值。

（4）无黏性土的允许水力坡降确定方法。

1）以土的临界水力坡降除以1.5~2.0作为安全系数；对水工建筑物的危害较大时，取安全系数为2；对于特别重要的工程也可用取安全系数为2.5。

2）无试验资料时可根据表9.2-1选用经验值。

表9.2-1　　　　　　　　　　无黏性土允许水力比降

允许水力坡降	渗透变形类型					
	流土型			过渡型	管涌型	
	$C_u\leqslant3$	$3<C_u\leqslant5$	$C_u\geqslant5$		级配连续	级配不连续
$J_{允许}$	0.25~0.35	0.35~0.50	0.50~0.80	0.25~0.40	0.15~0.25	0.10~0.20

注　本表不适用于渗流出口有反滤层的情况；若有反滤层作保护，则可提高2~3倍。

（5）两层土之间的接触冲刷临界水力坡降$J_{k.H.g}$计算方法。

如果两层土都是非管涌型土，则

$$J_{k.H.g}=\left(5.0+16.5\frac{d_{10}}{D_{20}}\right)\frac{d_{10}}{D_{20}} \tag{9.2-12}$$

式中　d_{10}——代表细层的粒径，mm，小于该粒径的土重占总土重的10%；

　　　D_{20}——代表粗层的粒径，mm，小于该粒径的土重占总土重的20%。

（6）黏性土流土临界水力坡降的确定可按式（9.2-13）、式（9.2-14）确定。

$$J_{c.cr} = \frac{4c}{\gamma_w} + 1.25(G_s - 1)(1 - n) \tag{9.2-13}$$

$$c = 0.2W_L - 3.5 \tag{9.2-14}$$

式中 c——土的抗渗黏聚力，kPa；

γ_w——水的容重，kN/m³；

W_L——土的液限含水量，%。

9.2.2 典型工程渗透稳定评价实例

9.2.2.1 水力坡降及渗透稳定性数值模拟

仍以金沙江某水电站工程为例，受模型建立方向所限制，地下水水力坡降及稳定性分析中选取顺河向的剖面（图9.2-1）来计算水头差和水力坡降，表9.2-2、表9.2-3是剖面在无防渗墙条件和有防渗墙条件下地下水渗透水力坡降及渗透稳定性（计算允许坡降取0.10）计算结果。

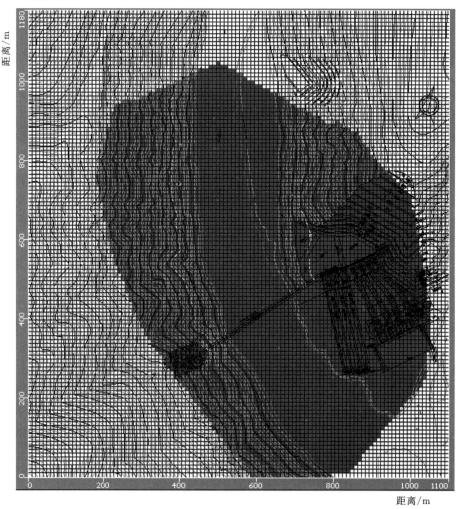

图 9.2-1　地下水渗透水力坡降计算位置

表 9.2－2　　蓄水后无防渗墙条件下地下水渗透水力坡降及渗透稳定性

格点（行/列）	格点间距/m	水头差/m	水力坡降	允许水力坡降	渗透稳定性
70/35－71/35	10	2.2	0.22	0.1	不稳定
71/35－72/35	10	1.3	0.13	0.1	不稳定
72/35－73/35	10	1	0.1	0.1	稳定
73/35－74/35	10	1.1	0.11	0.1	不稳定
74/35－75/35	10	0.5	0.05	0.1	稳定
75/35－76/35	10	1.5	0.15	0.1	不稳定
76/35－77/35	10	0.5	0.05	0.1	稳定
77/35－78/35	10	0.1	0.01	0.1	稳定
78/35－79/35	10	0.5	0.05	0.1	稳定
79/35－80/35	10	0.5	0.05	0.1	稳定
80/35－81/35	10	0	0	0.1	稳定
81/35－82/35	10	0.5	0.05	0.1	稳定
82/35－83/35	10	1.5	0.15	0.1	不稳定
83/35－84/35	10	1.1	0.11	0.1	不稳定
84/35－85/35	10	1.6	0.16	0.1	不稳定
85/35－86/35	10	2.7	0.27	0.1	不稳定
86/35－87/35	10	4.2	0.42	0.1	不稳定
87/35－88/35	10	5.6	0.56	0.1	不稳定
88/35－89/35	10	3.2	0.32	0.1	不稳定
89/35－90/35	10	2.6	0.26	0.1	不稳定
90/35－91/35	10	2.6	0.26	0.1	不稳定

表 9.2－3　　蓄水后有防渗墙条件下地下水渗透水力坡降及渗透稳定性

格点（行/列）	格点间距/m	水头差/m	水力坡降	允许水力坡降	渗透稳定性
70/35－71/35	10	0.9	0.09	0.1	稳定
71/35－72/35	10	0.8	0.08	0.1	稳定
72/35－73/35	10	0.8	0.08	0.1	稳定
73/35－74/35	10	1	0.08	0.1	稳定
74/35－75/35	10	0.9	0.09	0.1	稳定
75/35－76/35	10	1	0.09	0.1	稳定
76/35－77/35	10	1.1	0.011	0.1	稳定
77/35－78/35	10	1.1	0.011	0.1	稳定
78/35－79/35	10	1	0.001	0.1	稳定
79/35－80/35	10	0.7	0.007	0.1	稳定
80/35－81/35	10	1.2	0.012	0.1	稳定

格点（行/列）	格点间距/m	水头差/m	水力坡降	允许水力坡降	渗透稳定性
81/35 - 82/35	10	0.6	0.006	0.1	稳定
82/35 - 83/35	10	1.1	0.011	0.1	稳定
83/35 - 84/35	10	1.6	0.016	0.1	稳定
84/35 - 85/35	10	1.9	0.019	0.1	稳定
85/35 - 86/35	10	4.3	0.043	0.1	稳定
86/35 - 87/35	10	5.4	0.054	0.1	稳定
87/35 - 88/35	10	3.5	0.035	0.1	稳定
88/35 - 89/35	10	4.4	0.044	0.1	稳定
89/35 - 90/35	10	3.4	0.034	0.1	稳定
90/35 - 91/35	10	3	0.03	0.1	稳定

从表9.2-2和表9.2-3可见，顺河向坝体在无防渗墙的条件下水力坡降的范围为 0～0.56，其中在坝轴线部位出现了较大范围的高坡降区域，该部位可能会出现渗透稳定性问题。设置防渗墙后，坡降均小于0.10，坝基砂卵砾石层不会出现渗透稳定性问题。因此防渗墙和灌浆帷幕对于降低坝基砂卵砾石层的水力坡降具有十分明显的作用。

9.2.2.2 渗透变形类型判别

无黏性土的渗透变形一般可分为管涌和流土两种型式，当级配均匀而连续、不缺少中间粒径的土粒时，渗透变形一般为流土；如果级配不均匀、缺少某些中间粒径，则渗透变形多为管涌。选取Ⅰ、Ⅱ、Ⅲ、Ⅳ岩组来研究冰水沉积物渗透变形特征。

1. 根据颗分曲线初步判别渗透变形类型

（1）上部Ⅳ岩组渗透变形类型初步判别。利用钻孔、槽探试样的颗分试验成果，Ⅳ岩组颗粒组成频率分布曲线如图9.2-2和图9.2-3所示。

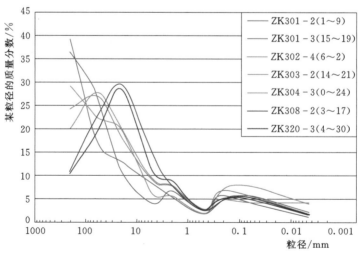

图9.2-2 Ⅳ岩组钻孔试样颗粒组成频率分布曲线

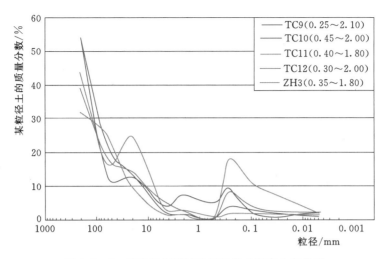

图 9.2-3　Ⅳ岩组探槽试样颗粒组成频率分布曲线

根据颗粒组成的频率分布曲线，钻孔 ZK302-4、ZK303-2、ZK304-3 以及 ZK308-2、槽探 TC12 试样为单峰型，其余皆为双峰型。因此，判定试样 ZK302-4、ZK303-2、ZK304-3 和 ZK308-2、TC12 的渗透变形类型可能为管涌型或流土型，试样 ZK301-2、ZK301-3、ZK320-3、TC9、TC10、TC11 和 ZH3 渗透变形类型可能为管涌型。

（2）冰水沉积物Ⅲ岩组渗透变形类型。根据颗粒组成试验结果，Ⅲ岩组的频率分布曲线如图 9.2-4 所示，该曲线呈双峰型，据此判定该岩组的 ZK301-1、ZK302-1、ZK303-1、ZK304-1、ZK308-1、ZK311-1、ZK316-1、ZK320-1 及 ZK320-2 渗透变形类型可能为管涌型。

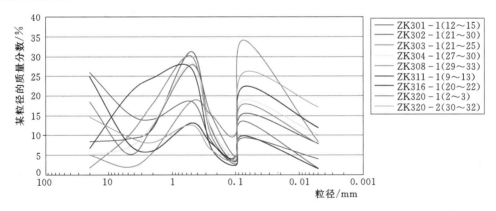

图 9.2-4　Ⅲ岩组颗粒组成频率分布曲线图

（3）Ⅱ岩组渗透变形类型。Ⅱ岩组的颗粒组成频率分布曲线如图 9.2-5 所示，试样频率分布曲线除 ZK320-4 试样为单峰型外，其余皆为双峰型。因此，试样 ZK320-4 渗透变形类型可能为管涌型或是流土型，其余 ZK302-5、ZK303-3、ZK304-4 和 ZK320-4 试样的渗透变形类型为管涌型。

（4）Ⅰ岩组渗透变形类型。Ⅰ岩组试样的颗粒组成频率分布曲线如图 9.2-6 所示。

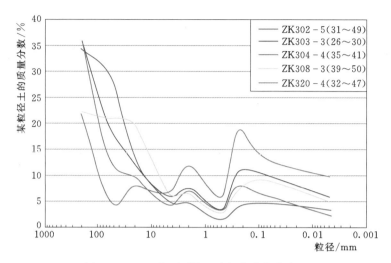

图 9.2-5 Ⅱ岩组颗粒组成频率分布曲线图

该岩组频率分布曲线都是双峰型或是多峰型,颗分累计曲线呈上陡下缓,缺乏中间粒径,呈瀑布式曲线型,判断试样 ZK302-2、ZK302-3、ZK304-2 和 ZK316-2 的渗透变形类型为管涌型。

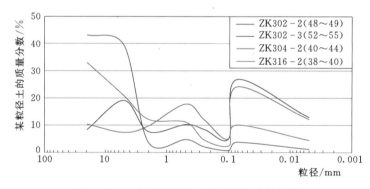

图 9.2-6 Ⅰ岩组颗粒组成频率分布曲线图

2. 根据土的细粒含量判别渗透变形型式

根据《水力发电工程地质勘察规范》(GB 50287—2016)规定,以及前述公式和标准,根据试验结果获得的各岩组试样的粗粒与细粒划分界限粒径见表 9.2-4～表 9.2-7。

表 9.2-4　　　　　　　　　　Ⅳ岩组粗细粒界限粒径 d_f 计算成果表

试样编号	钻 孔 试 样							地 表 探 槽 试 样				
	ZK301 -2	ZK301 -3	ZK302 -4	ZK303 -2	ZK304 -3	ZK308 -2	ZK320 -3	TC9	TC10	TC11	TC12	ZH3
取样位置 /m	1.0～ 8.5	15.2～ 19.2	5.8～ 21.9	14.3～ 21.0	0.2～ 24.0	2.7～ 17.2	4.0～ 30.0	0.25～ 2.10	0.45～ 2.0	0.40～ 1.80	0.30～ 2.00	0.35～ 1.80
d_f/mm	3.51	4.11	2.13	2.63	2.63	1.06	2.52	27.28	13.26	5.41	2.11	4.57

表 9.2-5　　　　　Ⅲ岩组粗细粒界限粒径 d_f 计算成果表

试样编号	ZK 301-1	ZK 302-1	ZK 303-1	ZK 304-1	ZK 308-1	ZK 311-1	ZK 316-1	ZK 320-1	ZK 320-2
取样位置/m	12.56～15.20	21.90～30.70	21.20～25.80	27.10～30.90	29.30～33.60	9.00～13.20	20.85～22.65	2.60～3.70	30.90～32.20
d_f/mm	0.45	0.08	0.08	0.05	0.05	0.34	0.11	0.25	0.05

表 9.2-6　　　　　Ⅱ岩组粗细粒界限粒径 d_f 计算成果表

试样编号	ZK302-5	ZK303-3	ZK304-4	ZK308-3	ZK320-4
取样位置/m	30.70～49.00	30.70～49.00	34.60～40.50	38.70～49.70	32.20～46.50
d_f/mm	2.96	1.71	1.41	0.29	3.66

表 9.2-7　　　　　Ⅰ岩组粗细粒界限粒径 d_f 计算成果表

试样编号	ZK302-2	ZK302-3	ZK304-2	ZK316-2
取样位置/m	48.15～49.00	52.70～55.45	40.55～44.30	38.75～40.00
d_f/mm	2.72	0.08	0.04	0.66

由表 9.2-8 的界限粒径获得各岩组试样的 P_c 值,然后根据试验资料获得孔隙比 e、孔隙率 n,采用上述公式判别渗透变形型式,结果见表 9.2-8。Ⅳ岩组、Ⅲ岩组及Ⅰ岩组的渗透变形类型主要为管涌型,而Ⅱ岩组的渗透变形类型主要为过渡型。

表 9.2-8　　冰水沉积物各岩组粗粒与细粒的划分界限粒径及渗透变形类型判定表

岩组		值别	d_{70}/mm	d_{10}/mm	d_f/mm	P_c/%	孔隙比 e	孔隙率 n/%	渗透变形类型判定
Ⅳ	钻孔	平均	55.34	0.134	2.654	0.23	0.334	0.250	管涌型
	探槽	平均	124.41	1.293	10.53	0.28	0.324	0.245	过渡型
Ⅲ		平均	1.473	0.023	0.163	0.236	0.5517	0.3552	管涌型
Ⅱ		平均	62.54	0.069	2.002	0.31	0.332	0.249	过渡型
Ⅰ		平均	8.583	0.097	0.875	0.24	0.555	0.36	管涌型

3. 根据不均匀系数判定冰水沉积物渗透变形类型

根据《水力发电工程地质勘察规范》(GB 50287—2016)规定,采用不均匀系数 C_u 作为判定冰水沉积物渗透变形类型的"界限值"标准,对冰水沉积物试样的渗透变形类型判定成果见表 9.2-9～表 9.2-12。

表 9.2-9　　　　　Ⅳ岩组不均匀系数及其判定的渗透变形类型

试样编号	钻孔试样							地表探槽试样				
	ZK301-2	ZK301-3	ZK302-4	ZK303-2	ZK304-3	ZK308-2	ZK320-3	TC9	TC10	TC11	TC12	ZH3
取样位置/m	1.0～8.5	15.2～19.2	5.8～21.9	14.3～21.0	0.2～24.0	2.7～17.2	4.0～30.0	0.25～2.10	0.45～2.0	0.40～1.80	0.30～2.00	0.35～1.80
C_u	533.330	302.710	112.580	332.000	237.330	266.430	396.110	20.633	70.183	684.35	654.40	302.17

续表

试样编号	钻孔试样							地表探槽试样				
	ZK301 -2	ZK301 -3	ZK302 -4	ZK303 -2	ZK304 -3	ZK308 -2	ZK320 -3	TC9	TC10	TC11	TC12	ZH3
P_c	0.25	0.24	0.18	0.19	0.23	0.25	0.24	0.23	0.24	0.22	0.23	0.23
变形类型	过渡型	管涌型	管涌型	管涌型	管涌型	过渡型	管涌型	管涌型	管涌型	管涌型	管涌型	管涌型

表 9.2-10　　　　　　　Ⅲ岩组不均匀系数及其判定的渗透变形类型

试样编号	ZK 301-1	ZK 302-1	ZK 303-1	ZK 304-1	ZK 308-1	ZK 311-1	ZK 316-1	ZK 320-1	ZK 320-2
取样位置/m	12.56~ 15.20	21.90~ 30.70	21.20~ 25.80	27.10~ 30.90	29.30~ 33.60	9.00~ 13.20	20.85~ 22.65	2.60~ 3.70	30.90~ 32.20
C_u	56.780	55.857	56.000	70.400	23.833	12.098	118.500	6.969	168.500
P_c	0.27	0.20	0.23	0.19	0.24	0.25	0.26	0.24	0.24
变形类型	过渡型	管涌型	管涌型	管涌型	管涌型	过渡型	管涌型	管涌型	管涌型

表 9.2-11　　　　　　　Ⅱ岩组不均匀系数及其判定的渗透变形类型

试样编号	ZK302-5	ZK303-3	ZK304-4	ZK308-3	ZK320-4
取样位置/m	30.70~49.00	30.70~49.00	34.60~40.50	38.70~49.70	32.20~46.50
C_u	506.930	1285.300	685.570	65.028	365.380
P_c	0.29	0.36	0.28	0.35	0.25
变形类型	过渡型	流土型	过渡型	过渡型	过渡型

表 9.2-12　　　　　　　Ⅰ岩组不均匀系数及其判定的渗透变形类型

试样编号	ZK302-2	ZK302-3	ZK304-2	ZK316-2
取样位置/m	48.15~49.00	52.70~55.45	40.55~44.30	38.75~40.00
C_u	2.902	120.330	79.500	68.259
P_c	0.21	0.25	0.23	0.24
变形类型	管涌型	管涌型	管涌型	管涌型

根据表 9.2-9~表 9.2-12，坝址区冰水沉积物各岩组试样的不均匀系数 C_u 总体上都大于 5，按规范判别Ⅳ岩组、Ⅲ岩组及Ⅰ岩组的渗透变形类别主要为管涌型，而Ⅱ岩组的渗透变形类型主要为过渡型。

4. 接触冲刷或接触流失的判别

坝址区冰水沉积物为砂卵砾石层夹砂层结构，根据规范和前述标准判别依据，通过大量试验，冰水沉积物各岩组试样的大部分试样不均匀系数大于 10，因此该工程冰水沉积物总体发生接触冲刷或接触流失的可能性小，仅Ⅰ岩组、Ⅲ岩组中（ZK320-1、ZK302-2）可能局部发生接触流失。

9.2.2.3　临界水力坡降的确定

（1）根据渗透试验确定临界水力坡降 J_{cr}。根据室内渗透试验获得的各试样的临界水力坡降、破坏坡降见表 9.2-13。

表 9.2-13 冰水沉积物渗透试验的坡降成果表

岩组		值 别	比重	渗透系数 /(cm/s)	临界水力坡降	破坏坡降
IV	钻孔	平均	2.86	1.44×10^{-2}	0.47	1.45
		指标的标准差（S）			0.101	0.188
		指标的变异系数（δ）			0.214	0.130
		统计修正系数（R_s）			0.842	0.904
		标准值			0.396	1.311
	探槽	平均	2.86	3.84×10^{-2}	0.41	1.28
II		平均	2.83	7.00×10^{-3}	0.60	1.62

（2）根据规范法确定临界水力坡降 J_{cr}。根据《水力发电工程地质勘察规范》（GB 50287—2016）和前述计算公式确定的各岩组临界坡降见表 9.2-14。

表 9.2-14 按规范方法确定各岩组的临界坡降成果表

岩 组		值 别	临界水力坡降（J_{cr}）
IV岩组	钻孔	平均值	0.406
		指标的标准差（S）	0.115
		指标的变异系数（δ）	0.284
		统计修正系数（R_s）	0.790
		标准值	0.321
	探槽	平均值	0.346
III岩组		平均值	0.556
		指标的标准差（S）	0.137
		指标的变异系数（δ）	0.247
		统计修正系数（R_s）	0.846
		标准值	0.470
II岩组		平均值	0.445
I岩组		平均值	0.732

（3）根据渗透系数（k）确定临界水力坡降（J_{cr}）。根据现场注水试验、室内渗透试验获得的冰水沉积物的渗透系数为 $2.23 \times 10^{-4} \sim 7.64 \times 10^{-2} \mathrm{cm/s}$，总体为中等～强透水性。根据本工程冰水沉积物所处地质环境、成因类型及工程地质特性，建立的临界水力坡降 J_{cr} 与渗透系数 k 之间具有较好的相关性，其相关方程为

$$J_{cr} = 0.0132 k^{-0.325} \qquad (9.2-15)$$

根据式（9.2-15），利用坝址区各岩组部分试验获得的渗透系数 k 评价的临界水力坡降 J_{cr} 见表 9.2-15。

表 9.2-15　　按冰水沉积物各岩组部分试样渗透性评价的临界水力坡降 J_{cr}

岩　　组		值　　别	渗透系数/(cm/s)	临界水力坡降（J_{cr}）
Ⅳ岩组	钻孔	平均值	5.85×10^{-3}	0.37
		指标的标准差（S）		0.051
		指标的变异系数（δ）		0.139
		统计修正系数（R_s）		0.897
		标准值		0.332
	探槽	平均值	4.49×10^{-3}	0.32
Ⅲ岩组		平均临界水力坡降 J_{cr}	2.62×10^{-5}	0.64
		指标的标准差（S）		0.268
		指标的变异系数（δ）		0.419
		统计修正系数（R_s）		0.690
		标准值		0.441
Ⅱ岩组		平均值	2.23×10^{-4}	0.57
Ⅰ岩组		平均值	5.78×10^{-5}	0.89

由表 9.2-15 可见，根据各岩组渗透系数计算的临界水力坡降 J_{cr} 值：Ⅰ岩组平均值为 0.89，Ⅱ岩组平均值 0.57、Ⅲ岩组平均为 0.64、标准值为 0.441，Ⅳ岩组为 0.37～0.32、标准值为 0.332。

（4）冰水沉积物临界水力坡降值对比。根据渗透试验、规范方法及经验公式三种方法所确定的临界综合取值坡降成果见表 9.2-16。

表 9.2-16　　冰水沉积物各岩组临界水力坡降不同方法综合取值对比表

岩　组　编　号			不同方法获得的临界水力坡降值（J_{cr}）		
			渗透试验	规范方法	经验公式
Ⅳ岩组	钻孔	范围值	0.30～0.58	0.192～0.554	0.300～0.445
		平均值	0.47	0.406	0.37
		标准值	0.396	0.321	0.332
	槽探	范围值	0.27～0.53	0.275～0.405	0.137～0.537
		平均值	0.41	0.346	0.32
Ⅲ岩组		范围值		0.349～0.746	0.201～1.027
		平均值		0.556	0.64
		标准值		0.470	0.441
Ⅱ岩组		范围值	0.42～0.81	0.126～0.852	0.221～0.925
		平均值	0.60	0.445	0.57
Ⅰ岩组		范围值		0.631～0.873	0.315～1.969
		平均值		0.732	0.89

从表 9.2-16 可见，采用不同方法获得的各岩组临界水力坡降值基本吻合，说明三种

方法均可适用于不同地区冰水沉积物临界水力坡降值的确定。

9.2.2.4　各岩组允许坡降的确定

（1）根据不均匀系数（C_u）确定允许坡降（$J_{允许}$）。根据中国水利水电科学研究院及B.C依托明娜等研究成果建立的允许坡降与不均匀系数之间的关系曲线（图9.2-7），确定的冰水沉积物不同岩组的允许坡降（$J_{允许}$）见表9.2-17。

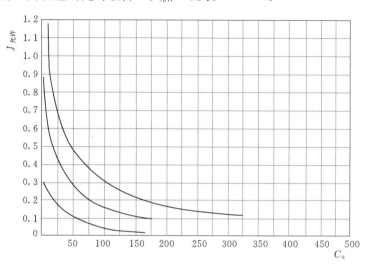

图9.2-7　允许坡降与不均匀系数关系曲线

表9.2-17　　　　　根据不均匀系数获取的各岩组的允许坡降（$J_{允许}$）

岩 组		值 别	不均匀系数（C_u）	允许坡降（$J_{允许}$）
Ⅳ岩组	钻孔	平均值	311.50	0.165
	槽探	平均值	346.347	0.128
Ⅲ岩组		平均值	63.215	0.263
		指标的标准差（S）		0.036
		指标的变异系数（δ）		0.137
		统计修正系数（R_s）		0.907
		标准值		0.239
Ⅱ岩组		平均值	281.642	0.245
Ⅰ岩组		平均值	67.748	0.361

由表9.2-17可见，通过不均匀系数获取的各岩组允许坡降为：Ⅳ岩组平均0.165、浅表层槽探样平均0.128；Ⅲ岩组平均0.263，标准值0.239；Ⅱ岩组平均0.245；Ⅰ岩组深部试样平均0.361。

（2）根据规范中的方法确定允许坡降（$J_{允许}$）。《水力发电工程地质勘察规范》（GB 50287—2016）规定，按照前述允许坡降安全系数取值方法；冰水沉积物Ⅲ岩组、Ⅰ岩组的渗透变形以管涌为主，临界水力坡降为0.2～0.6，取安全系数为2，允许坡降为0.10～0.30。

9.3 坝基防渗方案

青海某水库工程主要建筑物有挡水坝、溢洪道及导流洞等，坝高 30m，正常蓄水位 3397m，水库回水长度 2.85km，相应总库容 3573 万 m³，兴利库容为 1608 万 m³，死库容为 800 万 m³，工程规模为中型。

工程区内以剥蚀堆积地貌为主，两岸山体高大陡峻，多为尖脊状山，少量低山呈浑圆状，山体基岩裸露，两岸基岩坡体边坡较陡，多为 40°～50°，局部为陡崖。山地与河谷交汇处以洪积扇和坡积扇为主。

9.3.1 基本地质条件

9.3.1.1 冰水沉积物特性

第四系地层主要分布于河谷、部分冲沟及山前，成因类型主要为坡积、坡洪积、冲洪积和冲积等。全新统冲积砾石层，分布于工程区Ⅰ、Ⅱ级阶地及河床部位，层厚 25～70m，结构稍密～中密，分选性较差，磨圆较差，多呈次棱角状，最大粒径 50cm，以砾石为主，砾、卵石成分以花岗岩、安山岩为主；全新统洪积砂碎石层，主要分布于河谷两侧各冲沟内及沟口，以砂、碎石为主，含泥量较高，结构稍密～中密，分选及磨圆较差，碎石多呈棱角、次棱角状，最大粒径 20cm；全新统坡洪积碎石土层，主要分布于山前坡脚处，结构松散，厚度变化较大。

9.3.1.2 水文地质特征

工程区地下水按其赋存形式及介质类型可分为基岩裂隙水与第四系孔隙潜水两类。

第四系孔隙潜水主要分布于现代河谷内，含水层厚度为 30～80m，含水层为第四系冲洪积砂砾卵石层。河漫滩地下水位埋深 0.8～1.5m，阶地中地下水位埋深一般 6～20m。地下水由大气降水与基岩裂隙水补给，沿河谷向下游径流。沿坝轴线施工有 6 个勘探孔，全部进行了岩芯采取率统计，在 4 个钻孔中进行了分层抽水或压水试验，依据这两组数据可将坝基剖面自上而下分为 5 层：第一层底板埋深在 8～10m，渗透系数在 5～10m/d；第二层底板埋深在 16～22m，渗透系数在 20～65m/d；第三层底板埋深在 32～36m，渗透系数在 12～23m/d；第四层底板埋深在 62m 左右，渗透系数在 4～9m/d；第五层底板埋深在 80m 左右，渗透系数约 20m/d。根据水质资料，地下水矿化度为 0.56g/L，水质较好，可以饮用、灌溉。

9.3.2 坝基渗漏数值模拟

9.3.2.1 水文地质条件概化

1. 模拟计算区域

模拟计算区域以大坝轴线为基准，向上推 800m，向下推 400m，沿河流长 1200m。由于河流在不同位置宽度的差异，模拟宽度取 600m，各个部位实际宽度不统一，实际模拟面积 524800m²。

2. 含水层概化

(1) 含水层结构概化。根据钻孔揭露，坝基主要岩性为卵、砾石层，最大厚度 84.4m 左右，从上到下分为 5 层，各砾石层均属强透水层，但各层之间由于密实度及成因不同，在透水性上存在一定差异，同一层水平方向与垂直方向的渗透性也存在差异，因此，含水层为非均质各向异性。

当水库蓄水后，水库正常蓄水位 3397m，渗流区内无源汇项，地下水渗流将形成稳定流，因此，将地下水流概化为稳定渗流。考虑到坝基的防渗问题，地下水绕坝基防渗墙流动，将形成三维流，因此，将地下水流概化为三维流。

（2）边界条件概化。库区松散沉积物在两侧和底部均与安山岩接触，由于安山岩裂隙不发育，将两侧与底部边界概化为隔水边界；上游边界根据水库蓄水位的高低，取水库正常设计水位作为该边界的定水头边界；下游边界取地面高程作为定水头边界；顶部边界，在库区内取水库正常设计水位为定水头边界；大坝下游的顶部边界设置为零流量边界。

水库正常设计水位 3397m，因此，库区内第一模拟层定水头和上游各层定水头边界地下水位取 3397m。下游边界处各层地下水水位接近地表，设置为定水头边界，地下水位取 3372m。

3. 水文地质概念模型

经过对水文地质条件做概化处理，计算区水文地质概念模型为非均质各向异性的松散岩类含水层组成的具有一、二类边界的三维稳定流模型。

9.3.2.2 数学模型

描述坝基渗漏地下水渗流的数学模型为

$$
\left.
\begin{aligned}
&\frac{\partial}{\partial x}\left(k_h \frac{\partial H}{\partial x}\right)+\frac{\partial}{\partial y}\left(k_h \frac{\partial H}{\partial y}\right)+\frac{\partial}{\partial z}\left(k_z \frac{\partial H}{\partial z}\right)=0, &&(x,y,z)\in G \\
&H(x,y,z)|_{\Gamma_1}=H_1(x,y,z), &&(x,y,z)\in \Gamma_1 \\
&\left.\frac{\partial H}{\partial n}\right|_{\Gamma_2}=0, &&(x,y,z)\in \Gamma_2
\end{aligned}
\right\}
\qquad (9.3-1)
$$

式中 H——含水层地下水水位，m；

    H_1——渗流区域一类边界地下水水位，m；

    k_h——含水层水平渗透系数，m/d；

    k_z——含水层垂直渗透系数，m/d；

    n——边界外法线；

    G——计算区域；

 Γ_1、Γ_2——第一、第二类边界。

9.3.2.3 计算区域剖分

选用长方体网格对模拟区域进行剖分。沿河流方向网格长 40m，剖分 30 列；垂直河流方向网格长 20m，剖分 30 列；含水层垂直方向分为 8 层，每层厚 10m。将模拟计算区域剖分成 7200 个单元，其中有效单元 3770 个，第一层网格剖分见图 9.3-1，坝轴线垂直剖面剖分图见图 9.3-2。

9.3.2.4 模型参数确定

依据水文地质勘探资料和水文地质条件概化，在垂直方向上离散的 8 个模型层中，4、5、6 层渗透性接近，7、8 层渗透性也接近。模型各层渗透系数取值见表 9.3-1。

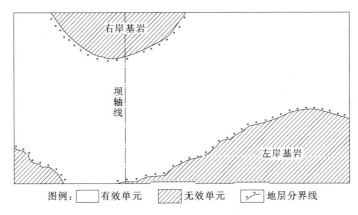

图 9.3-1 平面网格剖分图

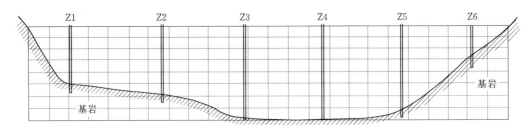

图 9.3-2 坝轴线垂直剖面剖分图

表 9.3-1　　　　　　　　　　　模 型 各 层 渗 透 系 数

模　型　层	水平方向渗透系数/(m/d)	垂直方向渗透系数/(m/d)
1	8.0	1.6
2	47.5	9.5
3	17.8	3.6
4	6.4	1.3
5	6.4	1.3
6	6.4	1.3
7	20.0	4.0
8	20.0	4.0

9.3.2.5　渗漏量模拟结果

根据以上模型概化和参数设置，对坝基渗漏进行模拟，渗漏量模拟结果见表 9.3-2。

表 9.3-2　　　　　　　　　　　渗 漏 量 模 拟 结 果 表

防渗墙深度/m	模拟渗漏量/(m³/d)	防渗墙深度/m	模拟渗漏量/(m³/d)
0	71908	40	15299
10	65417	50	12012
20	40967	60	9309
30	24046		

9.3.3 坝基渗透稳定分析

根据该水库工程地质勘察，坝基冰水沉积物砾石允许水力坡降为 0.13。

坝基各部位水力坡降的大小是不同的。坝前入渗段和坝后出溢段的水力坡降比坝底板以下径流段的水力坡降大。水力坡降随着距坝脚距离的增大而减小，随着距坝底板的深度增大而减小。因此，坝后实际水力坡降最大处位于坝脚处近地表的地层。

水库最上层地层厚度为 10m，坝底宽度为 160m，拟设防渗墙距坝后坝脚 95m，设置不同深度的防渗墙进行模拟，计算出最上层底板和顶板水位，从而计算坝后坝脚处近地表地层的出逸段水力坡降，见表 9.3-3。

表 9.3-3　　　　　　　　　坝后出逸段水力坡降表

防渗墙深度/m	坝后出逸段水力坡降	防渗墙深度/m	坝后出逸段水力坡降
0	0.164	40	0.132
10	0.155	50	0.128
20	0.149	60	0.123
30	0.138		

根据以上计算分析，为防止该水库发生渗透变形，防渗墙深度大于 50m。

9.3.4 防渗墙深度的选择

通过模拟计算分析，得出以下结论，并提出该水库防渗墙深度方案：

（1）应用三维地下水流数值模拟计算该水库坝基渗漏量和分析渗透稳定，较好地解决了周边与底面边界的不规则问题和垂直方向地层的非均质问题，提高了计算精度。

（2）当不设置防渗墙时，模拟渗漏量为 71908m³/d。当防渗墙设置深度为 20m 时，模拟渗漏量为 40967m³/d；当防渗墙设置深度为 40m 时，模拟渗漏量为 15299m³/d；当防渗墙设置深度为 50m 时，模拟渗漏量为 12012m³/d。

（3）为防止该水库发生渗透变形和减小水库渗漏量，应设置防渗墙，深度应大于 50m。

9.4 坝基防渗体系及工程措施

本节以西藏尼洋河某工程为例，阐述坝基防渗体系及工程措施。

9.4.1 防渗设计原则、安全标准

9.4.1.1 防渗设计原则

（1）防渗安全控制可采取渗透坡降为主、渗透量为辅的原则，并应重视与混凝土间接触冲刷的安全性。

在闸坝接触冲刷中水平接触冲刷起控制作用，闸坝底部与基础接触面基本上由水平和垂直两种形式构成。根据试验，垂直方向的破坏比降为 1 左右，而水平方向一般仅在 0.1~0.5 之间。南京水利科学研究院毛昶熙等学者根据室内试验和 30 座水闸资料的调查分析，提出了控制闸基水平段接触冲刷渗流破坏的允许坡降值和出口段向上方向的允许坡降值，这是《水闸设计规范》（SL 265—2016）编制和一些水闸设计采用的主要理论根据。

（2）按照安全可靠、经济合理的原则，进行分析比选，确定防渗方案。

（3）工程措施遵循"上游防渗、下游反滤"的原则，在上游采取水平或垂直防渗方案。对于冰水沉积物上闸坝工程，没有必要考虑排水减压，在渗流出口处设置反滤层，增大地基允许坡降。

9.4.1.2 安全标准研究

根据基础防渗设计原则，基础渗流安全控制采取渗透坡降为主、渗透量为辅的原则。监测设计时，就渗流量监测精度而言，量水堰法观测坝体渗流量较为直观且精度较高；但就工程实施及工程造价而言，由于河床相对较宽且坝后冰水沉积物较厚，施工截渗墙、设置量水堰的难度相对较大，工程投资较高。为此，在尽量满足规范误差要求的前提下，设计中提出了采用水力坡降法替代量水堰法监测坝体渗流量的方案。

复杂巨厚冰水沉积物闸坝渗流安全监测设计时，考虑到渗流量监测必要性不大，而且需要增设截渗墙、设置量水堰，从而导致工程投资大幅度增加，因此，同样采取渗透坡降为主、渗透量为辅的原则。

防渗设计一般需要考虑渗漏量和渗透坡降安全两个方面，但渗流量达到多少，会对工程安全产生不利影响，规范或资料中均没有明确。本书通过搜集部分复杂巨厚冰水沉积物闸坝渗流计算成果发现，在满足渗流坡降安全前提下，计算渗流量均较小。因此，本书提出可按枯水期多年平均流量的 3‰作为渗流量控制设计标准。

9.4.2 渗流安全评价方法

对于渗透坡降控制安全标准，本书通过分析总结，提出了防渗墙折减系数分析法和水力坡降法两种渗流安全评价方法。

9.4.2.1 防渗墙折减系数分析法

本方法参考《水工建筑物荷载设计规范》（SL 744—2016）中混凝土坝的扬压力计算公式有关概念，对于一般岩基上的重力坝来讲，一般在上游坝内设置帷幕灌浆及排水，规范规定：

当坝基设有帷幕和排水孔时，坝底面上游（坝踵）处的扬压力水头为 H_1，排水孔中心线处为 $H_2+\alpha(H_1-H_2)$，下游（坝址）处为 H_2，其余各段依次以直线连接，α 为渗透压力强度系数，本书称为防渗墙折减系数。

对于建筑在冰水沉积物地基上的闸坝，在上游设置垂直防渗后，由于坝基本身透水性较强，不需要设置排水孔。因此，为分析防渗墙对上下游水头的折减作用，根据布设的渗压计监测资料，分别选取防渗墙下游不同部位渗压计测值，与同期上游库水位进行对比分析。上游库水位 $H_上$，下游水位为 $H_下$；按照图示防渗墙后第一支渗压计测值水位为 H_1，则防渗墙折减系数计算公式为

$$\alpha = \frac{H_1 - H_下}{H_上 - H_下} \tag{9.4-1}$$

根据已有资料进行分析显示，采用悬挂式防渗墙的闸坝工程，在计算闸基扬压力时，常偏安全选用 0.3～0.4。分析认为，对于悬挂式防渗墙，墙后折减系数宜取 0.3～0.4，该工程偏安全考虑取用 0.4。

9.4.2.2 水力坡降法

沿坝体基础面依次布设 P1-KZJ、P2-KZJ、P3-KZJ 三支渗压计，某次监测所测的

渗压水头分别 H_1、H_2、H_3，监测时上下游水头分别为 $H_上$、$H_下$，各渗压计间渗径依次为 S_1、S_2、S_3、S_4。则测点间的水力坡降为

$$J_1 = \frac{H_上 - H_1}{S_1} \qquad (9.4-2)$$

$$J_2 = \frac{H_1 - H_2}{S_2} \qquad (9.4-3)$$

$$J_3 = \frac{H_2 - H_3}{S_3} \qquad (9.4-4)$$

$$J_4 = \frac{H_3 - H_下}{S_4} \qquad (9.4-5)$$

将计算得到的渗透坡降与计算部位允许渗透坡降比较，评价渗透坡降是否满足设计及规范要求。

9.4.3 防渗系统布置

西藏尼洋河某水电站枢纽工程主要由主河床土工膜防渗砂砾石坝段、8孔泄洪闸、2孔生态放水孔、厂房坝段、左岸重力坝等建筑物组成。防渗体系遵循"上防下排"的原则布设，水电站枢纽建筑物上游防渗采用垂直防渗墙、帷幕灌浆，下游设置排水层（体），另外为确保渗流安全，进行了反滤设计与布置。

主河床砂砾石坝段垂直防渗墙在坝右 0+233.00 由坝下 0+007 折至上游围堰轴线（坝上 0−038.45）位置，坝体防渗复合土工膜嵌入墙顶形成封闭；防渗墙在泄洪闸右挡墙趾板（坝左 0+022.50）部位折至坝上 0−009.5，通过连接板与泄洪闸、生态放水孔、厂房、左岸重力坝等坝段联合防渗，向左岸坝肩延伸80m。防渗墙厚1.0m，墙底高程 3011.00～3021.00m。

9.4.3.1 砂砾石复合坝防渗设计

右岸拦河坝采用土工膜防渗砂砾石坝，与上游围堰结合。坝顶全长 295m，为适应施工期沉降需要，坝体中部坝顶高程 3080.00m，以斜坡与两端坝顶高程 3079.00m 连接。坝基高程 3052.00m，最大坝高 27.00m，上游围堰堰顶高程 3070.10m。上游坝坡在高程 3070.10m 以上坡比为 1:2.5，3070.10～3065.80m 之间坡比为 1:1.75，高程 3065.80m 以下坡比为 1:2.5。下游坝坡坡比 1:1.7，在 3065.00m 高程设一条宽 3m 的马道，坝坡后部设置25m反压平台，反压平台尾部为棱体排水。在坝基下正三角形布设桩径1m、间距 4m×4m、桩深15m 的振冲碎石桩，形成复合地基（图 9.4-1）。

坝体分区由上游迎水面向下游依次为预制混凝土块护坡、砾石保护层、防渗土工膜、砾石垫层、上游砂砾石、反滤层、L形排水体、主砂砾石区、反压平台段、下游排水棱体以及坝基和水平排水体间的反滤层、下游坝面砌石护坡，坝体上游与砂砾石围堰结合作为拦河坝的一部分。

9.4.3.2 上游防渗设计

河床砂砾石坝混凝土防渗墙布置在上游围堰顶部靠下游，全年挡水围堰堰顶高程为 3070.10m，采用围堰堰顶作为防渗墙施工平台，防渗墙轴线位于坝上 0−038.45 处，墙

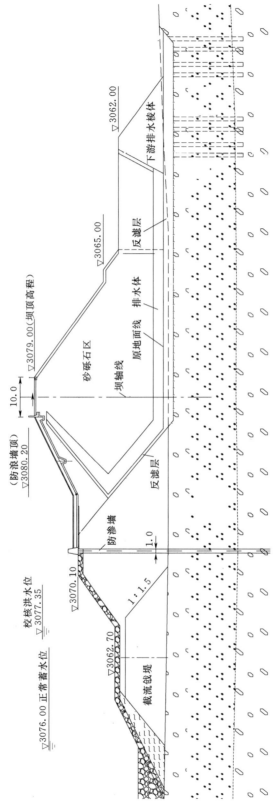

图 9.4-1 坝体标准断面图（单位：m）

厚1.0m，坝右0+205.2以左部分墙体底部均深入到Q_3^{al}-Ⅱ岩组中，该岩组渗透系数为5.9×10^{-5}cm/s，可作为相对隔水层考虑，其允许渗透坡降值为0.3～0.4，原河床高程约为3053.00m，基础防渗深度为32.0m。墙底高程3021.00m，防渗墙最大施工深度为49.10m。根据实际防渗墙施工揭露，坝右0+205.2以右防渗墙基础为岩体，结合地质勘探，该部位岩体透水性较强，在坝右0+205.2～坝右0+295.00段的防渗墙底部岩体内增设单排防渗帷幕，帷幕底部高程按照基础岩体实际出露高程确定为3006.00～3021.00m，在防渗墙墙体内预埋灌浆管进行帷幕灌浆施工。

主河床砂砾石坝段防渗墙与上部复合土工膜连接方式为：在防渗墙顶二期混凝土段预埋槽钢，槽钢轴线设膨胀螺栓一次埋入，间距20cm，沿槽钢顶通长安装一条厚5mm、宽10cm的橡胶带，再将复合土工膜折叠3层打眼穿入螺栓，然后再用一层胶带、采用10号槽钢条通过膨胀螺栓将复合土工膜固定；为防止螺栓、压条锈蚀，在螺栓和钢板压条上刷三层防锈漆，外部浇筑二期混凝土保护。

为防止与左侧挡墙等混凝土建筑物间发生接触冲刷，参考以往工程经验，在挡墙上增设刺墙，顶宽0.5m，上、下游坡比1:0.15，伸入土石坝内18.6m。

9.4.3.3 排水及反滤

右岸拦河坝采用土工膜防渗砂砾石坝，与上游围堰结合，以斜坡与两端坝顶高程3079.00m连接。坝基布设振冲碎石桩，形成复合地基。

坝内设置有L形排水体，下游坝脚部位设置有排水棱体，L形排水体与下游排水棱体相接，竖向排水体上游设反滤保护层，水平排水体底部基础表面也设有反滤保护层，以防止坝体和坝基砂砾料中细颗粒流失。

9.4.3.4 泄洪闸、厂房、安装间及左岸重力坝坝段基础防渗设计

1. 上游防渗设计

泄洪闸基础混凝土防渗墙厚度为1.0m。防渗墙轴线布置在闸上0-014.50（坝上0-009.5）处，通过引渠底板（连接板）与泄洪闸的底板连接，防渗墙轴线在泄洪闸右侧挡墙部位转折，并与上游围堰防渗墙连接。泄洪闸坝段防渗墙墙底高程为3021.0m，墙体底部深入到Q_3^{al}-Ⅱ岩组中。

厂房及安装间坝段基础混凝土防渗墙厚度为1.0m。防渗墙轴线布置在厂上0-038.50（坝上0-009.5）处，通过引渠底板与厂房进水口的底板连接。厂房及安装间坝段防渗墙坝左0+081.00～坝左0+192.00段墙底高程为3011.00m，两侧以1:1的斜坡过渡到3021.00m高程，墙体底部深入到Q_3^{al}-Ⅰ岩组中。

左岸重力坝段混凝土防渗墙轴线布置为坝上0-009.50处，与左岸建筑物的防渗墙位于同一直线，防渗墙厚度为1.0m，底高程为3021.00m。防渗墙与坝体之间采用混凝土连接板连接，连接板厚度1.0m，单块连接板宽度3.0m，连接板沿坝轴线方向按照12m间距设置伸缩变形缝，所有缝间均设置两道止水。

2. 排水及反滤

泄洪闸消力池底板为混凝土，按照渗流计算成果，上游防渗墙防渗效果较好，底板底部扬压力与下游水位基本一致。经底板抗浮计算，枯水期检修工况为控制工况，为降低底板下部扬压力，在底板设置间排距3m、直径50mm排水孔，孔内填充小石，经计算满足

底板抗浮要求。同时，为防止泄洪闸发生渗透破坏，在消力池底部铺设 25cm 厚碎石排水层，排水孔内设置 PVC 排水花管插入排水层 20cm，排水层下部设置 15cm 反滤层，同时反滤层间设一层反滤土工布以增强反滤效果。在施工过程中，首先施工左侧部分，至 1/3 进度时，发现孔内填石有局部堵塞现象，在要求施工方清理并重新填充的同时，要求后续混凝土底板排水孔间距调整至 2m。根据以往工程经验，一般排水孔间距为 1.5～3m，孔径为 5～10cm，该工程基础均为冰水沉积物，透水性较好，且设置反滤层、反滤土工布两种反滤保护措施，因此排水、反滤设计是安全可靠的。另外，为防止消力池检修工况下排水孔减压效果不良时的不利情况，在检修抽水前，可对检修范围内底板进行编织袋填充砂卵石压脚处理，按 1/2 面积填压，填压厚度为 1.5m，检修完成后进行拆除清理。

尾水左岸开挖边坡坡比采用 1∶1.75。在 3062.00m 高程以下采用混凝土护坡，厚度 0.5m，底板采用 0.5m 厚浆砌石护底。渠底由 3036.90m 高程以 1∶4 反坡上翘与 3053.00m 高程平接。尾水渠反坡末端设 15m 长的浆砌石护板，厚度为 0.8m。护板末端设齿槽，其后用直径大于 250mm 块石回填，以防止冲淘破坏。护板布设直径 75mm 排水孔，间、排距 2.0m。尾水右岸为泄洪闸的导墙。

9.4.3.5 左坝肩防渗设计

左岸为冲洪积三级阶地，冰水沉积物深度大，范围广。防渗采用悬挂式混凝土防渗墙，厚度为 1.0m，允许渗透坡降按各地层最小值取 0.10～0.15，控制各层不会发生渗透破坏，通过三维渗流计算，确定防渗墙底高程为 3021.00m，向左岸延伸长度 80m，可以满足允许渗透坡降要求。

9.4.3.6 其他措施

根据渗流计算成果，枢纽区上游防渗体系尤为重要，按照上游防渗及下游排水的设计思路，为防止不均匀沉陷引起的防渗止水破坏，对厂房与安装间、厂房与泄洪闸、泄洪闸与右侧挡墙之间竖向止水采用两道铜止水间加设沥青井的方式，确保关键部位防渗安全。在止水施工质量控制上采取以下措施：首先，在厂房、泄洪闸上游考虑采取预留检查槽、分区止水检查的方式，确保止水完整；厂房段深度较其余部位下延 10m，确保渗流安全。其次，为监测基础不均匀沉陷，在厂房、泄洪闸、挡墙等重要部位，选择代表性坝段进行沉降监测，指导现场施工，进一步控制不均匀沉降的实际发生，确保止水体系安全。

9.4.4 改进阻力系数法渗流分析

改进阻力系数法是一种解析方法，是在独立函数法、分段法和阻力系数法的基础上，综合发展起来的一种精度较高的计算方法。此法适用于计算有限深的透水地基，也能计算无限深透水地基。

改进阻力系数法是把具有复杂地下轮廓的渗流区域分成若干简单的段，对每个分段应用已知的流体力学精确解，求出各分段的阻力系数，再将各段阻力系数累加求得解答。

（1）地基轮廓分段。分段位置是取在板桩前后的角点，将沿着实际的地下轮廓线的地基渗流分成垂直的和水平的几段单独处理。

按照《水闸设计规范》（SL 265—2016）附录 C，将闸底轮廓简化，划分为进口段①、水平段②、垂直段③、水平段④、出口段⑤，见图 9.4-2。

（2）地基有效深度 T_e 计算。从图 9.4-2 中可以计算，水平投影长度 $L_0 = 12.9 +$

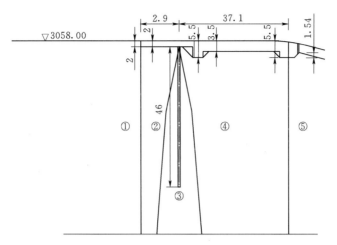

图 9.4-2 改进阻力系数法计算简图（单位：m）

$37.1 = 50m$，垂直投影长度 $S_0 = 48m$，则 $L_0/S_0 = 1.04 < 5$：

$$T_e = \frac{5L_0}{1.6\dfrac{L_0}{S_0} + 2} = 68 (m) \tag{9.4-6}$$

实际地基深度大于 200m，因此地基有效深度 $T_e = 68m$。

（3）进出口段阻力系数 ξ_0 计算：

$$\xi_0 = 1.5 \left(\frac{S}{T}\right)^{\frac{3}{2}} + 0.441 \tag{9.4-7}$$

式中　S——板桩或齿墙入土深度，m；

　　　T——地基透水层深度，m。

（4）水平段阻力系数 ξ_x 计算：

$$\xi_x = \frac{L_x - 0.7(S_1 + S_2)}{T} \tag{9.4-8}$$

式中　L_x——水平段长度，m；

　S_1、S_2——进、出口板桩或齿墙入土深度，m。

（5）内部垂直段阻力系数 ξ_y 计算：

$$\xi_y = \frac{2}{\pi} \ln \cot\left[\frac{\pi}{4}\left(1 - \frac{S}{T}\right)\right] \tag{9.4-9}$$

各分段水头损失值计算：

$$h_i = \xi_i \frac{\Delta H}{\sum \xi_i} \tag{9.4-10}$$

式中　h_i——各分段水头损失值，m；

　　　ξ_i——各分段的阻力系数；

　　　ΔH——上下游水头差，m。

（6）进出口段修正计算：

$$h_0' = \beta' h_0 \qquad h_0 = \sum h_i \qquad (9.4-11)$$

$$\beta' = 1.21 - \frac{1}{\left[1.2\left(\frac{T'}{T}\right)^2 + 2\right]\left(\frac{S'}{T} + 0.059\right)} h_0 = \sum h_i \qquad (9.4-12)$$

式中 h_0'——修正后进出口水头损失值，m；

h_0——进出口水头损失值，m；

β'——阻力修正系数；

S'——底板埋深与板桩或齿墙入土深度之和，m；

T'——板桩另一侧地基透水层深度，m。

修正后的水头减小值 $\Delta h = (1-\beta')h_0$。

（7）水平段、内部垂直段修正计算（表 9.4-1、表 9.4-2）。

当水平段水头损失值 $h_x \geqslant \Delta h$ 时，仅对水平段水头损失进行修正：

$$h_x' = h_x + \Delta h$$

当水平段水头损失值 $h_x < \Delta h$ 时，如果 $h_x + h_y \geqslant \Delta h$，按下式修正：

$$h_x' = 2h_x$$

$$h_y' = h_y + \Delta h - h_x$$

式中 h_y、h_y'——修正前、后内部垂直段水头损失值。

如果 $h_x + h_y < \Delta h$，按下式修正：

$$h_y' = 2h_y$$

$$h_{cd}' = h_{cd} + \Delta h - (h_x + h_y)$$

式中 h_{cd}、h_{cd}'——修正前、后进出口板桩或齿墙段水头损失值。

上游正常蓄水位为 3076.00m，下游正常尾水位为 3056.39m，水头差为 19.62m。

表 9.4-1　　　　　　　　　修正前各段水头损失计算结果表

部位	段号	S/m	T/m	L_x/m	S_1/m	S_2/m	ξ	各段水头损失/m
进口段	①	2	66.2				0.449	4.769
水平段	②		66.2	12.9	1	46	0.000	0.000
垂直段	③	46	66.2				0.897	9.531
水平段	④		64.7	37.1	46	2	0.054	0.575
出口段	⑤	1.54	64.7				0.447	4.745
合计							1.847	19.62

表 9.4-2　　　　　　　　　进出口修正各段水头损失计算

部位	β'	h_0'/m	Δh/m	水头损失合计
进口段	0.359	1.713	3.056	1.713
出口段	0.360	1.706	3.038	1.706

可以看出，$h_x < \Delta h$，且 $h_x + h_y \geqslant \Delta h$，按相应公式对渗流计算成果予以修正，成果见表 9.4-3。

表 9.4-3　　　　　　　　　　　　渗 流 计 算 成 果 表

部位	段号	修正前/m	修正后/m	渗透压力水头/m	渗透坡降
进口段	①	4.769	1.713	17.907	0.857
水平段	②	0.000	0.000	17.907	0.000
垂直段	③	9.531	15.051	2.856	0.164
水平段	④	0.575	1.150	1.706	0.031
出口段	⑤	4.745	1.706	0.000	1.108
合计		19.62	19.62		

9.4.5　直线展开法渗流分析

该方法由南京水利科学研究院提出，适用于透水层深度大于等于地下轮廓线水平长度的一半的情况。西藏某水利工程透水层深度为 68m，地下轮廓线水平长度÷2＝40÷2＝20m，因此可以采用该方法。按照该理论，将图 9.4-2 轮廓线转化为水平轮廓线，见图 9.4-3 和图 9.4-4。

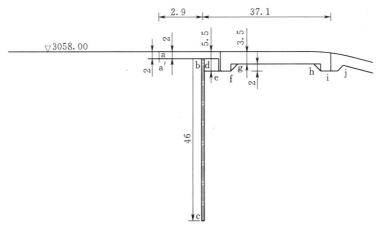

图 9.4-3　直线展开法计算简图（单位：m）

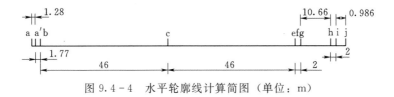

图 9.4-4　水平轮廓线计算简图（单位：m）

图中 $aa'=0.64\times2=1.28\text{m}$，$a'c=\sqrt{46^2+12.9^2}=47.77\text{m}$，$ci=\sqrt{(46+2)^2+37.1^2}=60.66\text{m}$，$ij=0.64\times1.54=0.986\text{m}$，因此展开长度 $l=110.71\text{m}$。

展开后轮廓线上各点渗透水头按下式计算：

$$H_i=\left[\left(0.84-0.64\frac{x_i}{l}+\Delta\varphi\right)\right]\Delta H$$

式中　x_i——计算点距上游距离，m；

　　　$\Delta\varphi$——势函数差值，见表 9.4-4。

表 9.4-4 势 函 数 差 值 表

x_i/l	$\Delta\varphi$	x_i/l	$\Delta\varphi$
0	0.16	0.8	−0.001
0.01	0.1028	0.81	−0.002
0.02	0.0836	0.82	−0.003
0.03	0.0694	0.83	−0.0046
0.04	0.0592	0.84	−0.0068
0.05	0.05	0.85	−0.009
0.06	0.0428	0.86	−0.0112
0.07	0.0376	0.87	−0.0134
0.08	0.0314	0.88	−0.016
0.09	0.0272	0.89	−0.0198
0.1	0.023	0.9	−0.023
0.11	0.0198	0.91	−0.0272
0.12	0.016	0.92	−0.0314
0.13	0.0134	0.93	−0.0376
0.14	0.0112	0.94	−0.0428
0.15	0.009	0.95	−0.05
0.16	0.0068	0.96	−0.0592
0.17	0.0046	0.97	−0.0694
0.18	0.003	0.98	−0.0836
0.19	0.002	0.99	−0.1028
0.2	0.001	1	−0.16

正常蓄水位情况下，各控制点渗透水头及渗透坡降计算见表 9.4-5。

表 9.4-5 正常蓄水位渗透水头及坡降计算成果表

控制点	点距上游距离 x_i /m	比例 x_i/l	系数 $\Delta\varphi$	各点水头 H_i /m	水头差 ΔH_i /m	渗透坡降 J
a'	1.280	1.280	0.012	0.100	18.28	
b	3.050	3.050	0.028	0.073	17.54	0.74
c	49.055	49.055	0.443	0.000	10.57	6.97
def	95.055	95.055	0.859	−0.011	4.812	5.76
g	97.055	97.055	0.877	−0.015	4.487	0.32
h	107.721	107.721	0.973	−0.074	2.053	2.43
i	109.721	109.721	0.991	−0.109	1.118	0.94
j	113.241	110.707	1.000	−0.160	0.000	1.12

从上述计算结果可以发现，数学分析的两种方法计算结果基本一致，但由于没有考虑闸基以下各土层渗透系数强弱交替的实际情况，不能正确模拟防渗墙底部相对不透水层的隔水作用，防渗墙深度 46m 深度仍然不能满足防渗安全要求，与有限元计算存在较大差

异；特别是出口比降过大，导致防渗墙深度不足的错误结论。因此，复杂地基渗流计算不宜采用上述方法，应在工程中予以重视。

9.4.6 三维渗流有限元程序开发及计算分析

9.4.6.1 饱和-非饱和渗流基本理论

目前渗流计算数值模型方法多样，国外的大型计算软件有 GEO - SLOPE 的 SEEP/W 模块，另外，ANSYS 软件中在流体力学理论基础上开发了渗流计算功能，功能均各有所长。河海大学根据上述有限元计算原理、收敛准则以及边界条件的处理方法，用 Visual C++ 开发了三维非稳定饱和-非饱和渗流有限元计算分析程序 CNPM3D。

非饱和渗流基本微分方程是在假定达西定律同样适用于非饱和渗流情况的前提下，用与饱和渗流相同的方法推导出来的。非稳定饱和-非饱和渗流基本微分方程为

$$\frac{\partial}{\partial x_i}\left[k_{ij}^s k_r(h_c)\frac{\partial h_c}{\partial x_j}+k_{i3}^s k_r(h_c)\right]-Q=\left[C(h_c+\beta S_s)\right]\frac{\partial h_c}{\partial t} \qquad (9.4-13)$$

式中　　h_c——压力水头；

　　　　k_{ij}^s——饱和渗透系数张量；

　　　　k_{i3}——饱和渗透系数张量中仅和第 3 坐标轴有关的渗透系数值；

　　　　k_r——相对透水率，为非饱和土的渗透系数与同一种土饱和时的渗透系数的比值，在非饱和区 $0<k_r<1$，在饱和区 $k_r=1$；

　　　　C——比容水度，$C=\dfrac{\partial \theta}{\partial h_c}$，在正压区 $C=0$；

　　　　β——饱和-非饱和选择常数，在非饱和区等于 0，在饱和区等于 1；

　　　　S_s——弹性贮水率，饱和土体的 S_s 为一个常数，在非饱和土体中 $S_s=0$，当忽略土体骨架及水的压缩性时对于饱和区也有 $S_s=0$；

　　　　Q——源汇项。

考虑降雨入渗的非稳定饱和-非饱和渗流微分方程的定解条件为

(1) 初始条件：

$$h_c(x_i,0)=h_c(x_i,t_0), \qquad i=1,2,3 \qquad (9.4-14)$$

(2) 边界条件：

$$h_c(x_i,t)|_{\Gamma_1}=h_{c1}(x_i,t) \qquad (9.4-15)$$

$$-\left[k_{ij}^s k_r(h_c)\frac{\partial h_c}{\partial x_j}+k_{i3}^s k_r(h_c)\right]n_i|_{\Gamma_2}=q_n \qquad (9.4-16)$$

$$-\left[k_{ij}^s k_r(h_c)\frac{\partial h_c}{\partial x_j}+k_{i3}^s k_r(h_c)\right]n_i|_{\Gamma_3}\geqslant 0 \text{ 且 } h_c|_{\Gamma_3}=0 \qquad (9.4-17)$$

$$-\left[k_{ij}^s k_r(h_c)\frac{\partial h_c}{\partial x_j}+k_{i3}^s k_r(h_c)\right]n_i|_{\Gamma_4}=q_r(t) \qquad (9.4-18)$$

以上式中　　n_i——边界面外法线方向余弦；

　　　　　　t_0——初始时刻；

　　　　　　h_{c1}——已知水头；

　　　　　　q_n——已知流量；

$q_r(t)$——降雨入渗流量；

$h_c(t_0)$——初始 t_0 时刻渗流场水头；

Γ_1、Γ_2、Γ_3、Γ_4——已知水头、已知流量、降雨入渗及饱和逸出面边界，见图 9.4 - 5。

将计算空间域 Ω 离散为有限个单元，如 NE 个，对于每个单元（采用八结点六面体等参单元），选取适当的形函数 $N_m(x_i)$ 满足：

图 9.4 - 5 渗流边界示意图

$$h_c(x_i,t)=N_m(x_i)h_{cm}(t), \quad i=1,2,3$$
$$(9.4-19)$$

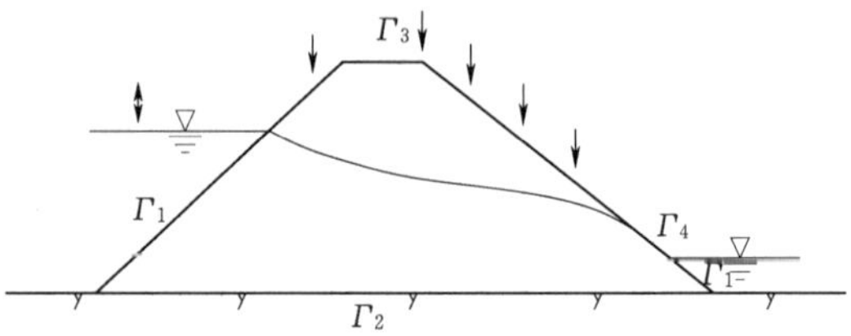

式中 $N_m(x_i)$——单元形函数；

$h_{cm}(t)$——单元结点压力水头值；

h——总水头，$h=h_c+x_3$。

将式（9.4 - 19）代入式（9.4 - 13）得残差：

$$R=\sum_{i=1}^{3}\sum_{j=1}^{3}\frac{\partial}{\partial x_i}\left[k_r(h)k_{ij}\frac{\partial}{\partial x_i}(N_m h_{cm}+x_3)\right]-\left[C(h)+\beta S_s\right]\frac{\partial}{\partial t}(N_m h_{cm})-Q$$
$$(9.4-20)$$

应用 Galerkin 加权余量法，以形函数 $N_m(x_i)$ 为权函数，即权函数 $W_m(x_i)=N_m(x_i)$，则使势函数 $h_c(x_i,t)$ 逼近偏微分方程的精确解，要求在整个计算域 G 内满足

$$\iiint_G RW\,dG=\iiint_G\left\{\sum_{i=1}^{3}\sum_{j=1}^{3}\frac{\partial}{\partial x_i}\left[k_r(h)k_{ij}\frac{\partial}{\partial x_j}(N_m h_{cm}+x_3)\right]\right.$$
$$\left.-\left[C(h)+\beta S_s\right]\frac{\partial}{\partial t}(N_m h_{cm})-Q\right\}N_n\,dG=0 \qquad (9.4-21)$$

应用格林第一公式，由式（9.4 - 21）可得

$$\iiint_G\sum_{i=1}^{3}\sum_{j=1}^{3}k_r(h)k_{ij}\frac{\partial N_n}{\partial x_i}\frac{\partial}{\partial x_j}(N_m h_{cm})\,dG+\iiint_G\sum_{i=1}^{3}k_r(h)k_{i3}\frac{\partial N_n}{\partial x_i}\,dG$$

$$=\oiint_S N_n k_r(h)\sum_{i=1}^{3}\left[\sum_{j=1}^{3}k_{ij}\frac{\partial}{\partial x_j}(N_m h_{cm})+k_{i3}\right]n_i\,dS$$

$$-\iiint_G\left[C(h)+\beta S_s\right]N_n\frac{\partial}{\partial t}(N_m h_{cm})\,dG-\iiint_G SN_n\,dG \qquad (9.4-22)$$

式中 S——计算域边界。

对于离散的整个计算域，有

$$\sum_{e=1}^{NE}\left[\iiint_{G_e}\sum_{i=1}^{3}\sum_{j=1}^{3}k_r^e k_{ij}^e\frac{\partial N_n^e}{\partial x_i}\frac{\partial}{\partial x_j}(N_m^e h_{cm})\,dG+\iiint_{G_e}\left[C^e(h)+\beta S_s^e\right]N_n^e\frac{\partial}{\partial t}(N_m^e h_{cm})\,dG\right]$$

$$=\sum_{e=1}^{NE}\left\{\oiint_{S_e} N_n^e k_r^e(h)\sum_{i=1}^{3}\left[\sum_{j=1}^{3}k_{ij}^e\frac{\partial}{\partial x_j}(N_m^e h_{cm})+k_{i3}^e\right]n_i\,dS\right.$$

$$\left.-\iiint_{G_e}\sum_{i=1}^{3}k_r^e(h)k_{i3}^e\frac{\partial N_n^e}{\partial x_j}\,dG-\iiint_{G_e}SN_n^e\,dG\right\} \qquad (9.4-23)$$

式中带"e"的符号表示相应于单元的量。

单元支配方程为

$$[K]^e\{h_c\}^e + ([S]^e)\left\{\frac{\partial h_c}{\partial t}\right\}^e = \{F\}^e \qquad (9.4-24)$$

式中

$$K_{ab}^e = \int_{\Omega^e} K_r(h_c)(N_{a,i}K_{ij}^s N_{b,j})\mathrm{d}\Omega \qquad (9.4-25)$$

$$S_{ab}^e = \int_{\Omega^e} [C(h_c) + \beta S_s]N_a N_b \mathrm{d}\Omega \qquad (9.4-26)$$

$$F_{(a)}^e = -\int_{\Omega^e} K_r(h_c)(N_{a,i}K_{ij}^s Z_{,j})\mathrm{d}\Omega + \int_{\Gamma_2} q N_a \mathrm{d}\Gamma \qquad (9.4-27)$$

上述式中：a，$b = 1 \sim 8$，i，$j = 1$，3；

N_a，N_b——单元形函数；

h_c——压力水头。

将单元支配方程进行集成，可得整体有限元支配方程：

$$[K]\{h_c\} + [S]\left\{\frac{\partial h_c}{\partial t}\right\} = \{F\} \qquad (9.4-28)$$

对时间采用隐式有限差分格式，即 $\frac{\partial h_c}{\partial t} = \frac{1}{\Delta t}[(h_c)_{t+\Delta t} - (h_c)_t]$，将其代入式（9.4 - 28），可得

$$\left([K] + \frac{1}{\Delta t}[S]\right)\{h_c\}_{t+\Delta t} = \{F\} + \frac{1}{\Delta t}[S]\{h_c\}_t \qquad (9.4-29)$$

采用增量迭代法，令 $\{h_c\}_{t+\Delta t}^{k+1} = \{h_c\}_{t+\Delta t}^k + \{\Delta h_c\}_{t+\Delta t}^{k+1}$，可推导得如下适于计算的迭代格式：

$$[A]\{\Delta h_c\}_{t+\Delta t}^{k+1} = \{\Delta B\}_{t+\Delta t}^{k+1} \qquad (9.4-30)$$

其中

$$[A] = [K] + \frac{1}{\Delta t}[S] \qquad (9.4-31)$$

$$\{\Delta B\}_{t+\Delta t}^{k+1} = \{\Delta F\}_{t+\Delta t}^k - \frac{1}{\Delta t}[S](\{h_c\}_{t+\Delta t}^k - \{h_c\}_t) \qquad (9.4-32)$$

$$\{\Delta F\}_{t+\Delta t}^k = -\int_{\Omega^e} K_r(h_c)\{N_{a,i}K_{ij}[(h_c)_{t+\Delta t}^k + x_3]_{,j}\}\mathrm{d}\Omega + \int_{\Gamma_2} q N_a \mathrm{d}\Gamma \qquad (9.4-33)$$

采用八结点六面体等参数单元（图9.4-6），按迭代格式［式（9.4-24）～式（9.4-33）］，可求得渗流的压力场，并由此计算位势场、自由面坐标、渗透坡降、渗透流速、渗透流量等物理量。

在有限单元法中，在处理流量边界时，需要将分布在单元面上的流量转化为结点入渗流量。设某单元面有实际入渗流量 $q_s(t)$，则入渗流量列阵可以通过下式进行计算：

$$\{R\}_t^e = \int_{s^e} q_s(t)\{N\}^e \mathrm{d}s \qquad (9.4-34)$$

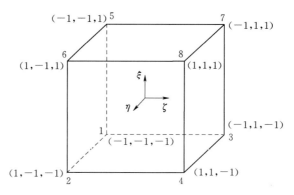

图 9.4-6 三维等参数母单元

式中 s^e——承受降雨入渗的单元面积；

$\{R\}^e_t$——t 时刻的单元入渗流量列阵；

$\{N\}^e$——形函数列阵，$\{N\}^e = \begin{bmatrix} N_1 & N_2 & N_3 & N_4 & N_5 & N_6 & N_7 & N_8 \end{bmatrix}$。

式（9.4-34）的计算可以在等参单元的自然坐标系 $\xi - \eta - \zeta$ 中进行。假设降雨发生在 $\xi = \pm 1$ 面上，设

$$E_\eta = \left(\frac{\partial x}{\partial \eta}\right)^2 + \left(\frac{\partial y}{\partial \eta}\right)^2 + \left(\frac{\partial z}{\partial \eta}\right)^2 \qquad (9.4-35)$$

$$E_{\eta\zeta} = \frac{\partial x}{\partial \zeta}\frac{\partial x}{\partial \eta} + \frac{\partial y}{\partial \zeta}\frac{\partial y}{\partial \eta} + \frac{\partial z}{\partial \zeta}\frac{\partial z}{\partial \eta} \qquad (9.4-36)$$

则在式（9.4-34）中有

$$ds = \sqrt{E_\xi E_\eta - E_{\xi\eta}^2}\,d\xi d\eta \qquad (9.4-37)$$

对其应用高斯数值积分可得

$$\{R\}^e_t = \sum_{i=1}^{ng}\sum_{i=1}^{ng} W_i W_j q_s(t)\{N\}^e (E_\xi E_\eta - E_{\xi\eta}^2)^{\frac{1}{2}} \qquad (9.4-38)$$

式中 ng——高斯点个数；

W_i、W_j——第 i、第 j 个高斯点权重。

如果入渗发生在单元的其他面上，只要将式（9.4-36）中的 ξ、η、ζ 进行轮换即可。式（9.4-38）即为可以直接应用于程序设计的计算单元降雨入渗流量列阵的公式。

通过某断面 S 的渗流量可按下式计算：

$$q = -\iint_S k_n \frac{\partial h}{\partial n}dS \qquad (9.4-39)$$

式中 S——过流断面；

n——断面正法线单位向量；

k_n——n 方向的渗透系数；

h——渗流场水头。

对于任意八结点六面体等参数单元，如图 9.4-7 所示，选择中断面 abcda 作为过流断面 S，并将 S 投影到 YOZ、ZOX、XOY 平面上，分别记为 S_x、S_y、S_z，则通过单元中断面的渗流量为

$$q = -k_x \frac{\partial h}{\partial x} S_x - k_y \frac{\partial h}{\partial y} S_y - k_z \frac{\partial h}{\partial z} S_z \qquad (9.4-40)$$

如果需要计算通过某一断面的渗流量，则取该断面上的一排单元，使得各单元的某一中断面组成该计算流量断面。累加这些单元相应中断面的渗流量即可得所求的该计算断面的渗流量。

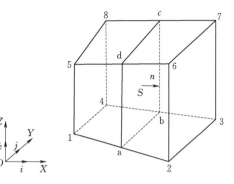

图 9.4-7　八结点六面体单元渗流量的计算

9.4.6.2　典型工程防渗措施

依托西藏尼洋河某水电站工程，用 Visual C++ 开发了三维非稳定饱和-非饱和渗流有限元计算分析程序 CNPM3D，针对确定的防渗方案开展三维渗流计算。

1. 坝址区渗流场

从坝址区地下水位等值线分析，库水由水库通过河床砂砾石坝、泄洪闸、厂房、混凝土坝及其地基、两岸山体渗向下游。

土工膜后坝体内浸润面较为平缓，呈现河床中央较低、两坝肩较高的态势，其最低位置出现在河床中央部位。该工程河谷宽阔，因此，砂砾石坝坝体沿坝轴线向的渗流不明显，渗流基本是上下游方向的，但由于右岸地下水位较高，右岸坝段及坝肩浸润面较高。

在正常蓄水工况一 DB-JY-1（下游水位为半台机运行，水位 3054.53m）下，土工膜和混凝土防渗墙的阻渗作用共削减水头 18.22m，占总水头的 84.86%，在正常蓄水工况二 DB-JY-2（下游水位为多年平均流量，水位 3055.89m）、设计洪水工况三和校核洪水工况四下，分别为 17.06m/84.83%，11.65m/84.77% 以及 13.54m/84.78%，可见土工膜和防渗帷幕的阻渗作用是显著的。

随着库水位和下游水位升高，两岸地下水位及坝体浸润面也升高，但变化规律不变，变化幅度不大。由于上游水位变化不大，下游水位变幅较大，坝体和坝基的防渗效果显著，因此，坝体浸润面主要受下游水位影响。在设计工况 DB-JY-3 和校核工况 DB-JY-4 情况下，河道下游水位分别比 DB-JY-1 的下游水位高 5.73m 和 6.85m，因而坝体浸润面也相应抬高。泄洪闸室，厂房以及左岸重力坝位势分布的变化趋势与河床坝段变化规律基本一致。

防渗墙削减了大部分水头，在 DB-JY-1~DB-JY-4 四种水位工况下，在混凝土重力坝段，防渗墙削减的水头分别为 16.02m、15.95m、10.12m 和 12.54m；在厂房段，防渗墙削减的水头分别为 15.08m、13.43m、9.27m 和 11.28m；在泄洪闸室段，防渗墙消减的水头分别为 13.90m、11.95m、8.42m 和 10.36m。对于不同水位工况，随着库水

位和下游水位的抬高，左岸混凝土重力坝，厂房和泄洪闸室剖面的浸润面升高，但变化幅度不大。

2. 渗透坡降

河床砂砾石坝各分区的最大渗透坡降见表 9.4-6。在各种工况下，防渗墙的渗透坡降较大，坝体其他料区（垫层、砂砾石区等）的渗透坡降均较小。正常运行工况 DB-JY-1 下，砂砾石坝、泄洪闸、厂房的地基各地层的最大渗透坡降见表 9.4-7。

表 9.4-6　　　　　　　　推荐方案各工况下坝体各料区的最大渗透坡降

工况	防渗墙		砂砾石		冰水沉积物（不包含 Q_3^{al}-Ⅱ地层）		防渗帷幕	
	最大渗透坡降	位置	出逸坡降	位置	最大渗透坡降	位置	最大渗透坡降	位置
正常蓄水一	16.11	河床中央防渗墙顶部	0.026	河床中央下游出逸点的砂砾石区浸润面附近	0.204	河床中央防渗墙底部附近	2.647	右岸防渗帷幕起始布置位置的浸润面附近
正常蓄水二	16.03		0.023		0.191		2.640	
设计洪水	10.28		0.019		0.156		1.889	
校核洪水	12.76		0.020		0.180		2.098	

表 9.4-7　　　　　正常运行工况 DB-TY-1 下地基冰水沉积物的最大渗透坡降

冰水沉积物名称	河床砂砾石坝	泄洪闸	厂房	左岸重力坝	允许渗透坡降
第 5 层（Q_3^{al}-Ⅳ$_2$）				0.121	0.25～0.30
第 6 层（Q_3^{al}-Ⅳ$_1$）		0.061	0.160	0.095	0.20～0.30
第 7 层（Q_3^{al}-Ⅲ）	0.056	0.053	0.198	0.066	0.15～0.20
第 8 层（Q_3^{al}-Ⅱ）	2.589	2.266	1.737	2.580	0.30～0.40
第 9 层（Q_3^{al}-Ⅰ）	0.204	0.154	0.149	0.139	0.20～0.30
第 10 层（Q_2^{fgl}-Ⅴ）	0.115	0.106	0.102	0.097	0.20～0.30
第 11 层（Q_2^{fgl}-Ⅳ）	0.097	0.085	0.076	0.078	0.25～0.30
第 12 层（Q_2^{fgl}-Ⅲ）	0.089	0.076	0.068	0.068	0.35～0.45
第 13 层（Q_2^{fgl}-Ⅱ）	0.063	0.047	0.045	0.038	0.30～0.35
第 14 层（Q_2^{fgl}-Ⅰ）	0.037	0.032	0.030		0.30～0.40
渗流出口	0.026	0.100			

综合分析，认为冰水沉积物土体满足渗透稳定要求。

工况 DB-TY-1～工况 DB-TY-4 上下游水头分别是 21.47m、20.11m、13.74m 和 15.97m，与工况 DB-TY-1 相比，工况 DB-TY-2～工况 DB-TY-4 的上下游水头均有所减小，因此，各坝段料区的渗透坡降均有所减小。

可以看出，正常蓄水位 DB-TY-1 为控制工况。

在正常运行工况 DB-TY-1 下，右岸防渗帷幕的最大平均渗透坡降为 2.647，左岸防渗墙 16.05。防渗帷幕的允许渗透坡降为 10～20，防渗墙体允许渗透坡降为 80～100。因此，计算值是安全的。

在河床砂砾石坝段，下游出逸坡降为 0.026，出现在下游出逸点的砂砾石区浸润面附

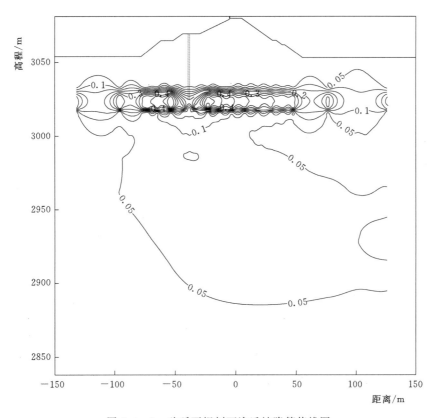

图 9.4-8 砂砾石坝剖面渗透坡降等值线图

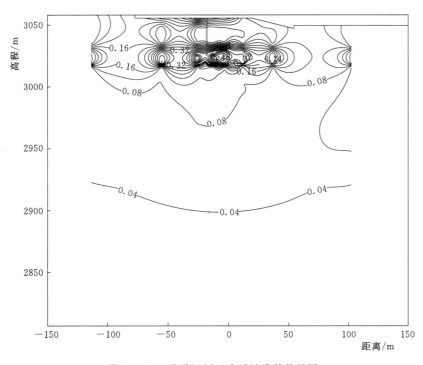

图 9.4-9 泄洪闸剖面渗透坡降等值线图

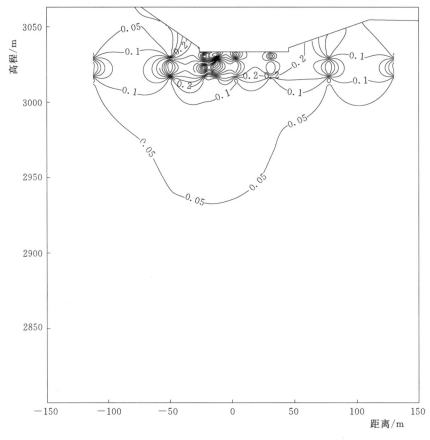

图 9.4-10 厂房剖面渗透坡降等值线图

近，地基（不包含 Q_3^{al} - Ⅱ地层）最大渗透坡降 0.204，出现在 Q_3^{al} - Ⅰ地层顶部防渗墙附近。

在工况 DB-TY-1 下，在泄洪闸段，地基（不包含 Q_3^{al} - Ⅱ地层）的最大渗透坡降为 0.154，出现在 Q_3^{al} - Ⅰ地层顶部防渗墙附近；泄洪闸左侧基础为置换砂卵石段，右侧为振冲处理段，对于渗流水平段地基，偏安全按规范粗砂允许值考虑为 0.13～0.17，由于下游设置反滤措施，按 30％加大，为 0.169～0.22，是满足规范要求的。出口段细砂规范允许值为 0.4～0.45，显然是满足的。

厂房段为砂卵石基础，并进行了灌注桩、旋喷处理，对于渗流水平段地基，偏安全。按规范粗砾加卵石允许值考虑为 0.22～0.28，由于下游设置反滤措施，按 30％加大，为 0.286～0.364，是满足规范要求的。出口段细砂规范允许值为 0.5～0.55，显然是满足的。

在混凝土闸坝段，地基（不包含 Q_3^{al} - Ⅱ地层）的最大渗透坡降为 0.139，出现在 Q_3^{al} - Ⅰ地层顶部防渗墙附近。该段为回填砂卵石基础，对于渗流水平段地基，按规范粗砾加卵石允许值考虑，为 0.22～0.28，是满足规范要求的。出口段细砂规范允许值为 0.5～0.55，显然是满足的。

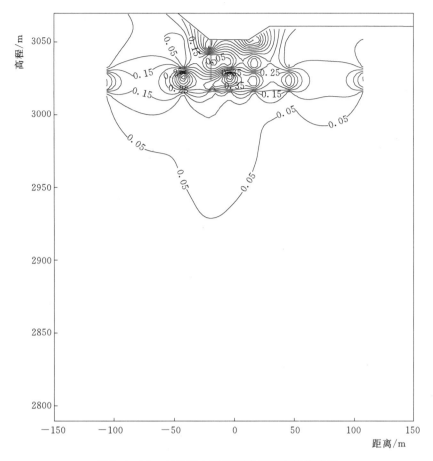

图 9.4-11 左岸重力坝剖面渗透坡降等值线图

因此，无论是土体内部还是渗流出口，均不会发生渗透破坏。

3. 渗透流量

计算域各部分的渗透流量见表 9.4-8。由表可见，在总渗透流量中，坝体的渗透流量所占比例较小，泄洪闸、厂房和混凝土闸坝的渗漏量可忽略，水库渗漏主要是由各段的地基渗透和两岸山体渗透产生的。

表 9.4-8　　　　　方案各种工况下计算域内各部分的渗透流量　　　　　单位：m^3/d

工况编号	左岸山体	重力坝段	厂房基础	闸室基础	砂砾石坝体	砂砾石坝基	右岸山体（下部）	右岸山体（上部）	总渗透流量
DB-JY-1	495.24	493.75	152.32	528.47	150.47	1718.78	565.24	1942.75	6151.08
DB-JY-2	463.90	466.54	141.45	496.25	140.78	1609.34	531.26	1721.64	5571.16
DB-JY-3	344.19	343.78	104.24	367.75	103.76	1197.79	394.26	1429.94	4285.71
DB-JY-4	371.43	375.56	113.76	396.36	112.47	1290.22	426.89	1523.49	4619.18

注　右岸山体渗透流量为两部分，下部表示帷幕顶高程以下部分，上部表示帷幕顶高程以上部分。

综上所述，基础防渗处理方案各层不会发生渗透破坏，总渗漏量约为 $6151.08m^3/d$，占多年平均径流量的比例不到 0.015%，完全满足水库蓄水运行要求。因此，满足确定的防渗原则要求。

9.4.7 三维渗流数值模拟分析

依托该水电站工程，在方案比较基础上，针对推荐方案，采用三维非稳定饱和-非饱和渗流有限元计算分析程序 CNPM3D 进行了分析计算，以下仅针对泄洪闸坝段水头变化和渗透坡降变化规律进行分析论述。

9.4.7.1 坝基的水头变化特征

闸坝基础典型剖面冰水沉积物中（不含防渗墙，以下各图同此）的水头等值线如图 9.4-12 所示，从水头等值线的负梯度方向可以看出冰水沉积物中的渗流始于库底垂直入渗，穿过各层，绕过防渗墙底部，以向上方向进入下游河床表面。当然，防渗墙前后存在较大水头差，防渗墙混凝土是渗透性较小的多孔介质，渗流也通过防渗墙从其上游进入其下游。渗透系数越小，水头等值线最密集，而渗透系数越大，等水头线越稀疏。

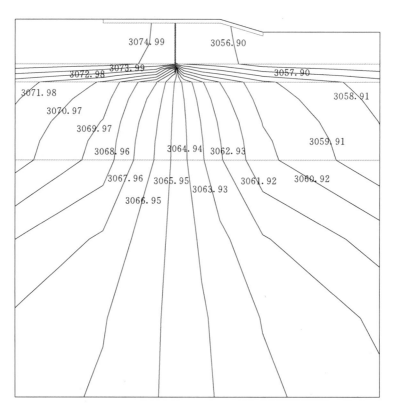

图 9.4-12　泄洪闸基剖面 $y=50m$ 位势分布图（单位：m）

防渗墙上、下游面冰水沉积物内的水头等值线有较大衰减，正常工况防渗墙削减的水头分别为 13.90m，墙后水头折减系数约为 0.4，说明防渗墙对于水头折减效果明显。

9.4.7.2 坝基的渗透坡降与内部侵蚀风险判别

在正常运行工况 1 下，砂砾石坝、泄洪闸、厂房以及副坝地基的最大渗透坡降均发生在 Q_3^{al}-Ⅱ 地层防渗墙附近。水电站工程该部位渗透坡降分别为 2.589、2.266、1.737 和 2.580，均大于该地层的允许渗透坡降值 0.30~0.40，但考虑到最大渗透坡降发生的部位埋深较大，上部第7层 Q_3^{al}-Ⅲ地层为冲击砂卵砾石层，可以起到一定的反滤作用，而第8层 Q_3^{al}-Ⅱ地层为细砂层，级配良好，即使防渗墙端部有少量细粒随渗透水流产生位移，在周围土体的围压作用下，在离开防渗墙端部后位移会迅速较小，土体重新稳定。综合分析，认为该层土体满足渗透稳定要求。

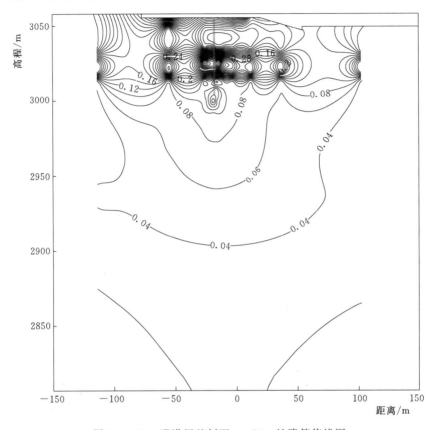

图 9.4-13　泄洪闸基剖面 $y = 50\text{m}$ 坡降等值线图

10 冰水沉积物坝基及大坝整体抗滑稳定 *

冰水沉积物坝基的抗滑稳定主要是沿接触面及坝基应力范围内的砂夹砾石、粉细砂、淤泥质黏性土等软弱夹层的抗滑稳定。一般的砂卵石坝基抗剪强度是能够满足坝基抗滑稳定要求的，但当砂卵石含量高、粒径小、磨圆度好时，应重视接触面的抗剪强度。尤其是持力层范围内黏性土、砂性土等软弱土层埋深、厚度、分布和性状，确定土体稳定分析的边界条件，分析可能滑移模式，确定计算所需的土体物理力学参数，根据现有公式选择合适的稳定性分析方法进行计算，综合评价抗滑稳定问题，提出地质处理建议。

10.1 大坝稳定三维有限元计算分析

以西藏尼洋河某水电站为例，采用邓肯-张 E-B 模型，进行三维有效应力有限元方法，分析了砂砾石坝在静、动力条件下的应力变形特性，为确定最终处理方案提供支持。

10.1.1 静力计算模型

堆石料骨架模型为邓肯-张 E-B 模型，混凝土结构和土工膜均采用线弹性模型，只是膜单元无抗弯曲变形能力，只有抗拉能力，防渗结构与周围土体之间的相互作用采用接触摩擦单元进行模拟。

10.1.1.1 邓肯-张 E-B 非线性模型

（1）该模型包含两个基本变量：切线杨氏模量 E_t 和切线体积模量 K_t，分别表示为

$$E_t = K P_a \left(\frac{\sigma_3}{P_a} \right)^n (1 - R_f S_1)^2 \qquad (10.1-1)$$

$$K_t = K_b P_a \left(\frac{\sigma_3}{P_a} \right)^m \qquad (10.1-2)$$

$$S_1 = \frac{(\sigma_1 - \sigma_3)(1 - \sin\varphi)}{2c\cos\varphi + 2\sigma_3\sin\varphi} \qquad (10.1-3)$$

式中　P_a——大气压；

　　　K——杨氏模量系数；

　　　n——切线杨氏模量 E_t 随围压 σ_3 增加而增加的幂次；

　　　R_f——破坏比；

　　　K_t——切线体积模量；

　　　S_1——应力水平；

　　　c——土体黏聚力；

---

* 本章由周恒、任苇、焦健、赵志祥执笔，狄圣杰校对。

φ——土体内摩擦角。

（2）邓肯-张 E-B 模型的加卸荷准则。设定加载函数：

$$S_s = S_l \sqrt[4]{\frac{\sigma_3}{P_a}} \qquad (10.1-4)$$

记 S_s 历史上最大值为 S_{smax}，按现有的 σ_3 计算出最大应力水平 $S_c = S_{smax} \bigg/ \sqrt[4]{\frac{\sigma_3}{P_a}}$，然后将 S_c 与土体当前应力水平 S 进行比较：①如果 $S \geqslant S_c$ 则为加载状态，$E = E_t$；②如果 $S \leqslant 0.75S_c$ 则为全卸载状态，$E = E_{ur}$；③如果 $0.75S_c < S < S_c$ 则为部分卸载。

（3）杨氏模量按下式内插：

$$E = E_t + (E_{ur} - E_t)\frac{S_c - S}{0.25S_c} \qquad (10.1-5)$$

（4）对粗粒料来说，$c=0$，φ 按下式计算（φ_0、$\Delta\varphi$ 为材料参数，由三轴试验结果确定）：

$$\varphi = \varphi_0 - \Delta\varphi \lg\left(\frac{\sigma_3}{P_a}\right) \qquad (10.1-6)$$

邓肯-张 E-B 模型有 7 个模型参数，分别为 K、n、R_f、c、φ、K_b 和 m，可由常规三轴试验结果整理得出。

对于卸荷情况，回弹模量按下式计算：

$$E_{ur} = K_{ur}P_a\left(\frac{\sigma_3}{P_a}\right)^n \qquad (10.1-7)$$

10.1.1.2 线弹性模型

线弹性模型应力应变关系符合广义胡克定律。应力矩阵中，$d_1 = \lambda + 2G$，$d_2 = \lambda$，$d_3 = G$。λ 为拉密系数，与弹性模量 E 和弹性泊松比 ν 有关：

$$\left. \begin{array}{l} \lambda = \dfrac{E\nu}{(1+\nu)(1-2\nu)} \\ G = \dfrac{E}{2(1+\nu)} \end{array} \right\} \qquad (10.1-8)$$

10.1.1.3 接触面模型

接触面之间的相互作用包括两部分：一是接触面法向作用，二是接触面切向作用。

1. 接触面法向模型

该工程研究区域主要为混凝土面与土体的接触，所以在法向接触采用硬接触，即压力直接传递，没有衰减。因而，接触面压力可以表示为当 $p=0$，$h<0$ 时，接触面分离；当 $p>0$，$p=0$ 时两接触面发生接触。以接触面为边界条件，采用带阈值的修正 Lagrange 乘子法，得到接触压力实际功为

$$\delta\Pi = \delta ph + p\delta h \qquad (10.1-9)$$

式（10.1-9）写成微分式为

$$\mathrm{d}\delta\Pi = \delta p\,\mathrm{d}h + \mathrm{d}p\,\delta h \qquad (10.1-10)$$

2. 接触面切向模型

当接触面处于闭合状态时，接触面存在摩擦力。若摩擦力小于某一极限值 τ_{crit} 时，认

为接触面处于黏结状态；若摩擦力大于 τ_{crit} 后，接触面开始出现滑移，认为处于滑移状态。

$$\tau_{\text{crit}} = \mu p \qquad (10.1-11)$$

式中　μ——摩擦系数，可以随剪切速率、温度或其他场变量变化。

在某些情况下，接触压力可能比较大，导致极限剪应力也比较大，可能超过结构体真正能承受的值，此时必须指定一个所容许的最大剪应力 τ_{max}，此时最大 τ_{crit} 表示为

$$\tau_{\text{crit}} = \min(\mu p, \tau_{\text{max}}) \qquad (10.1-12)$$

由于考虑摩擦，求解方程组会添加不对称项，一般来说当 $\mu < 0.2$ 时，不对称项的值及其影响很小，可以采用对称求解器求解，其他须采用非对称求解器求解，否则会导致求解不收敛。τ_{max} 一般可以采用式（10.1-13）计算：

$$\tau_{\text{max}} = \sigma_{\text{M}} \qquad (10.1-13)$$

式中　σ_{M}——桩身材料的 Mises 屈服应力。

对于接触面各向异性材料，给定不同方向的摩擦系数 μ_1、μ_2，式（10.1-13）稍加推广即可应用。

在理想状况下，接触面在滑移状态之前没有产生剪切变形，因而这会导致数值计算收敛上的困难，为此需要对数值进行光滑处理——引入弹性滑移变形。弹性滑移变形是指两接触表面黏结在一起时，容许接触面发生少量的相对滑移变形。一般弹性滑移变形由接触面单元长度确定，然后选择摩擦计算方法中的刚度。

10.1.2　动力计算模型

计算方法为动力时程法，模型采用等价黏弹性模型，动水压力采用附加质量模拟，地震永久变形和振动孔隙水压力均按沈珠江提出的经验模式考虑。

10.1.2.1　动力方程

地震动力问题的平衡方程式可表示为

$$[M]\{\delta''(t)\} + [C]\{\delta'(t)\} + [K]\{\delta(t)\} = -[M] \cdot [G]\{a_g(t)\} \qquad (10.1-14)$$

其中　　　　　　　$\{a_g(t)\} = [a_{gx}(t)\ a_{gy}(t)\ a_{gz}(t)]^{\text{T}}$

式中　$\{a_g(t)\}$——输入的各个时刻的地震加速度；

　　　$\{\delta''(t)\}$——t 时刻各个结点的反应加速度；

　　　$\{\delta'(t)\}$——t 时刻各个结点的速度；

　　　$\{\delta(t)\}$——t 时刻各个结点的位移；

$[M]$、$[C]$、$[K]$、$[G]$——整体质量矩阵、整体阻尼矩阵、整体劲度矩阵和转换矩阵。

在式（10.1-14）中，整体质量矩阵 $[M]$ 可由单元质量矩阵 $[m]^e$ 集合而成；整体阻尼矩阵 $[C]$ 由单元阻尼矩阵 $[c]^e$ 集合而成，假定阻尼力由运动量和内部黏滞摩擦两部分组成，即

$$[c]^e = \lambda\omega[m]^e + \lambda/\omega[k]^e \qquad (10.1-15)$$

式中　ω——可取第一振型自振频率；

　　　λ——各单元的阻尼比；

　　　$[k]^e$——单元劲度矩阵，整体劲度矩阵 $[K]$ 即由 $[k]^e$ 集合而成。

动力情况下的单元劲度矩阵在形式上与静力情况下是一致的，不同的是动力情况下基

本变量由杨氏模量 E 改为剪切模量 G。

剪切模量 G 是动力非线性的，其求解与采用的动力计算模型有关。

10.1.2.2　等价黏弹性模型

动力分析方法大体上可以分为两类：一类是基于等价黏弹性模型的等效线性分析方法；另一类是基于黏弹塑性的非线性分析方法。从实用的角度出发，本次动力计算采用等价黏弹性模型进行。等价黏弹性模型的原理就是把循环荷载作用下应力-应变曲线实际滞回圈用倾角和面积相等的椭圆代替，并由此确定黏弹性体的两个基本变量剪切模量 G 和阻尼比 λ，如图 10.1-1 所示。

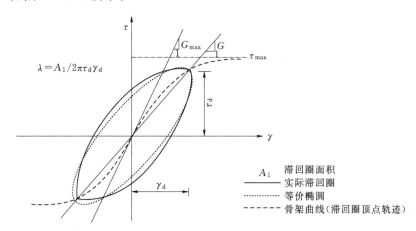

图 10.1-1　等价黏弹性模型

计算中动力剪切模量 G 和阻尼比 λ 计算式为

$$G = \frac{k_2}{1+k_1\gamma_d} P_a \left(\frac{\sigma_m}{P_a}\right)^{n'} \tag{10.1-16}$$

$$\lambda = \frac{k_1\overline{\gamma}_d}{1+k_1\overline{\gamma}_d}\lambda_{max} \tag{10.1-17}$$

式中　σ_m——应力平均值，$\sigma_m = (\sigma_1 + \sigma_2 + \sigma_3)/3$；

$\quad\gamma_d$——动剪应变幅值；

k_1、k_2——动剪模量常数；

λ_{max}——最大阻尼比；

$\overline{\gamma}_d$——归一化的动剪应变，表示为 $\overline{\gamma}_d = \gamma_d \left/ \left(\frac{\sigma_m}{P_a}\right)^{1-n'}\right.$。

参数 k_1、k_2、λ_{max} 可由常规动力三轴试验测定；动模量常数 k_1、k_2 从动弹模 E_d 与动应变 ε_d 的试验曲线，经过转换整理得出；λ_{max} 以阻尼 λ 与动应变 ε_d 的试验曲线整理。

10.1.2.3　地震永久变形模式

由地震产生的永久变形有多种不同的计算方法，非线性分析能够直接计算出永久变形，等价黏弹性模型分析大多采用半经验分析方法。半经验分析方法主要分为两类：一类是基于 Newmark 屈服加速度概念的刚体滑动法；另一类是采用有限元分析加等效结点力的方法。计算时，地震永久变形根据应力水平、动剪应变幅值和等效振动次数按经验公式计算：

$$\Delta \varepsilon_v = c_1 (\gamma_d)^{c_2} \exp(-c_3 S_1) \frac{\Delta N_L}{1+N_L} \qquad (10.1-18)$$

$$\Delta \gamma_s = c_4 (\gamma_d)^{c_5} S_1 \frac{\Delta N_L}{1+N_L} \qquad (10.1-19)$$

式中 ΔN_L、N_L——等效振动次数增量及其累加量；

$c_1 \sim c_5$——计算参数，由残余变形试验即不同应力状态下轴向应变与振动次数的关系曲线和体积应变与振动次数的关系曲线得出。

10.1.2.4 振动孔隙水压力模式

振动孔隙水压力按经验计算公式为

$$\Delta u = K_u \Delta \varepsilon_v \qquad (10.1-20)$$

$$K_u = K_{ur} P_a \left(\frac{\sigma_m'}{P_a} \right)^m \qquad (10.1-21)$$

式中 K_u——回弹体积模量；

K_{ur}——回弹模量参数。

10.2 计算参数选取

10.2.1 坝料和冰水沉积物计算参数

坝基冰水沉积物第 7 层、第 9～13 层静力计算参数根据三轴固结排水试验成果确定，其他材料参数根据工程类比确定。考虑到室内试验采用中三轴，粗粒料缩尺效应影响较大，且试验密度普遍未达到平均密度，因此试验整理出的模量系数等参数略为偏低，故实际计算中，根据工程经验将其模量系数提高 1.05～1.25 倍，最后采用的计算参数见表 10.2-1。动力计算参数见表 10.2-2。

表 10.2-1　　　　　坝料和冰水沉积物邓肯-张 E-B 模型参数

材料	K_v /(m/s²)	K_N /(kN/m³)	R_f	φ_0 /(°)	$\Delta \varphi$ /(°)	K	K_{ur}	n	K_b	m
覆 14	2.50×10^{-7}	21.7	0.72	40	2.5	600	1200	0.35	300	0.25
覆 13	8.35×10^{-7}	21.5	0.8	45.1	5.8	1113	2226	0.24	412	0.17
覆 12	3.26×10^{-7}	20.0	0.85	45.6	10.2	966	1932	0.44	320	0.37
覆 11	1.70×10^{-6}	21.3	0.65	47.6	6.1	1056	2112	0.28	434	0.26
覆 9、覆 10	1.14×10^{-5}	21.3	0.72	44.3	·1.7	746	1492	0.35	350	0.35
覆 8	5.89×10^{-7}	19.2	0.80	32.0	0	350	700	0.29	175	0.35
覆 7	8.49×10^{-5}	19.9	0.64	44.7	2	666	1332	0.24	330	0.20
覆 6	5.48×10^{-6}	18.8	0.83	27.0	0	300	600	0.30	150	0.35
覆 2	2.22×10^{-4}	21.4	0.7	45.5	9.5	745	1490	0.35	360	0.25

续表

材料	K_v /(m/s²)	K_N /(kN/m³)	R_f	φ_0 /(°)	$\Delta\varphi$ /(°)	K	K_{ur}	n	K_b	m
覆4	4.46×10^{-6}	21.0	0.8	41.8	5.9	480	960	0.37	240	0.20
围堰砂砾石	5.00×10^{-4}	22.0	0.72	53	11.2	814	1628	0.233	204	0.19
坝体砂砾石	2.00×10^{-4}	21.8	0.70	50.2	8.9	962	1924	0.402	552	0.20
排水体	2.00	20.5	0.89	47	3.8	1239	2478	0.452	323	0.31
振冲碎石桩①	4.93×10^{-5}	19.2	0.80	28.5	0	350	700	0.30	175	0.35
振冲碎石桩②	4.80×10^{-5}	19.1	0.80	28.1	0	336	672	0.30	168	0.35

表 10.2 - 2 坝料和冰水沉积物动力计算参数

材料	K_2	ρ_{max} /%	γ_d	K_1	n	c_1	c_2	c_3	c_4	c_5
覆14	1250	25	0.45	16.5	0.41	0.98	0.95	0	9.85	0.95
覆13	1977.4	23.1	0.45	38.9	0.39	0.95	0.90	0	5.18	1.14
覆12	1576.8	23.5	0.45	19.3	0.49	1.48	1.22	0	3.82	0.94
覆11	1809.5	23.3	0.45	37.9	0.44	1.08	0.99	0	3.67	0.9
覆9、覆10	1007.5	23.6	0.45	11.9	0.22	0.92	0.97	0	4.41	1.15
覆8	460	26	0.45	3.7	0.533	0.97	1.52	0	7.28	1.37
覆7	817.5	24	0.45	15.7	0.35	0.39	1.26	0	0.78	0.79
覆6	420	27	0.45	3.0	0.556	1.01	1.56	0	7.53	1.37
覆2	1490	25	0.45	16.5	0.42	0.96	0.87	0	9.50	0.85
覆4	960	26	0.45	13.5	0.48	1.10	0.95	0	9.90	0.98
围堰砂砾石	1630	24	0.35	29	0.32	0.70	0.76	0	7.4	0.8
坝体砂砾石	2000	23	0.35	29	0.35	0.59	0.76	0	6.2	0.8
排水体	2200	21	0.35	25	0.34	0.7	0.73	0	6.6	0.8
振冲碎石桩①	700	25.5	0.35	20	0.37	0.95	0.96	0	6.9	1.03
振冲碎石桩②	675	25.5	0.35	20	0.37	0.98	0.96	0	7.0	1.03

闸室地基采用振冲碎石桩处理，桩径为80cm，横、纵向桩间距均为2m；砂砾石坝部分坝基也考虑采用振冲碎石桩处理，桩径为100cm，横、纵向桩间距均为3m；两振冲碎石桩处理区域均按复合地基考虑，前者置换率约为12.5%，后者置换率约为9%，两者的强度和模量取其等效值。表10.2-1和表10.2-2中振冲碎石桩①对应闸室地基的振冲碎石桩加固区复合地基，振冲碎石桩②对应砂砾石坝地基的振冲碎石桩加固区复合地基。

10.2.2 混凝土结构和复合土工膜计算参数

泄洪闸混凝土强度等级 C25，弹性模量、泊松比和容重分别为 $E=28\text{GPa}$，$\nu=0.167$，$\gamma=24.5\text{kN/m}^3$。防渗墙混凝土强度等级 C20，弹性模量、泊松比和容重分别为 $E=25.5\text{GPa}$，$\nu=0.167$，$\gamma=24.5\text{kN/m}^3$。复合土工膜为两层土工织物和一层土工膜，规格为 $300(\text{g/m}^2)/0.5\text{mm}/300(\text{g/m}^2)$，弹性模量、泊松比和容重分别为 $E=46.6\text{MPa}$，$\nu=0.40$，$\gamma=0.006\text{kN/m}^3$。

根据《水工建筑物抗震设计规范》（GB 51247—2018）相关要求，抗震分析中，混凝土的动态抗压强度和动态弹性模量的标准值可较其静态标准值提高 30%；混凝土的动态抗拉强度可取为动态抗压强度标准值的 10%；混凝土的动态抗剪强度参数的标准值可取静态标准值，当拟静力法采用计算地震作用效应时，应取静态均值；各类极限状态下的材料动态性能的分项系数可取静态作用下的值。混凝土材料力学参数设计采用值见表 10.2-3。

表 10.2-3   混凝土材料力学参数

强度等级	弹性模量/GPa	泊松比 ν_c
C20	25.5	0.167
C25	28.0	0.167

动力计算参数取值为：防渗墙（C20），$G_d=28.4\text{GPa}$，$\lambda_{max}=0.05$；闸室（C25），$G_d=31.2\text{GPa}$，$\lambda_{max}=0.05$；土工膜（300/0.5/300），$G_d=0.23\text{GPa}$，$\lambda_{max}=0.05$。

计算中混凝土结构与土体之间接触面摩擦系数采用 0.5，土工膜与土体之间接触面摩擦系数采用 0.2。

10.3 单元离散、模拟方法及计算方案

10.3.1 有限元网格剖分

在进行三维有限元网格剖分时，实体单元采用八结点六面体等参单元，为适应边界条件以及坝料分区的变化，部分退化成四结点或六结点单元。图 10.3-1 为某水工程三维有限元网格图，其中，图 10.3-1（a）为下游未设置反压平台方案网格图，实体单元数为 20880，结点数为 22870；图 10.3-1（b）为下游设置反压平台方案网格图，实体单元数为 21709，结点数为 23844。该模型的坐标系为：X 为顺河向，指向下游为正；O 点位于坝轴线坝上下 0+000.00；Y 为轴向，指向左岸为正；Z 为竖向，向上为正。计算域为：顺河向上、下游截断边界距坝轴线 200m；轴向右岸取至 A 控制点，左岸为截断边界，距 A 点 430m；垂直向取至基岩面。

本书旨在研究砂砾石坝坝基砂层液化问题，因此建模主体为砂砾石坝和坝基冰水沉积物，对左侧的闸室、挡墙等结构做简化处理，只模拟底板单元，上部结构按施加分布荷载考虑。

10.3.2 分级加载模拟和地震动输入

有限元计算时模拟填筑、蓄水顺序为：冰水沉积物→坝基防渗墙→泄洪闸浇筑→围堰填筑（施工时间 4 个月）→间隔 2 个月→砂砾石坝坝体填筑（施工时间 4.5 个月）→蓄水至正常蓄水位 3076.00m 高程。计算时共分 31 级，模拟施工和蓄水过程。

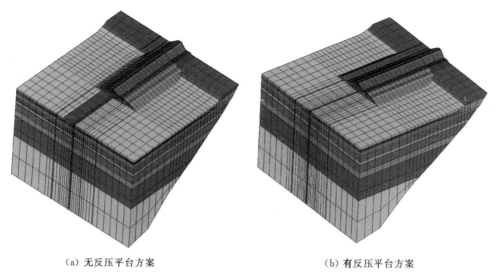

（a）无反压平台方案 　　　　　　　　（b）有反压平台方案

图 10.3-1　某水工程土工膜防渗砂砾石坝有限元网格剖分图

在得出正常蓄水位情况下坝体的应变、应力分布后，假定某一时刻发生地震，该工程地震动采用人工合成地震波。

地震动输入是工程结构抗震分析的基础，地震动输入的可靠性水平在很大程度上决定了结构抗震安全评价结论的可靠性水平。但至今为止，场址地震动输入尚未有确切和统一的方法。地震动输入一般有两类：一类是以场地反应谱为目标谱的人工合成地震波；另一类是以规范给定反应谱为目标谱的人工合成地震波。

10.3.3　计算方案

（1）基本方案大坝标准设计剖面图见图 10.3-2。

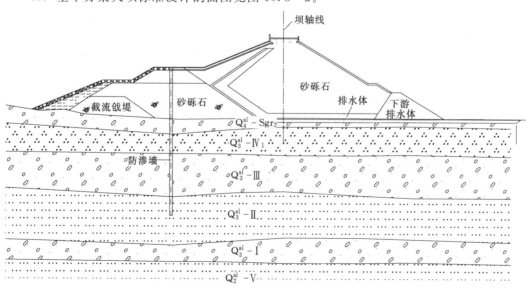

图 10.3-2　基本方案大坝标准设计剖面图

（2）反压平台加振冲桩方案，平台顶高程为 3062.00m，顶宽 25m，振冲碎石桩范围为坝下 0+068.00～坝下 0+088.00，深度为 15m，标准设计剖面图见图 10.3-3。

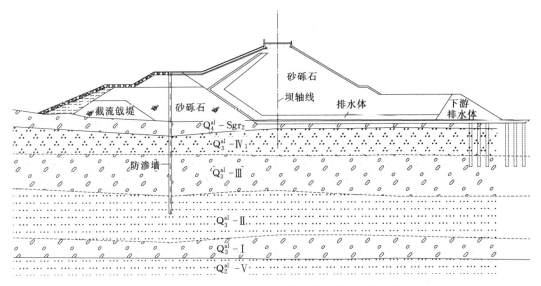

图 10.3-3　反压平台加振冲桩方案大坝标准剖面图

10.3.4　反压平台加振冲桩方案

图 10.3-4 给出了方案设计地震工况下坝右 0+220.00 剖面砂层的 $(\tau_d)_{eff}/(\tau_d)_l$ 分布。在反压平台坝脚附近 20m 范围内采用振冲碎石桩处理，除了该区域附近砂层 $(\tau_d)_{eff}/(\tau_d)_l$ 稍有减小外，其他部位砂层 $(\tau_d)_{eff}/(\tau_d)_l$ 基本无变化。

$(\tau_d)_{eff}/(\tau_d)_l$

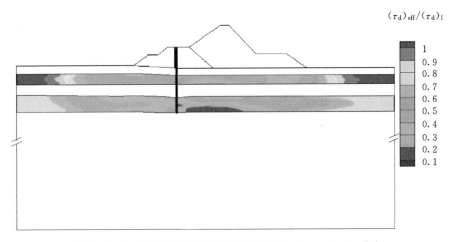

图 10.3-4　坝右 0+220.00 剖面坝基砂层 $(\tau_d)_{eff}/(\tau_d)_l$ 分布

图 10.3-5 为砂层的振动孔压分布。该方案除了振冲桩处理区域附近砂层的振动孔压有所减小外，其他部位的孔压变化很小。第 6 层砂层振动超静孔隙水压力最大值为 59kPa。该振动孔压与上覆荷载的比值分布见图 10.3-6。由图可见，基础上采用振冲桩处理下游坝脚区域，该区域附近砂层液化度有所减小。

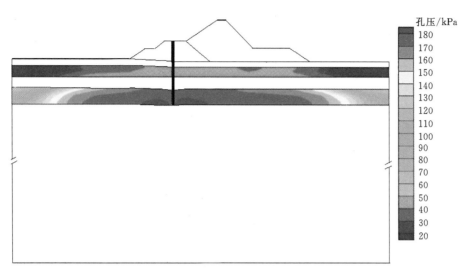

图 10.3-5 坝右 0+220.00 剖面坝基砂层振动孔压分布

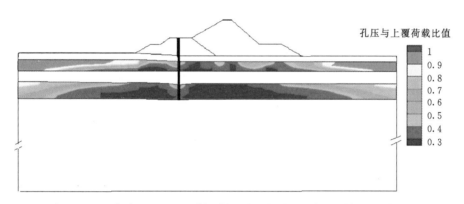

图 10.3-6 坝右 0+220.00 剖面坝基砂层振动孔压与上覆荷载比值分布

根据上述孔压分布，下游坝坡抗滑稳定计算成果见图 10.3-7。由图可见，地震情况

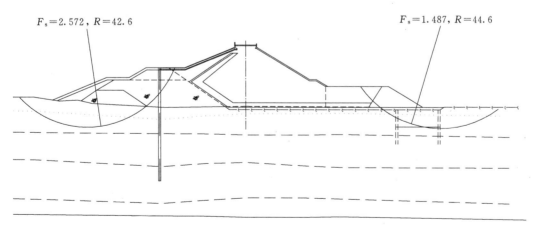

图 10.3-7 坝坡抗滑稳定分析成果（毕肖普有效应力法）

下，上游坝坡安全系数为 2.572，下游坝坡安全系数为 1.487，上、下游坝坡安全系数均满足规范要求。采取振冲桩处理后，坝体安全性有所提高，因为振冲桩桩间距较大，置换率较小，该区域复合地基的强度和模量等参数有小幅提高，同时碎石桩的存在也一定程度降低了附近的振动孔隙水压力。

11 冰水沉积物坝基变形稳定 *

11.1 坝基变形破坏类型及稳定评价

11.1.1 坝基变形破坏的类型

冰水沉积物坝基变形破坏的基本类型包括压密变形和剪切变形两大类。

（1）压密变形。不均匀沉降和变形过大是坝基最常见的两种变形，变形主要原因是地基夯实强度不够，地基强度低、压缩量大，膨胀土的膨胀，黄土的湿陷性变形，不均匀土、厚度变化较大等。

（2）剪切变形。主要为坝基的滑移挤出。其原因是地基强度不够，出现下沉和剪切挤出，或是倾斜的软弱夹层出现滑移和剪切挤出。

11.1.2 坝基变形的稳定评价

11.1.2.1 变形（压缩）稳定的定性评价

坝基变形是在外荷作用下，使坝基土压密变形，从而引起基础和上部建筑物的沉降。为此，合理确定坝基土的承载能力及变形控制标准，是坝基变形稳定评价的两个重要方面。运用试验方法确定承载力指标 P_{kp}（比例极限）、P_{np}（极限荷载或破坏荷载）、E（变形模量）等时，要注意其代表性，即试验点的布置应结合坝基土的不均匀性及不同的建筑部位来考虑。

冰水沉积物砂卵石为松散地层，且常含有粉细砂等软弱夹层，压缩变形较大，同时由于结构的不均一性，还会产生不均匀变形。过大的沉降和不均匀沉降对上部水工建筑物的影响较大，因此在查明坝基冰水沉积物结构及压缩变形特性的基础上，应对坝基持力层的均一性、沉降和不均匀沉降做出合理评价。

对影响冰水沉积物坝基变形稳定因素的分析研究，应从冰水沉积物的成因类型、岩性特征、密实（或固结、胶结）度、厚度及展布特征、物理力学参数以及基岩顶板形态等方面进行。研究重点包括以下几个方面：

（1）坝基结构均一性差。冰水沉积物的粗细颗粒分布不均，或局部细颗粒集中，或局部粗颗粒明显架空，且颗粒岩性和强度差异较大等，是导致冰水沉积物坝基产生不均匀沉降的主要原因。

（2）坝基承载性能差。由于冰水沉积物结构疏松且不均一，若冰水沉积物中细粒含量较多，则骨架作用不显著，以致坝基冰水沉积物承载力不高，变形模量较低。

（3）冰水沉积物结构层次复杂。在坝基附加应力影响深度范围内含有较多的厚薄不等、分布不均、易变形的黏性土、淤泥类土和易液化的砂性土等特殊土，导致冰水沉积物

＊ 本章由周恒、焦健、任苇、赵志祥执笔，狄圣杰校对。

工程地质条件复杂。

（4）谷底基岩顶板形态起伏强烈。一般冰水沉积物河段多有深槽、深潭分布，形态各异，不对称状分布，导致水工建筑物影响范围荷载作用复杂。

在进行变形稳定评价时，应确定产生变形的土体边界条件、变形失稳模式、各土层的厚度、结构特征、空间分布、变形（压缩）模量和承载力参数，并根据已有经验公式进行计算，综合评价坝基变形稳定。

11.1.2.2　坝基承载力确定

确定冰水沉积物坝基土的容许承载力时，应考虑的影响因素有：①土的堆积年代；②土的成因类型；③土的物理、力学性质；④地下水的作用程度；⑤建筑物的性质、荷载条件及基础类型。可通过进行载荷试验、室内力学试验、钻孔原位测试（标贯、触探、旁压试验）等方法进行选取。

11.1.2.3　沉降量计算

坝基沉降量计算方法有分层总和法、经验系数法、简单土层的沉降量估算、按弹性理论公式计算、三向应力状态下沉降量的计算、有限元分析方法等。

对水工建筑物坝基基础的设计，除计算最终沉降量外，有时还需要知道基础的沉降过程，即沉降与时间的关系。对砂性土而言，压缩性较小，且由外荷载所引起的沉降在竣工期已基本完成，故一般不考虑其变形与时间的关系。饱和黏性土层的变形需要考虑与时间的关系，可按单向渗透固结理论计算或经验法等确定。

11.2　典型工程冰水沉积物坝基变形稳定评价

11.2.1　持力层承载力评价

西藏尼洋河某水电站大坝坝高 27m，建基面高程 3051m，坝顶高程 3078m，坝坡坡比为 1:3。根据室内试验，大坝填土饱和容重为 20kN/m³，所以建基面处大坝自重所产生的附加应力最大为 500kPa，沿河流方向呈等腰三角形分布。

根据坝址区冰水沉积物钻孔资料，坝址处 3055m 高程为冰水沉积物的第 2 层（含漂石砂卵砾石层 Q_4^{al}-Sgr_2）岩组，其承载力标准值为 450～500kPa，大坝最大附加应力大于该岩组的允许承载力，所以建基面处冰水沉积物的承载力不能满足工程要求。

11.2.2　冰水沉积物软弱土层承载力评价

将库水与大坝荷载进行叠加，坝轴线地质剖面示意和 B—B′ 剖面沉降计算位置示意见图 11.2-1 和图 11.2-2。坝基冰水沉积物中产生的附加应力分布如图 11.2-3 所示。

根据图 11.2-2 可知：坝基 Q₂ 地层埋深约在 40m 以下，其沉积时代较久，密实度较好，物理力学强度参数较高，可满足该工程相应规模沉降变形要求。

根据图 11.2-3 的应力分布可知：在坝体中心的 4—4′ 剖面上附加应力最大。

第 9 层埋深约 35m，此处的附加应力最大值约 480kPa，冰水沉积物承载力标准值满足要求；第 8 层承载力标准值为 350kPa，在坝体下部影响范围内的附加应力为 450kPa，附加应力大于承载力标准值；第 7 层岩土的承载力标准值为 400kPa，坝体下部相应部位的附加应力值大于其承载力。

综上所述，冰水沉积物坝基的加固处理应对第 8 层以上的区域进行加固，处理深度范

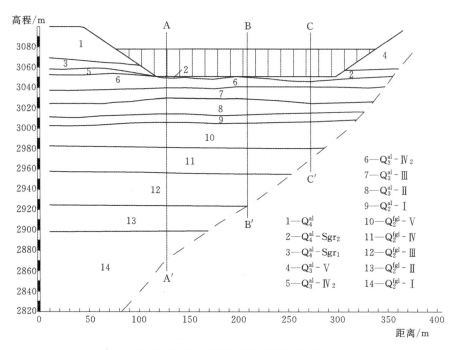

图 11.2-1 坝轴线地质剖面示意图

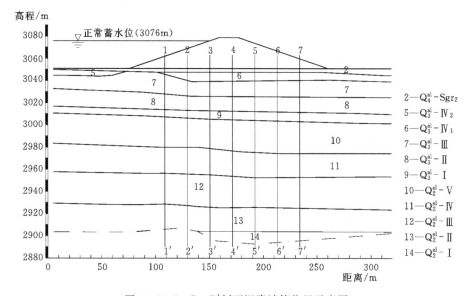

图 11.2-2 B—B′剖面沉降计算位置示意图

围以 30～35m 为宜，平面范围水平宽度约 150m。

11.2.3 冰水沉积物剪切破坏评价。

冰水沉积物坝基的剪切破坏是指局部位置土中产生的剪应力大于或等于该处坝基土的抗剪强度，土体处于塑性极限平衡状态。

根据数值模拟结果（见图 11.2-4～图 11.2-6），冰水沉积物中由大坝附加应力产生

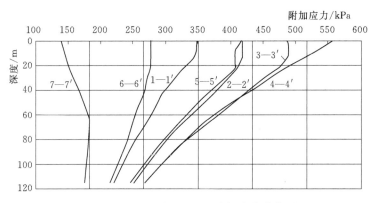

图 11.2-3 不同埋深岩层附加应力分布图

的剪切应力最大为 80~100kPa，分布位置大约在坝轴与坝趾之间，深度 30~80m 范围。在这个深度范围内冰水沉积物的垂直应力为 600~1600kPa，水平应力 300~800kPa。第 9 层、第 8 层、第 7 层的抗剪强度参数黏聚力为 0，第 9 层粗粒土的内摩擦角为约 30°，第 8 层和第 7 层的内摩擦角约 20°。由此可以确定冰水沉积物内各点的应力圆未与其强度包络线相交，所以坝基内各岩组的抗剪强度指标均满足要求。

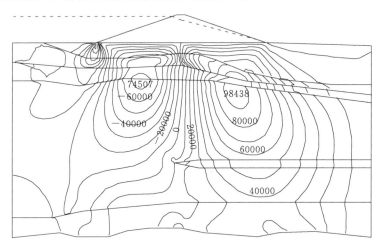

图 11.2-4 A—A′剖面剪应力分布图（单位：kPa）

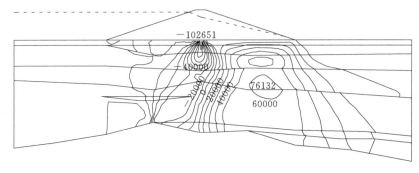

图 11.2-5 B—B′剖面剪应力分布图（单位：kPa）

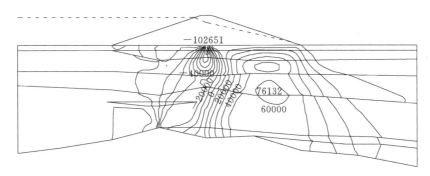

图 11.2-6 C—C′剖面剪应力分布图（单位：kPa）

11.2.4 沉降变形计算

根据前述，大坝坝基主要持力层为第 6～9 层，厚度埋深 30～40m。根据各层物理力学参数对大坝沉降变形进行定性计算分析。

11.2.4.1 计算方法

（1）规范推荐方法。采用规范中推荐的分层总和法，选取坝基纵向与横向的特征位置进行计算。坝基为非黏性土，计算公式为

$$S_\infty = \sum_{i=1}^{n} \frac{p_i}{E_i} h_i \qquad (11.2-1)$$

式中 S_∞——坝基的最终沉降量，m；

p_i——第 i 计算土层由坝体荷载产生的竖向应力，MPa；

E_i——第 i 计算土层的变形模量，MPa。

（2）数值模拟法。根据冰水沉积物大量的三轴试验，其应力-应变关系曲线可以用拟合双曲线表示，即邓肯-张双曲线。该曲线模型的方程是一种建立在广义胡克定律上的非线性弹性模型，使用简便，且与实际情况较为符合，在冰水沉积物坝基计算中广泛使用。

在邓肯-张本构模型中，土体单元的切线模量 E_t 由作用在单元上的应力 σ_1、σ_3 表示，故可以运用计算软件中的迭代程序，在线弹性模型下输入初始变形模量和泊松比（假定泊松比为常数）计算出模型单元的应力，然后将应力代入计算切线模量 E_t 作为下次应力计算的变形模量，重新计算模型的应力和变形，直至前后两次计算的差值小于某一较小定值为止。

11.2.4.2 计算模型

为了研究整个冰水沉积物坝基区内的沉降变形情况，结合大坝断面形态，沿大坝轴线选取三个剖面 A—A′、B—B′、C—C′，并在这三个剖面上取 7 个特征位置进行分层总和法计算沉降。

在大坝正常运行阶段，作用在坝基上的荷载为大坝自重和库水压力，沉降计算时库水压力只取作用在上游坝体的静水压力，不考虑库水垂直作用力对坝基的影响。将作用在上游坝体垂直于坡面的水压力分解为水平和垂直两个分力，由于沉降计算中只考虑了垂直作用力的压缩作用，并且上游坝体较缓，水平分力只垂直分力的 1/3，故在沉降计算中以垂直分力作为库水对坝基的作用力。

11.2.4.3 参数选取

根据冰水沉积物各岩组的试验资料，各岩组的物理力学参数见表11.2-1。

表11.2-1 不同层位各力学参数取值

力学参数	第9层	第8层	第7层	第6层	第5层
变形模量/MPa	55	22.5	27.5	35	12.5
泊松比	0.32	0.31	0.33	0.34	0.36

11.2.4.4 沉降变形计算结果

（1）分层总和法计算结果。对冰水沉积物各特征位置进行分层总和法计算，所得沉降量见表11.2-2。

表11.2-2 沉降量计算结果 单位：m

剖面	坝基沉降量						
	1—1′	2—2′	3—3′	4—4′	5—5′	6—6′	7—7′
A—A′	0.661	0.758	0.875	1.082	0.703	0.531	0.332
B—B′	0.723	1.078	1.224	1.303	1.044	0.650	0.326
C—C′	0.479	0.621	0.734	0.889	0.648	0.430	0.254

根据计算的结果可知，在顺河向大坝中部B—B′剖面沉降量最大，A—A′次之，C—C′最小，沉降差为0.22~0.41m；横河向坝体中心处坝顶沉降最大，上游坝趾次之，下游坝踵最小，坝顶与坝趾的沉降差为0.41~0.98m，计算结果与荷载分布情况符合。

纵剖面中，上游坝体各剖面的沉降梯度A—A′为0.66%、B—B′为0.90%、C—C′为0.64%，下游坝体各剖面的沉降梯度A—A′为1.16%、B—B′为1.59%、C—C′为1.02%，在横河向中部4—4′剖面沉降量最大。各剖面平均沉降梯度1—1′为0.23%、2—2′为0.56%、3—3′为0.60%、4—4′为0.46%、5—5′为0.52%、6—6′为0.25%、7—7′为0.06%。计算结果表明，沉降变形最大处位于坝体中心线处，其次为坝前坝趾处。

（2）数值模拟结果。顺河向选取A—A′、B—B′、C—C′剖面，横河向选取2—2′、4—4′、6—6′剖面，对各剖面地层进行网格离散划分，赋予各岩层相应的力学参数，采用线弹性模型，通过软件语言编写程序，完成邓肯-张模型的建立。在基-覆界面进行水平、垂直两个方向约束，两侧边界采用水平方向约束，模拟结果见图11.2-7和图11.2-8。

在A—A′、B—B′、C—C′纵剖面图上，最大沉降发生在大坝轴线位置，上游坝趾沉降相对中心处较小，下游坝踵沉降最小。在库水荷载影响下发生沉降的范围向上游地区延伸，最大水压力产生的沉降量约为坝轴线最大沉降的一半；同一剖面内，上游坝体区沉降梯度大于下游坝体区。

冰水沉积物厚度的不同。坝体荷载作用下，冰水沉积物沉降影响范围也不相同，冰水沉积物厚度大的剖面，载荷沉降影响范围大，作用延伸至坝趾以外，而冰水沉积物厚度相对较小的剖面，荷载沉降影响范围较小，只在坝基范围内。

在2—2′、4—4′、6—6′剖面上，沉降最大发生在坝轴剖面上，上游2—2′剖面较小，下游6—6′剖面最小。由于左岸冰水沉积物较右岸，沉降最大值出现在大坝横剖面中部偏

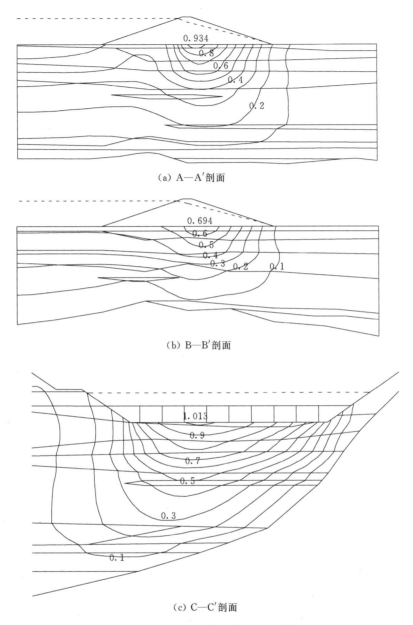

(a) A—A′剖面

(b) B—B′剖面

(c) C—C′剖面

图 11.2-7 顺河向沉降等值线图（单位：m）

左岸的位置，并且左岸坝肩处沉降量比右岸大。

（3）两种方法结果对比。两种方法判断出最大沉降发生在坝轴线处，上游坝体沉降量大于下游，最大沉降量都在 9.6cm 左右。两种方法计算的各剖面沉降量大小有差异，最大沉降量相差约 1cm，这是由于数值模拟为理想状况，其压缩层为整个冰水沉积物，故其计算所得沉降量较规范法大。

对比两种方法的优缺点：规范推荐的分层总和法公式简单，便于理解和计算，但是其只能反映坝基平面上某一点的变形状况，不够全面；数值模拟法模拟结果能够反映剖面上

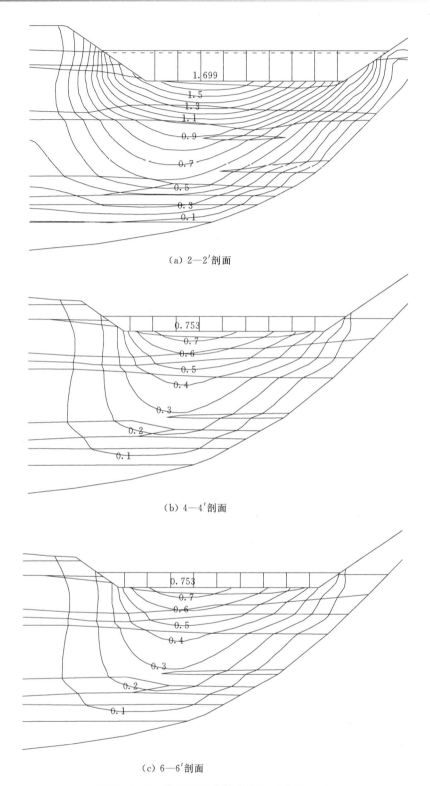

（a）2—2′剖面

（b）4—4′剖面

（c）6—6′剖面

图 11.2-8 横河向沉降等值线图（单位：m）

变形的连续变化情况，但模型的建立较为复杂，假定条件和所建模型均为理想状况，与实际情况有一定的差异。所以，对重大工程要通过多种计算方法进行综合计算和评价冰水沉积物的沉降状况。

总体分析，虽然砂砾石复合坝坝基冰水沉积物都不存在较大的不均匀沉降变形问题，但由于坝基右岸下伏基岩顶板沿坝轴线方向向河床（左岸方向）呈 40°斜坡状，且冰水沉积物物质成分和结构不均匀，一定深度范围内大坝坝基存在"右硬左软"的特性，可能导致坝基产生一定的不均匀沉降变形。

11.2.5 沉降变形三维静力有限元仿真分析计算

11.2.5.1 计算参数

坝料及坝基冰水沉积物本构模型采用 E-B 模型，坝基冰水沉积物 6~13 层计算参数参照三轴固结排水试验成果确定。采用的计算参数见表 11.2-3。

表 11.2-3 邓肯-张 E-B 模型参数

材料名称		ρ_d /(g/cm³)	c /kPa	φ_0 /(°)	$\Delta\varphi$ /(°)	K	n	R_f	K_b	m
2 层	$Q_4^{al}-Sgr_2$	2.14	0	45.5	9.5	745	0.35	0.70	360	0.25
3 层	$Q_4^{al}-Sgr_1$	2.14	0	45.2	9.0	730	0.35	0.70	350	0.25
4 层	$Q_3^{al}-V$	2.10	0	41.8	5.9	480	0.37	0.80	240	0.20
5 层	$Q_3^{al}-IV_2$	1.70	0	36.5	1.0	320	0.35	0.80	160	0.25
6 层	$Q_3^{al}-IV_1$	1.70	0	41.3	5.7	472	0.37	0.83	170	0.21
7 层	$Q_3^{al}-III$	1.90	0	44.7	2.0	666	0.24	0.64	330	0.20
8 层	$Q_3^{al}-II$	1.74	0	42.1	4.4	628	0.29	0.80	345	0.09
9 层, 10 层	$Q_3^{al}-I$, $Q_2^{fgl}-V$	2.13	0	44.3	1.7	746	0.35	0.72	350	0.35
11 层	$Q_2^{fgl}-IV$	2.13	0	47.6	6.1	1056	0.28	0.65	434	0.26
12 层	$Q_2^{fgl}-III$	1.76	0	45.6	10.2	966	0.44	0.85	320	0.37
13 层	$Q_2^{fgl}-II$	2.15	0	45.1	5.8	1113	0.24	0.80	412	0.17
14 层	$Q_2^{fgl}-I$	2.17	0	40	2.5	600	0.35	0.80	300	0.25
回填砂砾石		2.18	0	50.2	8.9	962	0.402		552	0.20
砂砾石坝填筑料		2.18	0	50.2	8.9	962	0.402	0.70	552	0.20
上游围堰		2.07	0	53.0	11.2	814	0.233	0.72	814	0.23

11.2.5.2 计算工况

对大坝填筑及蓄水过程进行模拟，计算坝体竣工后和正常运行期坝体的沉降变形。

11.2.5.3 计算成果

图 11.2-9（a）为土工膜防渗砂砾石坝坝右 0+060.00 断面沉降变形分布。竣工期该坝段最大沉降为 26.1cm，最大顺河向变形为 5.78cm（指向下游），5.91cm（指向上游）；正常蓄水位工况最大沉降为 27.8cm，最大顺河向变形为 14.4cm（指向下游），5.40cm（指向上游）。坝体最大沉降发生在 1/3 坝体至坝基冰水沉积物面。

图 11.2-9（b）该断面应力分布。竣工期最大主应力为 4.20MPa，最小主应力为

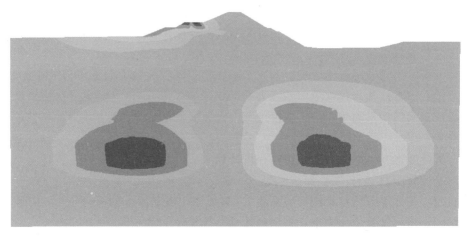

(a) 顺河向变形

(b) 竣工期沉降

图 11.2-9 土工膜防渗砂砾石坝右 0+060.00 断面坝体沉降变形分布（单位：m）

1.06MPa；正常运行期最大主应力为 4.23MPa，最小主应力为 1.07MPa。以上最大值发生在冰水沉积物底部与基岩接触部位，坝基部分竣工期最大竖向应力为 0.38MPa；正常运行期竖向应力为 0.4MPa。

11.2.5.4 成果分析

（1）坝体位移。受冰水沉积物的影响，竣工期坝体最大垂直位移发生在 1/3 坝体至坝基持力层，值为 0.26m，约占坝高的 1%；正常运行期坝体最大垂直位移 0.278m，约占坝高的 1.1%。上述垂直位移占坝体厚度的比值基本接近土石坝一般设计经验，坝体填筑标准基本可行。坝体水平位移在竣工期和正常运行期均不大，竣工期坝体基本均匀沉降，受坝体填筑及防渗墙影响，围堰部位有向下游变形趋势，值仅为 0.058m；正常运行期坝体受坝面水压力作用影响，大坝整体向下游变形，围堰部位向下游变形最大，值为 0.144m。

（2）坝体及坝基应力。竣工期坝体竖向应力最大为 0.38MPa，发生在坝基部位；正常运行期坝体垂直正应力略有增加，为 0.4MPa。

综上所述，大坝沉降变形小，约占坝高的 1%，坝体应力水平小于坝基冰水沉积物砂卵石允许承载力。在一般经验及规范允许范围内，计算成果合理。

11.3 大坝及坝基应力变形性状分析

11.3.1 静力性状

11.3.1.1 坝体应力变形

选择三个典型断面（坝右 0+092.00 剖面、坝右 0+220.00 剖面和坝轴线纵剖面）进行整理分析。坝右 0+220.00 剖面为偏右岸剖面，为最大液化度所在断面；坝右 0+092.00 剖面偏左侧，位于沉降最大剖面附近。

图 11.3-1 给出了坝轴线纵剖面变形分布。由于计算区域左侧冰水沉积物深厚，因此轴向变形以指向左岸为主，竣工期最大变形为 2.0cm，蓄水期最大变形为 3.3cm。竣工期坝轴线纵剖面最大沉降为 31.8cm，蓄水期沉降略有增加，最大值为 32.4cm。最大沉降发生在建基面上。

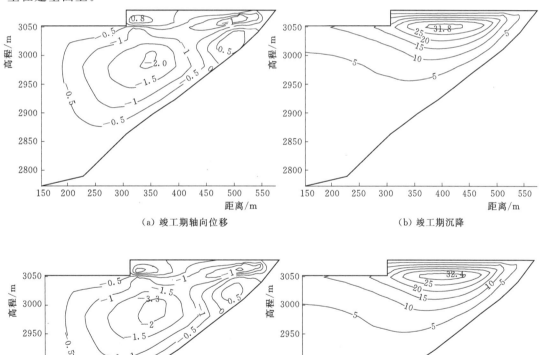

(a) 竣工期轴向位移　　　　　　　　　　　　　(b) 竣工期沉降

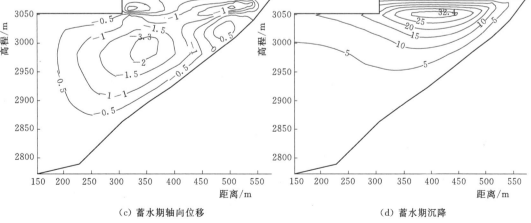

(c) 蓄水期轴向位移　　　　　　　　　　　　　(d) 蓄水期沉降

图 11.3-1　坝轴线纵剖面变形分布（单位：cm）

　　图 11.3-2 给出了坝轴线纵剖面大、小主应力以及应力水平分布。竣工期最大主应力为 3.92MPa，最小主应力为 1.81MPa；蓄水期最大主应力为 3.93MPa，最小主应力为 1.83MPa。剖面内除右岸冰水沉积物地基与基岩接触部位局部应力水平达 0.9 以外，应力水平普遍不大。

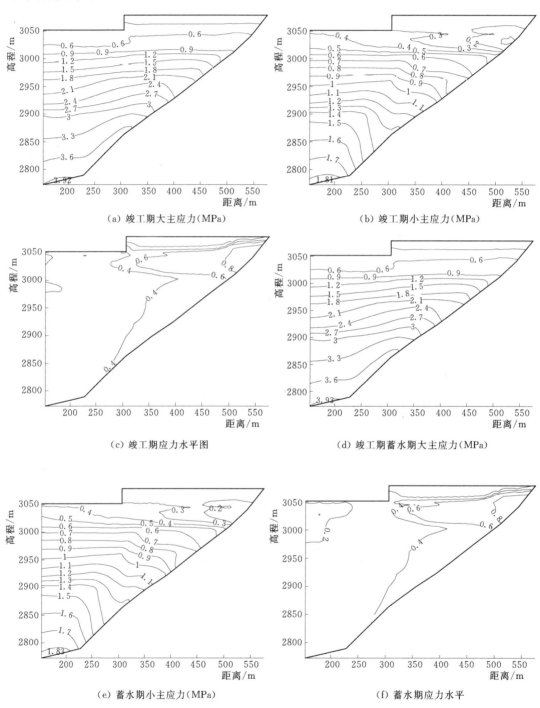

图 11.3-2　坝轴线纵剖面应力及应力水平分布

　　图 11.3-3 给出了坝右 0+092.00 剖面变形分布。最大沉降发生在坝基面，竣工期最大沉降为 30.4cm，蓄水期最大沉降为 31.0cm。由于冰水沉积物深厚，坝基冰水沉积物沉降变形较大，竣工期坝体顺河向变形表现为向坝内的收缩变形，冰水沉积物变形则指向坝外，剖面内指向下游、指向上游最大顺河向变形分别为 3.9cm 和 3.2cm；蓄水期，在库水压力作用下，坝体顺河向变形均指向下游，坝基冰水沉积物内指向上游变形有所减小，指向下游变形有所增大，指向下游、指向上游最大顺河向变形分别为 6.7cm 和 2.1cm。

　　图 11.3-4 给出了坝右 0+092.00 剖面大、小主应力和应力水平分布。竣工期坝右 0+092.00 剖面最大主应力为 2.88MPa，最小主应力为 1.08MPa；蓄水期最大主应力为 2.89MPa，最小主应力为 1.09MPa。该剖面坝体和坝基冰水沉积物内应力水平不大，在 0.7 以内。

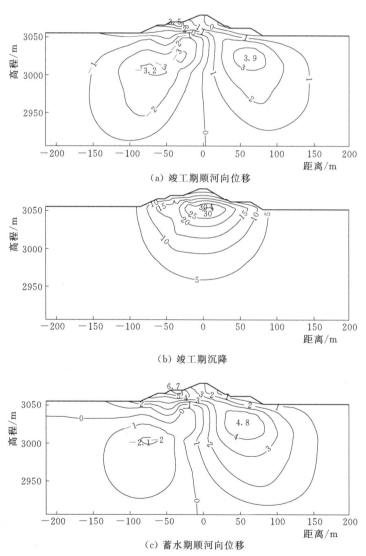

（a）竣工期顺河向位移

（b）竣工期沉降

（c）蓄水期顺河向位移

图 11.3-3（一）　坝右 0+092.00 剖面变形分布（单位：cm）

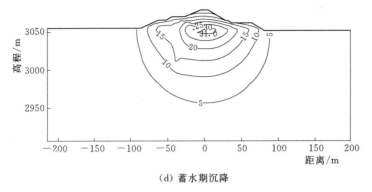

（d）蓄水期沉降

图 11.3-3（二） 坝右 0+092.00 剖面变形分布（单位：cm）

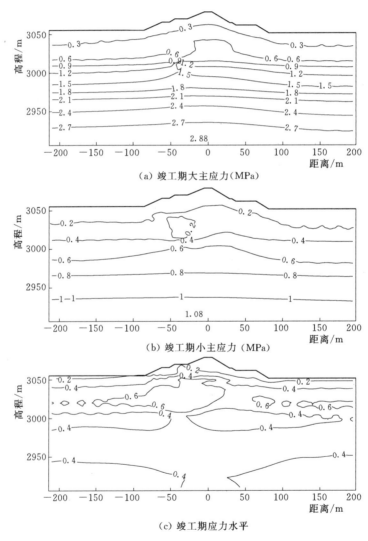

（a）竣工期大主应力（MPa）

（b）竣工期小主应力（MPa）

（c）竣工期应力水平

图 11.3-4（一） 坝右 0+092.00 剖面应力和应力水平分布

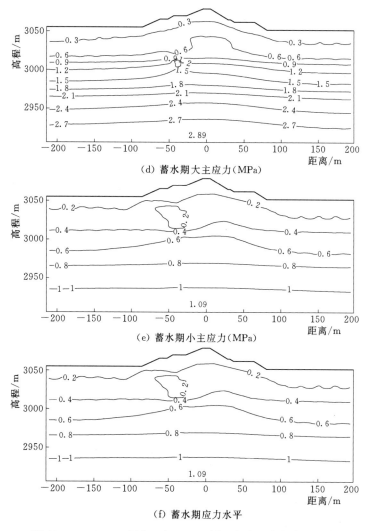

(d) 蓄水期大主应力(MPa)

(e) 蓄水期小主应力(MPa)

(f) 蓄水期应力水平

图 11.3-4（二）　坝右 0+092.00 剖面应力和应力水平分布

　　图 11.3-5 给出了坝右 0+220.00 剖面变形分布。该剖面变形规律与坝右 0+092.00 剖面基本一致。竣工期该剖面最大沉降为 24.7cm，蓄水期增至 25.0cm；竣工期指向下游、指向上游最大顺河向变形分别为 2.8cm、2.3cm，蓄水期指向下游、指向上游最大顺河向变形分别为 4.5cm，1.3cm。

　　图 11.3-6 给出了坝右 0+220.00 剖面大、小主应力以及应力水平分布。竣工期该剖面最大主应力为 1.48MPa，最小主应力为 0.60MPa；蓄水期最大主应力为 1.49MPa，最小主应力为 0.61MPa。剖面内应力水平不高，低于 0.8。

11.3.1.2　冰水沉积物计算参数敏感性分析

　　冰水沉积物工程力学参数的确定是难点，工程界常规研究手段是室内试验研究，但在取原状样和获得原位天然密度、级配上存在一定困难，因此冰水沉积物参数的不确定性比较大。

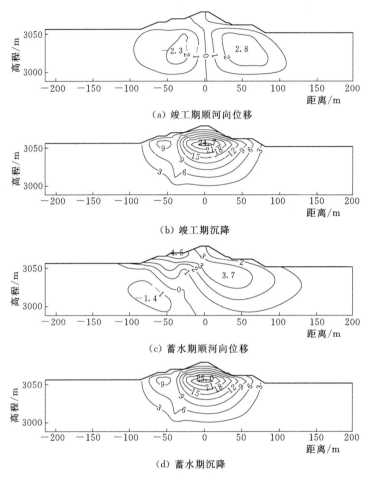

(a) 竣工期顺河向位移

(b) 竣工期沉降

(c) 蓄水期顺河向位移

(d) 蓄水期沉降

图 11.3-5   坝右 0+220.00 剖面变形分布 （单位：cm）

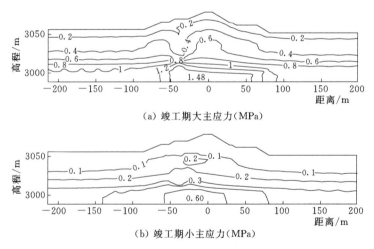

(a) 竣工期大主应力（MPa）

(b) 竣工期小主应力（MPa）

图 11.3-6 (一)   坝右 0+220.00 剖面应力和应力水平分布

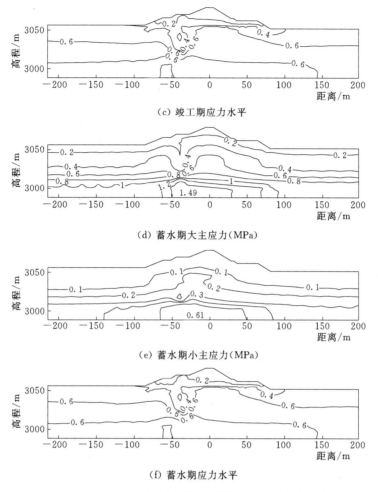

(c) 竣工期应力水平

(d) 蓄水期大主应力（MPa）

(e) 蓄水期小主应力（MPa）

(f) 蓄水期应力水平

图 11.3-6（二）　坝右 0+220.00 剖面应力和应力水平分布

　　表 11.3-1 给出了冰水沉积物参数敏感性分析结果。由表可见：冰水沉积物参数降低后，坝体（坝基）变形有所增大，竣工期和蓄水期沉降最大值分别为 43.4cm 和 44.2cm，沉降率约为 0.3%；冰水沉积物参数降低后，防渗墙和防渗土工膜的应力（应变）与变形均有所增大，防渗墙内压、拉应力基本在混凝土材料强度允许范围内，土工膜的拉应变在材料应变允许范围内。综上，坝体和坝基变形在允许变形范围内，防渗体系的应力、应变也在允许范围内，推荐方案大坝在静力条件下的应力变形性状较好，满足正常运行要求。

11.3.2　动力性状

　　地震动采用三向输入。根据反应谱人工合成 3 条随机样本曲线，目前对 3 条样本曲线用法没有明确的规定，将 3 条曲线分别代表一个输入方向是一种较常用的方法，即每一地震工况的 3 条地震波可组合成 6 种地震动输入。

　　该工程大坝按 50 年超越概率 10% 地震抗震设防，因此对该工况进行着重分析。该工况的 3 条地震波曲线由同一反应谱合成，因此，在基岩面输入 6 种地震波组合，大坝的动

表 11.3-1　　　　　　　　冰水沉积物参数敏感性分析结果

统　计　项　目		竣工期	蓄水期
坝体（坝基）	轴向变形/cm	3.2	4.8
	顺河向变形/cm	5.1/−5.2	8.2/−3.3
	沉降/cm	43.4	44.2
	大主应力/MPa	3.92	3.93
	小主应力/MPa	1.81	1.83
防渗墙	挠度/cm	4.6	8.2
	轴向应力/MPa	2.58/−0.95	5.03/−1.18
	垂直应力/MPa	4.92	7.39/−1.06
土工膜	顺河向变形/cm	—	3.7
	沉降/cm	—	2.9
	拉应变/%	—	0.16

注　轴向变形以指向右岸变形为正，以指向左岸变形为负；顺河向变形以指向下游为正，指向上游变形为负；应力（应变）以压为正，拉为负。

力反应、动位移和地震永久变形以及防渗体系的动应力（应变）等分布规律基本相同，只是数值上有所差异。表 11.3-2 给出了设计地震工况 6 种地震波组合作用下大坝动力反应的极值。由表可见，地震波组合 1 导致大坝总体动力反应较大。因此，以该地震波组合为代表进行详细整理分析。

表 11.3-2　　　　　　　　设计地震工况大坝动力反应极值表

统计项目		组合 1　X 向：时程 1　Y 向：时程 2　Z 向：时程 3	组合 2　X 向：时程 1　Y 向：时程 3　Z 向：时程 2	组合 3　X 向：时程 2　Y 向：时程 1　Z 向：时程 3	组合 4　X 向：时程 2　Y 向：时程 3　Z 向：时程 1	组合 5　X 向：时程 3　Y 向：时程 1　Z 向：时程 2	组合 6　X 向：时程 3　Y 向：时程 2　Z 向：时程 1
放大倍数	轴向	2.3	1.9	2.2	2.0	2.0	1.8
	顺河向	2.2	2.0	2.3	2.0	2.1	2.2
	竖向	2.4	2.2	2.3	2.3	2.5	2.4

11.3.2.1　地震反应加速度

图 11.3-7～图 11.3-9 分别为坝右 0+092.00 剖面、坝右 0+220.00 剖面和坝轴线纵剖面地震反应加速度放大倍数最大值分布图。随着高度的增加，地震波高频被吸收，振动周期变长，大坝动力反应也越大，设计地震情况下砂砾石坝轴向、顺河向和垂直向最大地震反应加速度放大倍数分别为 2.3、2.2、2.4，均发生在坝右 0+000.00 断面附近坝顶。

11.3.2.2　动位移

图 11.3-10～图 11.3-12 分别为坝右 0+092.00 剖面、坝右 0+220.00 剖面和坝轴线纵剖面动位移最大值分布图。随着高度的增加，坝体动位移越大，设计地震情况下砂砾石坝

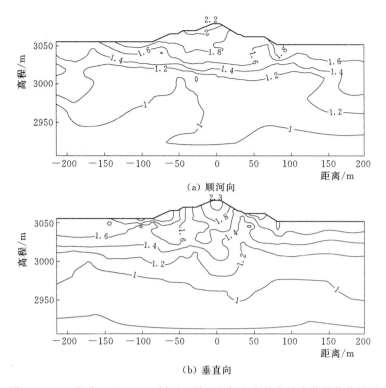

图 11.3-7　坝右 0+092.00 剖面地震反应加速度最大放大倍数等值线图

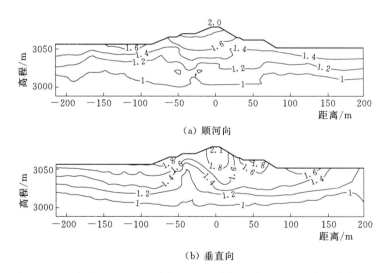

图 11.3-8　坝右 0+220.00 剖面地震反应加速度最大放大倍数等值线图

轴向、顺河向和垂直向最大动位移分别为 9.3cm、14.9cm、7.2cm，均发生在坝顶附近。

11.3.2.3　地震永久变形

图 11.3-13～图 11.3-15 分别为坝右 0+092.00 剖面、坝右 0+220.00 剖面和坝轴线纵剖面地震永久变形分布图。砂砾石坝坝体轴向永久变形以指向左岸为主，最大轴向永

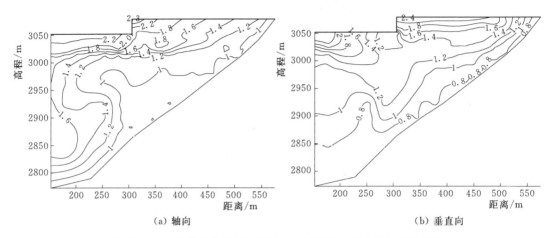

图 11.3-9 坝轴线纵剖面地震反应加速度最大放大倍数等值线图

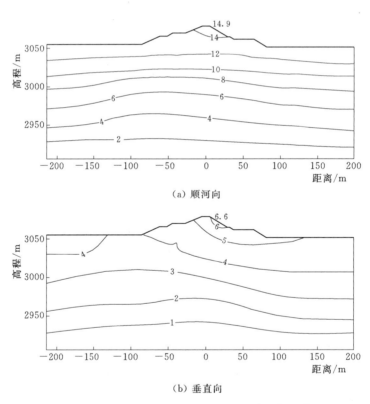

(a) 顺河向

(b) 垂直向

图 11.3-10 坝右 0+092.00 剖面动位移最大值分布（单位：cm）

久变形为 4.8cm，顺河向变形以指向下游为主，最大顺河向变形为 15.2cm，垂直向变形表现为震陷，最大震陷为 42.0cm。最大值均发生在坝顶附近。

砂砾石坝最大震陷约为 42cm，该值是其所在剖面坝体和冰水沉积物总高度的 0.21%。砂砾石坝的永久变形在允许范围内。

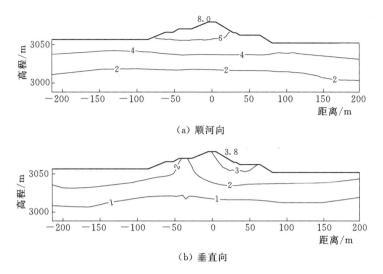

(a) 顺河向

(b) 垂直向

图 11.3-11 坝右 0+220.00 剖面动位移最大值分布（单位：cm）

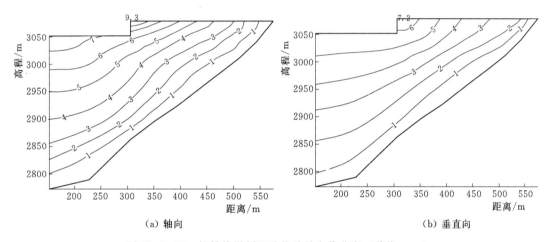

(a) 轴向

(b) 垂直向

图 11.3-12 坝轴线纵剖面动位移最大值分布（单位：cm）

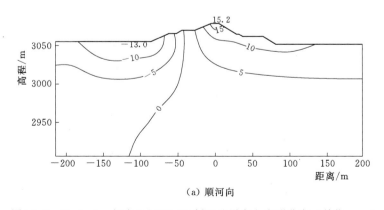

(a) 顺河向

图 11.3-13（一） 坝右 0+092.00 剖面地震永久变形分布（单位：cm）

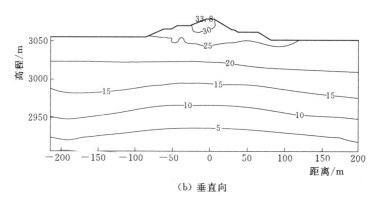

（b）垂直向

图 11.3-13（二） 坝右 0+092.00 剖面地震永久变形分布（单位：cm）

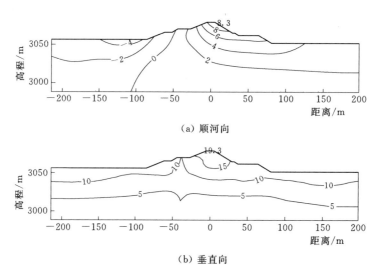

（a）顺河向

（b）垂直向

图 11.3-14 坝右 0+220.00 剖面地震永久变形分布（单位：cm）

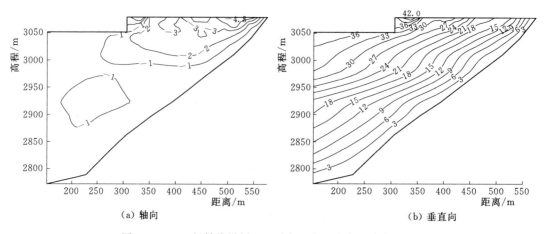

（a）轴向　　　　　　　　　　　　　　（b）垂直向

图 11.3-15 坝轴线纵剖面地震永久变形分布（单位：cm）

12 冰水沉积物地基在厂房动荷载作用下 应力变形特性及处理措施[*]

12.1 机组动荷载及脉动水压力作用下厂房与基础结构振动分析

本节分析厂房混凝土结构和地基基础整体模型的固有振动特性，并进行共振校核；计算脉动水压力和机组动荷载各自单独作用下的基础变形、应力，分析其对振动荷载的敏感性；最后对脉动水压力、机组动荷载和静力荷载组合作用情况进行分析。

12.1.1 厂房混凝土结构和地基基础共振校核

在厂房动力设计中，应该对结构共振问题进行判断，以便在设计过程中通过结构调整加以避免，如果发生共振，尽管激振力的幅值很小，但也可能产生较高的振动响应。关于共振复核，《水电站厂房设计规范》（NB 35011—2016）只是要求机墩结构自振频率和干扰振源频率的错开度大于 $20\%\sim30\%$，参考此标准，将主要的振源频率和各模型的自振频率对比列于表 12.1-1 中，并给出 30% 以内的频率错开度值，对共振的可能性进行初步判断，进而分析共振的危险性。

表 12.1-1 中按低频、中频、高频的顺序排列。表中所列百分数为频率的错开度，采用下式计算，且只给出了错开度接近 20% 或 20% 以内的数值：

$$\left.\begin{array}{l} \dfrac{|f_i-f_0|}{f_i}\times100\%<20\%\sim30\% \\[2mm] \dfrac{|f_i-f_0|}{f_0}\times100\%<20\%\sim30\% \end{array}\right\} \qquad (12.1-1)$$

或

式中　f_0——结构的自振频率；

　　　f_i——机组可能振源的激励频率。

根据表中的计算结果可以看出：

（1）厂房与地基整体结构的自振频率较为密集，可能发生的整体振动频率为 $0.7\sim16\mathrm{Hz}$；机组运行中的振源特性也十分丰富和复杂，可能出现的振源很多，从低频（0.05Hz）到高频（100Hz）的分布极广。这样，给共振校核和厂房的动力设计带来很大的困难，往往难以完全错开所有的共振区间，只能从可能出现的振源频率和结构基本频率的共振复核着眼，解决主要矛盾。

（2）其中需要重点复核的是额定转速下的共振问题。转速频率的振动主要由机组的不平衡激励力引起，这是经常出现且难以完全避免的。根据表 12.1-1 的复核结果，前四阶自由振动频率与转速频率等机组振源频率均有较大的错开度；第 5、第 6 阶自振频率与转

＊　由周恒、任苇、焦健执笔，狄圣杰校对。

表 12.1-1　　　　　　　**结构自振频率与振源频率汇总及频率错开度表**

模型及阶号		自振频率/Hz	振源频率与自振频率错开度/%						
			低频涡带频率0.05～0.2Hz	转速频率2.08Hz	甩负荷频率3.33Hz	2转速频率4.16Hz	飞逸频率9.38Hz	叶片数频率10.4Hz	电气频率50Hz
厂房与基础的整体计算模型	1	0.706							
	2	0.779							
	3	1.185							
	4	1.453							
	5	1.974		5.37					
	6	2.107		1.28					
	7	5.754				27.70			
	8	5.755				27.72			
	9	6.406							
	10	7.116							
	11	7.362					27.41		
	12	8.016					17.02		
	13	9.751					3.80	6.66	
	14	9.979					6.00	4.22	
	15	12.36						15.86	
	16	16.404							

频的错开度小于 20%，这两阶振型主要表现为厂房结构整体绕横河向和顺河向中心轴的扭转振动，由于是高频振动，振型参与系数较小，不在重点复核的考虑范围内，实际中发生共振放大的可能性很小。

（3）尾水管低频涡带、甩负荷、2 倍转速频率、水轮机转轮叶片数频率及电气高频共振的危险性基本不存在，频率保持有足够的错开度。存在共振可能的频率区间为：第 13、第 14 阶频率与飞逸转频错开度也较低，也和转轮叶片频率十分接近。飞逸工况是一种非常事故工况，出现的机会很少，且运行时间很短，共振的危害不突出。在机组启动试运行和甩负荷试验或机组并网运行中，对飞逸工况尽量加以控制和警觉。转轮叶片数频率是由于导叶后和转轮叶片前区域水流不均匀分布产生的较大的压力脉动引起的，其出现的可能性目前尚难判断。多布水电站水头变幅较小，机组基本上在最优工况区运行，因此出现此频率的概率较小，因此产生共振的可能性较小。

（4）综合评价认为，厂房自身混凝土结构的自振频率与机组可能振源间不存在明显的共振区，共振复核满足要求。厂房与地基整体的联合自振特性分析中，是将地基假定为线弹性材料进行计算，其理论计算结果仅在个别高阶阶次上与机组某些振源错开度低，但实际中由于地基材料的非线性等特性，也不存在与厂房整体结构的共振放大问题。另外，有共振耦合可能的是高阶频率，在共振复核中仅需要关注前几阶。因此，从共振复核角度评价，厂房结构的抗振设计是合理的、安全的。

12.1.2 水力脉动和机组动荷载各自单独作用下的地基变形应力特性及敏感性分析

12.1.2.1 水力脉动荷载单独作用下的地基变形应力特性

仅考虑水力脉动荷载时，厂房基础各典型部位的动力位移振幅见表12.1-2。表12.1-2中各方向的最大位移、速度和加速度幅值均用下划线标出，从计算结果可以看出：

（1）由于压力脉动幅值相对值和绝对值均较小（水头较低）且振动频率较低（属于低频），振动反应并不突出，基础结构的位移响应、速度和加速度响应都很小。其中竖向位移响应最大，其次是顺河向位移。对比振动控制标准可知，基础的最大动位移响应幅值为329.4μm，小于控制标准值0.406mm。并且速度和加速度也均远小于控制标准建议值。

（2）由于尾水管的水力脉动主要作用在下游流道，因此最大的动位移发生在厂房的下游尾水管出口处。

表 12.1-2   脉动压力作用下厂房基础动力反应

部位		方向	正常运行工况			非常运行工况，校核洪水		
			最大位移 /μm	最大速度 /(μm/s)	最大加速度 /(μm/s^2)	最大位移 /μm	最大速度 /(μm/s)	最大加速度 /(μm/s^2)
地基第7层	上游 D71	顺河向（y）	100.9	57.03	32.23	70.2	39.68	22.43
		横河向（x）	0.23	0.13	0.07	0.14	0.08	0.04
		竖向（z）	165.7	93.65	52.93	116.6	65.90	37.25
	中部 D72	顺河向（y）	93.5	52.85	29.87	63.7	36.00	20.35
		横河向（x）	0.35	0.20	0.11	0.2	0.11	0.06
		竖向（z）	256.5	144.97	81.94	196.4	111.01	62.74
	下游 D73	顺河向（y）	96.0	54.26	30.67	67.0	37.87	21.40
		横河向（x）	0.27	0.15	0.09	0.3	0.17	0.10
		竖向（z）	329.4	186.18	105.23	263.0	148.65	84.02
地基第8层	上游 D81	顺河向（y）	77.8	43.97	24.85	55.0	31.09	17.57
		横河向（x）	0.93	0.53	0.30	0.6	0.34	0.19
		竖向（z）	166.9	94.33	53.32	118.0	66.69	37.70
	中部 D82	顺河向（y）	80.1	45.27	25.59	57.3	32.39	18.30
		横河向（x）	1.87	1.06	0.60	1.4	0.79	0.45
		竖向（z）	259.1	146.44	82.77	199.3	112.64	63.67
	下游 D83	顺河向（y）	65.2	36.85	20.83	46.0	26.00	14.69
		横河向（x）	1.8	1.02	0.58	1.0	0.57	0.32
		竖向（z）	315.1	178.09	100.66	251.3	142.03	80.28

表12.1-3为地基基础结构的动应力，从计算结果可以看出，由于尾水管脉动水压力产生的地基动应力在三个方向上都很小，最大仅为0.14kPa，与自重等静力作用产生的应力值（300~800kPa）相比可以忽略不计。从应力结果可以看出，水压脉动不是地基基础抗振动设计的控制因素，甚至可以忽略不计。因此，在后续的动静力组合计算中也可以不考虑该因素。

表 12.1 - 3   尾水管脉动压力作用下厂房基础动应力

部 位		方向	动 应 力/Pa	
			正常运行工况	非常运行工况（校核洪水）
地基第 7 层	上游 D71	顺河向（y）	7.8	2.1
		横河向（x）	11.2	5.0
		竖向（z）	24.4	9.8
	中部 D72	顺河向（y）	37.7	30.0
		横河向（x）	31.8	24.7
		竖向（z）	70.2	54.0
	下游 D73	顺河向（y）	8.1	12.0
		横河向（x）	48.0	46.2
		竖向（z）	142.8	122.9
地基第 8 层	上游 D81	顺河向（y）	70.1	53.9
		横河向（x）	22.5	17.4
		竖向（z）	37.5	25.0
	中部 D82	顺河向（y）	11.6	10.0
		横河向（x）	3.1	2.3
		竖向（z）	52.5	40.3
	下游 D83	顺河向（y）	100.7	79.6
		横河向（x）	88.6	72.4
		竖向（z）	39.6	32.9

12.1.2.2 基础对水力脉动荷载的敏感性分析

尾水管内的水力脉动荷载的优势频率主要在 0.04～0.7Hz 范围内变化，由敏感度分析可知：无论是动位移还是动应力响应，对尾水管低频水力脉动的频率变化都较为敏感，不同的荷载频率下基础的响应将成倍地增加，但是从响应的绝对数值来看，没有量级上的突变，均在相同的数量级内变化。同时，从该结果也应该注意到控制尾水管内水压频率变化的重要性。

12.1.2.3 机组动荷载单独作用下基础振动分析

机组动荷载作用下厂房基础各典型部位的动力反应见表 12.1 - 4。从计算结果可以看出：正常运行工况下由于转频更接近第 6 阶自振频率，因此计算的各动位移振幅大于甩负荷工况，即有一定的动力放大作用。但是由于频率较低，正常运行时加速度幅值小于甩负荷工况。各方向的最大位移幅值均发生在基础的上游部位。三个方向的振幅中，竖向最大，其次为顺河向位移，横河向位移最小。

需说明的是，因机组甩负荷运行在工程实际中属短暂状况，发生概率较小且甩负荷后的运行时间很短，不宜按照《水电站厂房设计规范》（NB 35011—2016）和相关规范的一般性振动控制标准进行复核，因为即使发生瞬时强烈的加速度振动也不至于引起结构破坏和电气设备的运行故障。

表 12.1－4 　　　　　　　　　　机组动荷载作用下厂房基础动力反应

部位		方向	正常运行工况			甩负荷工况		
			最大位移/μm	最大速度/(μm/s)	最大加速度/(μm/s²)	最大位移/μm	最大速度/(μm/s)	最大加速度/(μm/s²)
地基第7层	上游D71	顺河向（y）	13.3	173.7	2269.3	10.3	215.4	4504.5
		横河向（x）	0.84	11.0	143.3	0.69	14.4	301.8
		竖向（z）	153.7	2007.7	26225.3	62.8	1313.3	27464.2
	中部D72	顺河向（y）	9.2	120.2	1569.8	3.76	78.6	1644.4
		横河向（x）	1.0	13.1	170.6	0.88	18.4	384.8
		竖向（z）	136.6	1784.3	23307.6	58.2	1217.1	25452.5
	下游D73	顺河向（y）	18.8	245.6	3207.8	9.94	207.9	4347.0
		横河向（x）	0.72	9.4	122.9	0.45	9.4	196.8
		竖向（z）	113.5	1482.6	19366.1	46.8	978.7	20467.0
地基第8层	上游D81	顺河向（y）	22.2	290.0	3787.9	11.4	238.4	4985.5
		横河向（x）	4.5	58.8	767.8	1.67	34.9	730.3
		竖向（z）	147.8	1930.6	25218.6	59.1	1235.9	25846.1
	中部D82	顺河向（y）	8.3	108.4	1416.2	2.28	47.7	997.1
		横河向（x）	16.8	219.4	2866.5	6.69	139.9	2925.7
		竖向（z）	130.0	1698.1	22181.4	54.5	1139.7	23834.4
	下游D83	顺河向（y）	20.3	265.2	3463.7	8.0	167.3	3498.6
		横河向（x）	9.9	129.3	1689.2	3.7	77.4	1618.1
		竖向（z）	105.2	1374.2	17949.9	42.8	895.1	18717.7

从应力计算结果（表 12.1－5）可以看出，由于机组动荷载引起的基础动应力变化很小，与静力计算的结果相比，同样可以忽略不计。

表 12.1－5 　　　　　　　　　机组动荷载作用下厂房基础动应力

部位		方向	动应力/Pa	
			正常运行工况	甩负荷工况
地基第7层	上游D71	顺河向（y）	115.0	74.5
		横河向（x）	95.5	61.4
		竖向（z）	256.5	171.8
	中部D72	顺河向（y）	55.0	28.2
		横河向（x）	90.8	52.2
		竖向（z）	202.3	118.0
	下游D73	顺河向（y）	109.4	51.2
		横河向（x）	79.6	37.5
		竖向（z）	143.6	67.5

部　　位		方　向	动　应　力/Pa	
			正常运行工况	甩负荷工况
地基第 8 层	上游 D81	顺河向（y）	112.2	54.7
		横河向（x）	63.4	32.0
		竖向（z）	80.8	61.5
	中部 D82	顺河向（y）	64.1	39.1
		横河向（x）	120.6	62.5
		竖向（z）	120.9	90.9
	下游 D83	顺河向（y）	90.6	39.8
		横河向（x）	139.0	59.3
		竖向（z）	31.2	25.3

12.1.2.4　基础对机组动荷载的敏感性分析

由于机组的正常运行工况转速为 2.08Hz，甩负荷工况转速为 3.33Hz，同时考虑起停机工况，因此将机组动荷载频率变化的分析范围定为 1～3.33Hz。

从分析结果可以看出，机组在起停机阶段的低频转速对结构动位移的影响较大，但是从绝对值来看，整体结构动位移响应仍然较小。另外，由于该工况是短暂工况，其动位移幅值不应该计入控制范围。同时，也应该在机组运行时尽量减短起停机过程的时间，避免较长时间在过渡状态下运行。从动应力结果可以看出，基础的总体动应力水平较低，因此机组动荷载对基础的应力影响可以忽略不计。

12.1.3　结构动态响应与静态响应的综合分析

首先，将水力脉动荷载和机组动荷载进行组合计算，得出所有动荷载共同作用下的厂房和基础的动力响应；然后，综合对比动荷载响应与静荷载响应，得出动、静荷载共同作用下厂房和基础的动静组合响应状态。

12.1.3.1　结构变形分析

结构各典型部位的动力响应和静力响应对比分析见表 12.1-6。从计算结果可以看出：

（1）整体来看，厂房和地基的动位移和静位移响应都是竖向最大，其次是顺河向，最后是横河向。

（2）从动力响应计算结果可以看出，地基基础在所有动荷载组合作用下横河向（18.67μm）和顺河向动位移值（114.8μm）均小于控制标准值 0.406mm，只有竖向在下游很小的局部范围有超出标准的动位移（442.9μm），但是该响应影响范围较小，整体分析结构动位移满足控制标准。地基基础的最大速度和加速度分别是 2101.35μm/s 和 26278.23μm/s^2，也都远小于控制标准建议值（5mm/s 和 1000mm/s^2）。因此，从地基基础三个方向上的振动位移、速度和加速度方面的响应幅值进行评价，均能满足现行《水电站厂房设计规范》（NB 35011—2016）和相关振动规范的抗振安全性要求。

（3）从动力响应计算结果也可以看出，厂房混凝土结构在所有动荷载作用下各方向最大动位移分别发生在厂房下游部分的竖向（445μm，仅发生在尾水管出口局部），厂房底板的顺河向（97μm），以及机组横向支承的横河向（14.6μm）。从以上结果可以看出，厂房结构振动变形满足设备和基础振动控制值（0.406mm），整体评价符合抗振安全性要求。

表 12.1 - 6　　　　　　　　　结构动力响应和静力响应的对比分析

部位		方向	水力脉动荷载（正常运行工况）+机组动荷载（正常运行工况）			静力工况（正常运行，头尾布桩）	静力工况（校核洪水，头尾布桩）
			最大位移/μm	最大速度/(μm/s)	最大加速度/(μm/s^2)	最大位移/cm	最大位移/cm
整体厂房结构		顺河向（y）	97	—	—	4.92	4.00
		横河向（x）	14.6	—	—	0.23	0.24
		竖向（z）	445	—	—	−6.25	−5.07
地基第7层	上游 D71	顺河向（y）	114.2	230.73	2301.53	3.42	2.76
		横河向（x）	1.07	11.13	143.37	0	0
		竖向（z）	319.4	2101.35	26278.23	−4.34	−3.52
	中部 D72	顺河向（y）	102.7	173.05	1599.67	3.69	3.00
		横河向（x）	1.35	13.3	170.71	0	0
		竖向（z）	393.1	1929.27	23389.54	−5.25	−4.24
	下游 D73	顺河向（y）	114.8	299.86	3238.47	3.74	3.03
		横河向（x）	0.99	9.55	122.99	0	0
		竖向（z）	442.9	1668.78	19471.33	−5.31	−4.18
地基第8层	上游 D81	顺河向（y）	100	333.97	3812.75	2.36	1.91
		横河向（x）	5.43	59.33	768.1	0	0
		竖向（z）	314.7	2024.93	25271.92	−4.01	−3.24
	中部 D82	顺河向（y）	88.4	153.67	1441.79	2.80	2.30
		横河向（x）	18.67	220.46	2867.1	0	0
		竖向（z）	389.1	1844.54	22264.17	−4.70	−3.79
	下游 D83	顺河向（y）	85.5	302.05	3484.53	2.73	2.22
		横河向（x）	11.7	130.32	1689.78	0	0
		竖向（z）	420.3	1552.29	18050.56	−5.00	−3.95

（4）从动力和静力响应对比分析可以看出，厂房结构和地基基础的顺河向和竖向位移主要是由静力荷载产生的，动力位移（微米级）相对于静力下的位移变形可以忽略不计，而结构横河向的位移主要是以动态响应为主。

12.1.3.2　应力分析

表 12.1-7 列出了动荷载和静力荷载下厂房结构和基础的典型位置的最大应力值。计算结果分析如下：

（1）从表中动应力结果看出，全部动力荷载组合作用下，厂房混凝土结构的整体动应力很小，三个方向最大动应力都发生在机组基础处，最大为竖向动应力（±150kPa）。地基面上的所有动应力都很小，最大仅为±0.24kPa。厂房结构和地基的动应力相对于静应力很小，不起控制性作用，甚至可以忽略不计。

表 12.1-7 　　　　　　　　　　　动荷载和静力荷载下结构应力

部　位		方向	水力脉动荷载（正常运行工况）+机组动荷载（正常运行工况）最大拉压应力/kPa	静力荷载（正常运行，头尾布桩）最大应力/kPa
地基第7层	上游处 D71	顺河向（y）	±0.02	−24
		横河向（x）	±0.01	−58
		竖向（z）	±0.06	−157
	中部处 D72	顺河向（y）	±0.15	−50
		横河向（x）	±0.01	−57
		竖向（z）	±0.03	−133
	下游处 D73	顺河向（y）	±0.07	−130
		横河向（x）	±0.10	−119
		竖向（z）	±0.24	−188
地基第8层	上游处 D81	顺河向（y）	±0.01	−16
		横河向（x）	±0.02	−12
		竖向（z）	±0.006	−55
	中部处 D82	顺河向（y）	±0.02	−43
		横河向（x）	±0.04	−54
		竖向（z）	±0.01	−135
	下游处 D83	顺河向（y）	±0.1	−65
		横河向（x）	±0.1	−53
		竖向（z）	±0.02	−94

（2）在所有动静力荷载作用下，厂房混凝土结构的整体应力较小，但局部有较大的拉应力存在，如厂房的楼板支承处，进水口下部拐角处和上游底板处，这些地方需要加强配筋。

地基的整体动应力很低。由于动应力对总的应力影响很小，可以忽略不计，因此地基的承载力、稳定性和均匀性都与静力结果相同，这里不再重复复核。

12.2 低频振动荷载对基础变形和应力的影响分析

由于电站位于深厚冰水沉积物上，而电站本身在运行时会产生机组低频振动荷载以及水流脉动荷载，这些荷载都将对建筑物基础产生有规律的振动压力，在这种振动荷载作用下，厂房基础是否安全也是值得研究的问题。为此本书对电站的厂房基础进行了振动荷载作用的分析研究。专门对厂房基础在振动荷载、水流脉动荷载以及地震荷载作用下的应力应变进行了分析研究。

12.2.1 结构自振特性分析

结构自振特性分析最值得关注的是额定转速下的共振问题,第 5～第 6 阶自振频率与转频的错开度小于 20%,而且这两阶振型主要表现为厂房结构整体绕横河向和顺河向中心轴的扭转振动。但是,实际中软基材料的强非线性和黏弹性特性会产生较大的结构材料阻尼,会大大减小地基的实际动态响应,因此,实际中不存在与厂房整体结构的共振放大问题。

12.2.2 结构动力荷载作用下的变形和应力分析

(1) 动力荷载的敏感性分析。无论是地基基础的动位移还是动应力响应,对尾水管低频水力脉动的频率变化都较为敏感,不同的荷载频率下基础的响应将成倍地增加,但是从响应的绝对数值来看,变化不大。

(2) 将所有动荷载(水力脉动荷载和机组动荷载)分别作用和组合后分析可知,厂房结构和地基基础从振动位移、速度和加速度三方面分别进行评价,整体响应幅值较小,均能满足现行《水电站厂房设计规范》(NB 35011—2016)和相关规范的抗震安全性要求。

(3) 将所有静力荷载和动力荷载组合进行对比,可以看出,厂房结构和地基的三个方向位移和应力主要是由静力荷载产生的,动位移和动应力相对于静力结果可以忽略不计。厂房和地基的整体应力较小,但厂房混凝土结构局部有拉应力集中现象,需要加强配筋。由于动应力对地基总的应力影响很小,可以忽略不计。因此地基的承载力、稳定性和均匀性都与前面静力计算结果相同,符合规范控制要求。

12.2.3 厂房和地基基础的抗震分析

在单独的地震作用下,厂房顶部的最大顺河向和横河向动位移分别为 5.55cm 和 6.45cm;地基面的最大顺河向和横河向动位移分别为 3.12cm 和 2.58cm;地基面的最大竖向动位移发生在上游处为 1.90cm。通过对厂房结构的变形位移验算可知,厂房结构和地基基础在地震荷载作用下,整体动力变形满足规范要求。水电站,自蓄水运行五年来,混凝土坝及厂房变形监测资料均表明其沉降变形和低频率振动液化问题满足设计允许范围值要求。

12.3 厂房地基处理

12.3.1 地基处理措施选择

12.3.1.1 1 号～6 号泄洪闸地基

1 号～6 号泄洪闸地基为 Q_3^{al}-Ⅳ 中粗砂层,承载力标准值为 $300～350kN/m^2$,基础相对密度为 0.74,标准贯入击数为 15.85,根据《水闸设计规范》(SL 265—2016)附录 G 土质地基划分的规定,基础地基属于中等坚实。地质判别显示该层土有液化可能。

根据《水闸设计规范》(SL 265—2016),水闸地基处理常用方法有垫层法、强力夯实法、振动水冲法、桩基础、沉井基础等,垫层法适用于厚度不大的软土地层。该工程闸室地基为厚约 17m 的中粗砂,厚度较大,如果全部挖除换填,需要重新分层碾压回填,其压实标准高、施工要求高,工期相对较长,因此不宜采用;如果按照一般深度(1.5～3m)处理,处理后由于应力扩散,砂卵石顶面压应力减小到 336.4kPa,而基础中粗砂允许承载力为 300~350kPa，处理后安全裕度仍显不足，且无法解决液化问题。

强力夯实法适用于较软地基，尤其是稍密的碎石土或松砂，根据工程经验，该工程闸室地基为中密的中粗砂，相对密度较大，采用该法，承载力提高效果难以保障。从基础底面应力来看，采用柔性桩复合地基处理就可以满足要求，采用刚性桩、半刚性桩复合地基、沉井基础富裕较大，相应造价高，因此，推荐柔性桩复合地基，综合考虑液化处理要求，泄洪闸基础处理采用振冲桩方案。

12.3.1.2 厂房地基

厂房地基均为覆盖层，经复核地基为中等坚实基础，地基允许承载力砂砾层（Q_3^{al}－Ⅲ）允许承载力（530~600kPa），但完建未挡水情况时基底上游最大压应力 0.56MPa，已经超出了柔性桩复合地基处理范围，适宜采用刚性或半刚性桩复合地基处理，或者桩基处理。

考虑到厂房属于挡水建筑物，水平承载力较大，同时受机组振动影响较大，且设计地震加速度为 0.206g，采用桩基有利于增加结构整体刚度，增加结构抗水平荷载和抗震性能。因此，从地质条件、施工技术条件及加固处理效果等方面综合考虑，设计采用桩基础的加固措施，以提高砂砾石基础承载力，降低沉降变形。

12.3.1.3 7 号~8 号泄洪闸及生态放水闸地基

该段泄洪闸及生态放水闸基础受厂房开挖影响，位于回填后的砂卵石上，回填开挖料为良好级配砂卵石；为改善填筑质量，同时在靠近混凝土侧设置过渡层，要求回填级配砂卵石达到原地层相对密度以上，即按照相对密度大于 0.8 控制；过渡料相对密度按大于 0.75 控制，地基承载力为 450~500kPa。计算基础应力已经略超承载力允许值，闸基础有必要采取加固措施。

该坝段位于厂房和 1 号~6 号泄洪闸之间，处于强弱地基处理的过渡段，地基处理措施应介于刚性和柔性桩之间，由于回填后期压缩沉降需要一定的历时，采用基础处理有利于加快施工进度，由此对该部位回填后基础进行旋喷桩处理。

12.3.2 泄洪闸地基振冲桩处理

复合地基承载力计算式为

$$f_{spk} = m f_{pk} + (1-m) f_{sk} \qquad (12.3-1)$$

式中　f_{spk}——振冲桩复合地基承载力特征值；

$\quad\quad f_{pk}$——桩体承载力特征值，由于尚未进行单桩载荷试验，按碎石土地基的允许承载力取 750kPa 估算，参考《岩土工程治理手册》，选用 75kW 振冲器，软黏土、一般黏土、可加密粉质黏土桩体承载力分别为 400~500kPa、500~600kPa、600~900kPa；

$\quad\quad m$——面积置换率。

泄洪闸闸室地基处理采用振冲桩作为承载力安全储备，按照《建筑地基处理技术规范》（JGJ 79—2012），振冲桩的间距应根据上部结构荷载大小和场地土层情况，并结合所采用的振冲器功率大小综合考虑。30kW 振冲器布桩间距可采用 1.3~2.0m；55kW 振冲器布桩间距可采用 1.4~2.5m；75kW 振冲器布桩间距可采用 1.5~3.0m。上部结构荷载大或地基为黏性土时，宜采用较小的间距，荷载小或砂土宜采用较大的间距。通过计算分析，设计采用桩间距 2m，桩径 0.8m，正方形布桩，面积置换率为 0.125，处理后地基承载力从原设计方案的 300～350kPa 提高至 362～406kPa，建议选用 75kW 振冲器 2 台，并根据现场试验调整。

为有利于施工后土层加快固结，同时降低碎石桩和桩周围土的附加应力，减少碎石桩侧向变形，从而提高复合地基承载力，减少地基变形量，在桩顶和基础之间铺设一层 50cm 厚的褥垫层。

桩体穿过中粗砂层，深入冲积含块石砂卵砾石层顶面下 50cm。振冲桩采用 ZCQ-132kW 振冲器施工，根据生产性试验，实际桩径为 1.5m，相应进行了设计优化，采用等边三角形布置，间距 2.5m，面积置换率为 0.16。振冲桩施工完毕后，进行了单桩竖向静载荷试验、单桩复合地基静载荷试验、桩体质量检测和桩间土承载力检测。检测的 3 根单桩竖向抗压静载荷试验的单桩承载力特征值为 942kPa，检测的 3 根浅层平板静载荷试验的地基承载力特征值 380kPa。试验结果表明单桩承载力、地基承载力满足设计要求；检测的 5 根桩体重型动力触探杆长修正后 $N_{63.5}$ 区间值为 5.0～56.0 击，平均值 27.9 击，表明振冲桩桩体密实连续，单桩承载力为 816～838kPa，符合设计要求。桩间土承载力检测表明，其经标准贯入试验检测，桩间土承载力为 384～425kPa，说明振冲对地基挤密效果明显，成果满足设计要求。

12.3.3 厂房地基灌注桩＋旋喷桩处理

基于厂房基底应力及地基条件，综合考虑厂房地基处理加固，采用灌注桩与旋喷桩相结合的措施。为提高桩基础与厂房结构的整体性，将灌注群桩与上部厂房底板（即承台）浇筑为整体。

根据地质资料，结合相关工程经验，选取桩径为 1m。依据《建筑桩基技术规范》（JGJ 94—2008），桩间距按 3.5m×3.5m 布置。桩深按深入第 9 层的深度不小于 3m 的原则，确定为 30m。桩身选用 C25 混凝土，二级配，桩身钢筋通配。由于厂房基础为砂砾石层和砂层，成孔工艺采用旋挖成孔工艺，泥浆护壁。

由于桩间土为砂砾石，相比黄土、淤泥土等土体有较高的承载力，计算考虑了桩间土的作用，即考虑承台效应，厂房结构的荷载大部分由基础的灌注群桩来承担，小部分由桩间土来承担。

12.3.3.1 判断条件

按考虑地震与否两种情况，轴心竖向力作用下：

$$\left.\begin{array}{l} N_K \leqslant R（非地震） \\ N_{EK} \leqslant 1.25R（地震） \end{array}\right\} \qquad (12.3-2)$$

偏心竖向力作用下：

$$\left.\begin{array}{l} N_{Kmax} \leqslant 1.2R（非地震） \\ N_{EKmax} \leqslant 1.5R（地震） \end{array}\right\} \qquad (12.3-3)$$

以上式中　N——荷载效应作用下复合基桩的竖向力；

　　　　　R——复合基桩竖向承载力特征值。

12.3.3.2 荷载效应作用下桩基受力计算

厂房的总重量、基础面承受的总弯矩以及厂房承受的总水平力荷载见表12.3-1。

表 12.3-1 厂房基础面受力计算成果表

荷载组合	计算情况	总竖向力/kN	总弯矩/(kN·m)	总水平力/kN
基本组合	正常蓄水位	617138	1349362	274453
	设计洪水位	528723	−150837	186559
	完建工况	1006981	−1981731	0
特殊组合	机组检修	521058	1250935	273886
	校核洪水位	507880	765669	228385
	地震情况	617138	2473611	328359

计算范围取两机一缝的一个坝段，根据布桩要求计算，得到桩的总根数为198，将厂房荷载分到群桩中的每根基桩上，根据桩顶作用效应的计算公式，得到各个工况荷载效应作用下桩基的受力状况（表12.3-2）。

表 12.3-2 基桩在不同工况作用力成果表

荷载组合	计算情况	竖向荷载/kN		水平荷载/kN
		轴心作用荷载	偏心作用荷载	
基本组合	正常蓄水位	3117	3873	1386
	设计洪水位	2670	2755	942
	完建工况	5086	6196	—
特殊组合	机组检修	2632	3332	1383
	校核洪水位	2565	2994	1153
	地震情况	3117	4503	1658

12.3.3.3 单桩竖向承载力特征值计算

不考虑地震作用时：

$$R = R_a + \eta_c f_{ak} A_c \tag{12.3-4}$$

考虑地震作用时：

$$R = R_a + \zeta_a 1.25 \eta_c f_{ak} A_c \tag{12.3-5}$$

其中

$$A_c = (A - n A_{ps})/n \tag{12.3-6}$$

$$R_a = Q_{uk}/2 = (Q_{sk} + Q_{pk})/2 = (u \sum \psi_{si} q_{sik} l_i + \psi_p q_{pk} A_p)/2 \tag{12.3-7}$$

式中　R_a——单桩竖向承载力特征值；

ζ_a——地基抗震承载力调整系数；

Q_{sk}、Q_{pk}——总极限侧阻力标准值和总极限端阻力标准值，取260kPa；

q_{sik}、q_{pk}——桩侧第 i 层土的极限侧阻力标准值和极限端阻力标准值，计算采用泥浆护壁冲孔桩对应各地层的侧阻力加权平均值，取92kPa；

ψ_{si}、ψ_p——大直径桩侧阻、端阻尺寸效应系数，均取0.93；

其余符号意义同前。

R_a 按大直径灌注桩单桩竖向极限承载力标准值计算。经计算，考虑桩间土作用及地震影响单桩竖向承载力特征值 R_a 为 5394.89kPa，偏心情况下特征值为 6473.87kPa，地基抗震承载力调整系数 ζ_a 为 1.5。计算得到地震工况基桩竖向承载力特征值为 5478.38kPa，偏心情况下特征值为 8092.34kPa。对比表 12.3 - 3 可知：各工况下基桩所受竖向荷载（轴心、偏心）满足承载力要求。说明灌注桩布置能够满足桩基竖向承载力要求。

基础处理采用灌注桩加固处理措施。由于厂房基础地下承压水水头较高，灌注桩施工成孔困难，灌注桩桩深由 30m 调整为 25m。经复核计算，桩深 25m 承载力不满足设计要求，需采取工程措施提高灌注桩桩间土的地基承载力。

综合考虑现场施工条件，利用原设计灌注桩作为长桩，短桩采用旋喷桩处理，以提高灌注桩桩间土的地基承载力。旋喷桩的设计按旋喷桩与桩间土复合地基承载力不小于 0.65MPa 控制，初拟桩径 1.0m，桩距 2.2m×2.2m，梅花形布置，桩深根据现场水文地质条件确定为 17m，并在厂房底板与桩顶之间设置 30cm 的褥垫层，采用粒径不大于 30cm 级配的碎石，这样砂砾石和旋喷桩形成复合地基。依据《建筑地基处理技术规范》（JGJ 79—2012）计算旋喷单桩竖向承载力特征值。复合地基承载力特征值为

$$f_{spk} = mR_a A_p + \beta(1-m)f_{sk} \qquad (12.3-8)$$

式中　　m——面积置换率；

β——桩间土承载力折减系数，本计算取 0.25；

f_{sk}——处理后桩间土承载力特征值，kPa，本计算采用第 8 层天然地基承载力 300kPa。

根据旋喷桩的布置特点，分别选桩径为 0.8m、1.0m 和 1.2m，按不同桩距进行计算，单桩及复合地基承载力计算结果见表 12.3 - 3。

表 12.3 - 3　　　　　　　　旋喷桩不同布置承载力计算成果表

桩径 d/m；桩距 l/m	单桩承载力/kPa	复合地基承载力/kPa	旋喷桩总进尺/m
$d=0.8$；$l=2.0$	1658	556	20621
$d=1.0$；$l=2.0$	2591	806	20621
$d=1.0$；$l=2.2$	2591	679	17051

最终根据桩径、桩距布置条件及工期限制，确定旋喷桩桩径 1.0m、桩距 2.2m、桩深 17m。

12.3.3.4　桩基水平承载力

由于水电站河床式厂房的受力特点，整体水平推力与工民建结构比较相对较大，水平位移远大于工民建结构水平位移允许值要求，因此采用位移控制桩基水平承载力往往不符合实际情况。本书根据《混凝土重力坝设计规范》（NB/T 35026—2014）中相关内容，考虑按抗剪断规范要求作为桩基水平承载力判断标准。

（1）坝体混凝土与基岩接触面的作用效应函数：

$$S(\cdot) = \sum P_R \qquad (12.3-9)$$

（2）抗滑稳定抗力函数：

$$S(\cdot)=f'_R\sum W_R+c'_R A_R \qquad\qquad (12.3-10)$$

式中　$\sum P_R$——坝基面上全部切向作用力之和，kN；

　　　　f'_R——坝基面抗剪断摩擦系数；

　　　　c'_R——坝基面抗剪断黏聚力，kPa，本计算中取值为1.16。

结合该工程，f'_R分别计入混凝土对混凝土、砂砾石对混凝土、砂砾石对砂砾石的抗剪断摩擦系数，计算中分别取1.08、0.4和0.65，$\sum W_R$分别计入灌注桩承担荷载、砂砾石对混凝土的作用力、砂砾石对砂砾石的竖向作用力，计算结果见表12.3-4。

表12.3-4　　　　　桩基按抗剪断计算的水平承载力成果表　　　　　单位：kN

工况	竖向总荷载	桩承担竖向荷载	沉积物间竖向作用力	沉积物对混凝土竖向作用力	桩基水平承载力	桩基水平荷载	判断
正常蓄水位	617138	533496	57783	23859	3153	1386	满足
设计洪水位	528723	445081	57783	25859	2671	942	满足
完建工况	1006981	923339	57783	25859	5279	—	满足
机组检修	521058	437416	57783	25859	2629	1383	满足
校核洪水位	507880	424238	57783	25859	2557	1153	满足
地震情况	617138	516768	69340	31030	3110	1658	满足

由表12.3-4可以看出，各工况下桩基所受水平荷载均小于承载力特征值，这说明灌注桩布置桩径1m、桩间距3.5m×3.5m、桩深30m能够满足桩基水平承载力要求。

参 考 文 献

［1］ 易朝路，崔之久，熊黑钢. 中国第四纪冰期数值年表初步划分［J］. 第四纪研究，2005，25（5）：609－619.

［2］ 施雅风. 中国第四纪冰期划分改进建议［J］. 冰川冻土，2002，24（6）：687－692.

［3］ 彭建兵，马润勇，卢全中，等. 青藏高原隆升的地质灾害效应［J］. 地球科学进展，2004，19（3）：457－466.

［4］ 郑本兴. 云南玉龙雪山第四纪冰期与冰川演化模式［J］. 冰川冻土，2000，22（1）：53－61.

［5］ 郑本兴. 贡嘎山东麓第四纪冰川作用与磨西台地成因探讨［J］. 冰川冻土，2001，23（3）：283－291.

［6］ 赵希涛，张永双，曲永新，等. 玉龙山西麓更新世冰川作用及其与金沙江河谷发育的关系［J］. 第四纪研究，2007，27（1）：37－46.

［7］ 王运生，黄润秋，段海澎，等. 中国西部末次冰期一次强烈的侵蚀事件［J］. 成都理工大学学报（自然科学版），2006，33（1）：73－76.

［8］ 钟建华，李浩，黄立功，等. 柴西第四纪湖泊冰水沉积的发现及意义［J］. 沉积学报，2005，23（2）：284－290.

［9］ 李吉均，舒强，周尚哲，等. 中国第四纪冰川研究的回顾与展望［J］. 冰川冻土，2004，26（3）：235－243.

［10］ 柯于义，尼伦娜，边巴次仁. 青藏高原等西部地区河床深厚覆盖层成因机理研究［C］// 北京：第十届中国西部科技进步与经济社会发展专家论坛论文集，2009：195－203.

［11］ 王彪，陈剑杰，黄裕雄. 西北某地第四纪冰川堆积物工程地质特性分析［J］. 工程地质学报，2011，19（1）：35－38.

［12］ 彭土标，袁建新，王惠明，等. 水力发电工程地质手册［M］. 北京：中国水利水电出版社，2011.

［13］ 党林才，方光达. 利用深厚覆盖层建坝的实践与发展［M］. 北京：中国水利水电出版社，2009.

［14］ 赵志祥，李常虎. 深厚覆盖层工程特性与勘察技术研究［M］// 中国水力发电科学技术发展报告. 北京：中国电力出版社，2013.

［15］ 万志杰，赵志祥，王有林，等. 西藏波堆水电站右岸冰水堆积物渗漏及渗透稳定性评价［J］. 工程技术，2019（5）：90－91.

［16］ 赵志祥，王有林，陈楠. 同位素示踪法在深厚覆盖层渗透系数测试中的应用［C］// 第六届地质及勘探专业委员会第三次学术交流会论文集，2019.

［17］ 涂国祥，黄润秋，邓辉. 澜沧江某冰水堆积体演化过程及工程地质问题探讨［J］. 山地学报，2009，27（1）：54－62.

［18］ 雷宛，肖宏跃，邓一谦. 工程与环境物探教程［M］. 北京：地质出版社，2006.

［19］ 中国水利水电物探科技信息网. 工程物探手册［M］. 北京：中国水利水电出版社，2011.

［20］ 黄衍农. 地质雷达探测成果与分析［J］. 工程物探，2002（1）：7－10.

［21］ 付官厅，王祖国，韩治国，等. 自振法试验在砂卵砾石层中的应用［J］. 水利水电工程设计，2010，29（1）：48－50.

［22］ HOLLAND J H. Adaptation in Natural and Artificial System［M］. MIT Press，The University of Michigan Press，1975.

［23］ GOLDBERG D E. Genetic Algorithms in Search，Optimization and Machine Learning，Addison

Wesley，Reading，MA，1989.

[24] 石金良. 砂砾石地基工程地质 [M]. 北京：水利电力出版社，1991.

[25] 刘杰. 土石坝渗流控制理论基础及工程经验教训 [M]. 北京：中国水利水电出版社，2006.

[26] 余波. 水电工程河床深厚覆盖层分类 [C] // 贵州省岩石力学与工程学会 2010 年度学术交流论文集. 贵阳，2010：1-9.

[27] 黄安邦. 山区河谷深厚覆盖层多层结构坝基渗漏研究 [D]. 成都：成都理工大学，2016.

[28] 毛昶熙. 渗流计算与分析 [M]. 北京：中国水利水电出版社，2001.

[29] 杜延龄，许国安. 渗流分析的有限元法和电网络法 [M]. 北京：水利电力出版社，1992.

[30] 张永双，曲永新，王献礼，等. 中国西南山区第四纪冰川堆积物工程地质分类探讨 [J]. 工程地质学报，2009，17 (5)：581-589.

[31] 于洪翔，许蕴宝，谢福志，等. 旁多坝址冰水沉积层水文地质特征 [J]. 东北水利水电，2007 (6)：69-70.

[32] 王启国. 金沙江虎跳峡河段河床深厚覆盖层成因及工程意义 [J]. 岩石力学与工程学报，2009，28 (7)：1455-1466.

[33] 罗守成. 对深厚覆盖层地质问题的认识 [J]. 水力发电，1995 (4)：1455-1466.

[34] 熊德全，王昆. 其宗水电站深厚覆盖层钻进取芯及孔内原位测试综述 [C] // 中国水力发电工程学会地质及勘探专业委员会第二次学术交流会论文集，2010：300-304.

[35] 肖冬顺，张辉，黄炎普，等. 雅鲁藏布江深厚砂卵砾石覆盖层钻探工艺 [J]. 探矿工程，2014，41 (8)：21-25.

[36] 白云. 青海省海西州都兰县哇沿水库初步设计阶段工程地质勘察报告 [R]. 西宁：青海省水利水电勘测设计研究院，2014.

[37] 涂国祥，黄润秋，邓辉. 某巨型冰水堆积体强度特性大型常规三轴试验 [J]. 山地学报，2010，28 (2)：147-153.

[38] 涂国祥，邓辉，蔡国军，等. 某冰水堆积体层流-紊流过渡状态渗流特性试验研究 [J]. 成都理工大学学报（自然科学版），2010，37 (1)：82-90.

[39] 徐文杰，胡瑞林，曾如意. 水下土石混合体的原位大型水平推剪试验研究 [J]. 岩土工程学报，2006，28 (7)：300-311.

[40] 龚辉，张晓健，艾传井，等. 土石混合料填方体原位剪切试验方法探讨 [J]. 长江科学院院报，2018，4 (4)：91-96.

[41] 石林柯，孙文怀，郝小红. 岩土工程原位测试 [M]. 郑州：郑州大学出版社，2003.

[42] 李种，何昌荣，王深，等. 粗粒料大型三轴试验的尺寸效应研究 [J]. 岩土力学，2008，29 (增)：567-570.

[43] 任宏微，刘耀炜，孙小龙，等. 单孔同位素稀释示踪法测定地下水渗流速度、流向的技术发展 [J]. 国际地震动态，2013 (2)：5-14.

[44] 叶合欣，陈建生. 放射性同位素示踪稀释法测定涌水含水层渗透系数 [J]. 核技术，2007，30 (9)：739-744.

[45] 高正夏，徐军海，王建平，等. 同位素技术测试地下水流速流向的原理及应用 [J]. 河海大学学报（自然科学版），2003，31 (6)：655-658.

[46] 陈建生，杨松堂，凡哲超. 孔中测定多含水层渗透流速方法研究 [J]. 岩土工程学报，2004，26 (3)：327-330.

[47] 马贵生，李少雄. 自振法试验及对比应用研究 [J]. 南水北调与水利科技，2008，6 (1)：167-169.

[48] 石广明，金星，马健. 深厚覆盖层岩组特征及其形成条件探讨 [J]. 甘肃水利水电技术，2014，50 (1)：30-34.

[49] 李凯. 河床覆盖层坝基稳定性研究——以尼洋河多布水电站为例 [D]. 成都：成都理工大学，2010.

[50] 郑达. 金沙江其宗水电站高堆石坝建设适宜性的工程地质研究 [D]. 成都：成都理工大学，2010.

[51] 王启国. 金沙江中游上江坝址河床深厚覆盖层建高坝可行性探讨 [J]. 工程地质学报，2009，17 (6)：745-751.

[52] 卢晓仓，王晓朋，李鹏飞. 旁压试验在河床深厚覆盖层勘察中的应用 [J]. 水利水电技术，2013，44 (8)：54-59.

[53] 刘德斌，张吉良，李兴华. 苏洼龙水电站坝基深厚覆盖层工程地质特性研究及利用 [J]. 资源环境与工程，2017，31 (4)：385-388.

[54] 夏万洪，魏星灿，杜明祝. 冶勒水电站坝基超深厚覆盖层 Q_3 的工程地质特性及主要工程地质问题研究 [J]. 水电站设计，2007，25 (2)：81-87.

[55] 屈智炯，刘双光，刘开明. 冰碛土作高土石坝防渗体材料的试验研究 [J]. 成都科技大学学报，1989，43 (1)：1-8.

[56] 郦能惠. 高混凝土面板堆石坝设计新理念 [J]. 中国工程科学，2011，13 (3)：12-19.

[57] 林万胜，樊冬梅. 黑泉水库混凝土面板砂砾石坝坝料特性 [J]. 西北水电，2002 (4)：23-26.

[58] 李振，邢义川. 干密度和细粒含量对砂卵石及碎石抗剪强度的影响 [J]. 岩土力学，2006，27 (12)：2255-2260.

[59] BAO T，LIU X R，XUE L G，et al. A study on dynamic response of slopes under wave action using simulation tests [J]. Journal of Chongqing University-Eng. Ed.，2003，2 (1)：46-48.

[60] LIU Y G，YAN X H，SU M Y. Directional spectrum of wind waves：partⅡ—comparison and confirmation [J]. Journal of Ocean University of Qingdao，2003，2 (1)：13-23.

[61] 张明，胡瑞林. 金沙江下咱日堆积体的成因和稳定性初步分析 [J]. 工程地质学报，2008，16 (4)：445-449.

[62] 张永双，赵希涛. 澜沧江云南德钦古水一带第四纪堰塞湖的沉积特征及其环境意义 [J]. 地质学报，2008，82 (2)：262-268.

[63] 谢春庆，邱延峻，王伟. 冰碛层工程性质及地基处理方法的研究 [J]. 岩土工程技术，2008，22 (4)：213-216.

[64] 涂国祥. 西南河谷典型古冰水堆积体工程特性及稳定性研究 [D]. 成都：成都理工大学，2010.

[65] 中国水力发电工程学会水工及水电站建筑物专业委员会. 利用覆盖层建坝的实践与发展 [M]. 北京：中国水利水电出版社，2009.